Michael Groß
**Der Kuss des Schnabeltiers**

# Weitere Titel aus der Reihe Erlebnis Wissenschaft

Groß, M.
**9 Millionen Fahrräder am Rande des Universums**
*Obskures aus Forschung und Wissenschaft*
2011
ISBN: 978-3-527-32917-5

Will, Heike
**„Sei naiv und mach' ein Experiment"**
**Feodor Lynen**
*Biographie des Münchner Biochemikers und Nobelpreisträgers*
2011
ISBN: 978-3-527-32893-2

Schatz, G.
**Feuersucher**
*Die Jagd nach den Rätseln der Zellatmung*
2011
ISBN: 978-3-527-33084-3

Synwoldt, C.
**Alles über Strom**
*So funktioniert Alltagselektronik*
2011
ISBN: 978-3-527-32741-6

Köhler, M.
**Vom Urknall zum Cyberspace**
*Fast alles über Mensch, Natur und Universum*
2011
ISBN: 978-3-527-32739-3

Hüfner, J., Löhken, R.
**Physik ohne Ende**
*Eine geführte Tour von Kopernikus bis Hawking*
2010
ISBN: 978-3-527-40890-0

Roloff, E.
**Göttliche Geistesblitze**
*Pfarrer und Priester als Erfinder und Entdecker*
2010
ISBN: 978-3-527-32578-8

Zankl, H.
**Kampfhähne der Wissenschaft**
*Kontroversen und Feindschaften*
2010
ISBN: 978-3-527-32579-5

Ganteför, G.
**Klima – Der Weltuntergang findet nicht statt**
2010
ISBN: 978-3-527-32671-6

Schwedt, G.
**Chemie und Literatur – ein ungewöhnlicher Flirt**
2009
ISBN: 978-3-527-32481-1

Michael Groß
**Der Kuss des Schnabeltiers**

und 60 weitere irrwitzige Geschichten
aus Natur und Wissenschaft

WILEY-
VCH

WILEY-VCH Verlag GmbH & Co. KGaA

**Autor**

Dr. Michael Gross
104 Ferry Road
Oxford OX3 0EX
United Kingdom

**Bibliografische Information der Deutschen Nationalbibliothek**
Die Deutsche Nationalbibliothek verzeichnet diese Publikation in der Deutschen Nationalbibliografie; detaillierte bibliografische Daten sind im Internet über http://dnb.d-nb.de abrufbar.

© 2011 Wiley-VCH Verlag & Co. KGaA, Boschstr. 12, 69469 Weinheim, Germany

Printed in the Federal Republic of Germany

Gedruckt auf säurefreiem Papier

**Satz** TypoDesign Hecker GmbH, Leimen
**Druck und Bindung** Ebner & Spiegel GmbH, Ulm
**Umschlaggestaltung** Bluesea Design, Vancouver Island BC

**ISBN** 978-3-527-32738-6

Michael·Groß wurde 1963 in Kirn an der Nahe geboren. Das Schreib-
fieber befiel ihn, als er für eine Schülerzeitung namens „spectrum"
über alles Mögliche schrieb, von Asterix bis Picasso. Da ihm jedoch
traumatische Erfahrungen fehlten, die zu einer Schriftstellerkarriere
hätten führen können, studierte er Chemie an den Universitäten Mar-
burg und Regensburg und promovierte in physikalischer Biochemie.
Während der Doktorarbeit und der anschließenden Forschungstä-
tigkeit in Oxford kehrte er zum Schreiben zurück und fand in der aktuellen Wissenschaft seinen Stoff. Seit Mai 2000 arbeitet er hauptbe-
ruflich als freier Wissenschaftsautor, sowie gelegentlich auch als Redakteur, Übersetzer, etc. Manchmal schreibt er sogar ganze Bücher.
Seine wissenschaftlichen Interessen reichen von der Quanteninfor-
mationstechnik bis zur Psychologie, mit Schwerpunkt in dem Nie-
mandsland zwischen Physik, Chemie und Biologie.

Nach sieben Jahren als Hobbyreporter und mehr als acht Jahren
hauptberuflicher Schreibarbeit öffnet er nun seine Schatztruhen und
präsentiert seine Lieblingsgeschichten aus diesen 15 Jahren. Was
macht eine Geschichte so fesselnd, dass er das Thema immer wieder
aufgreift, oder die alten Texte erneut liest? Oft ist es einfach die Verrücktheit der völlig unerwarteten Entdeckungen oder absurd überdi-
mensionierten Herausforderungen. In anderen Geschichten gibt es
ein verführerisches Element oder einen Einblick in das menschliche
Wesen. Und manchmal, wenn er über neue oder zukünftige Technologien berichtet, denkt der Autor: „cooool!"

Hier ist seine Auswahl von 60 Geschichten, die er verrückt, sexy,
oder cool findet. Viel Spaß!

# Inhalt

Vorwort   *XI*

**1**
**Crazy! – Verrückte Geschichten**   *1*
Bärtierchen – Überlebenskünstler unter Druck   *3*
Bakterien liegen uns schwer im Magen   *8*
Spleiß Dich selbst   *12*
Ein Hitzeschockprotein hilft der Evolution auf
   die Sprünge   *18*
Mini-Antikörper aus der Wüste   *24*
Verknotete und verwobene Proteine   *29*
Gute Gründe einen Frosch zu küssen   *32*
Der Gesundheitsminister warnt:
   Ihr Körper ist womöglich instabil   *35*
Bakterien halten zusammen   *38*
Ypsilon mit Gimmicks   *45*
DNA als Spielzeug   *50*
Auferstehung nach Milliarden Jahren   *55*
Jetzt ist aber Schluss!   *57*
Der Zellstrahldrucker   *61*
Überraschungen aus dem Fress-Sack   *64*
Schwimmende Sternbilder   *69*
Die Sprache der Proteine   *72*
Urzeitliches Enzym im Auge   *74*
Neandertaler-Genom in Reichweite   *77*
   Der Zahn des Neandertalers   *84*
Chemie des Jungbrunnens   *88*
Virulenz aus der Tiefsee   *91*
Schlumpfblaues Protein schützt Froschlaich   *94*

**2**
**Sexy! – Verführerische Forschung** 97

Heiße Liebe 199
Genomische Prägung – der kleine Unterschied zwischen
    väterlichen und mütterlichen Genen 102
Das Grüne Leuchten 109
Aufs Maul geschaut 113
Süße und geschmacksverändernde Proteine 116
Eine Rezeptorfamilie für bitteren Geschmack 120
Macht es wie die Glühwürmchen 124
Immer der Nase nach 127
Die Simpsons als chemisches Experiment betrachtet 130
Gold aus dem Meer 133
Eggs and sperms and rock 'n' roll 138
Die zweite Revolution: Biotechnologie in Kuba 142
Das Liebesleben des Schnabeltiers 150
Schimpansen wie wir 155
Liebe ist ... wenn die Chemie stimmt? 162
Kolumbien nach Kolumbus 166
Ein Prosit dem Wein-Genom 169

**3**
**Cool! – Phantastische Erfindungen** 173

Frostschutz- und Kälteschock-Proteine 175
Die Farben der Quanten 180
Maßgeschneiderte Kristalle 185
Der unglaubliche Nanoplotter 190
Ein Schalldämpfer für Gene 195
Elektronische Tinte und elektronisches Papier 202
Ampel-Proteine 206
Peptide werden lebendig 209
Ein Calciumatom als Computer 213
Pinzetten für Moleküle 217
Der DNA-Doktor und andere Roboter 222
Die wunderbare Welt der Kieselalgen 229
    Kieselalgen zum selbst Bauen 229
    Vergoldete Kieselalgen 231
Chirale Katalyse und Analyse auf einem Chip vereint 233

Platin-Geschichten   236
   Als der Platin-Rubel rollte   236
   Perfekte Fotos mit Platin   238
Nervenzellen mit Nanodraht verkabelt   241
Aptamer-Sensoren   245
Die Maus, die in die Kälte ging   250
Satz vom Igel zähmt widerborstige Nanopartikel   253
Ein chemischer Spiegel für den Mond?   256
Die spinnen, die Spinnen!   258
Selbstheilendes Gummi   261

**Nachwort: Die nächsten fünfzehn Jahre**   265

**Register**   269

# Vorwort

Wissenschaft macht Spaß! Sieben Jahre lang habe ich als Hobbyreporter über naturwissenschaftliche Neuigkeiten berichtet, und seit Mai 2000 dann als hauptberuflicher Wissenschaftsautor. In diesen 16 Jahren haben sich Dutzende von Geschichten angesammelt, an die ich mich immer wieder gerne erinnere, weil sie mir beim Schreiben (und dem einen oder der anderen hoffentlich auch beim Lesen) so viel Freude bereitet haben.

Dies sind die Geschichten, die mich immer wieder in Versuchung führen, wenn ich sie beim Blättern in meinen Archiven sehe, sie zum x-ten Mal wieder zu lesen und damit meine Zeit zu vergeuden. Viele von diesen Geschichten habe ich mehrfach in verschiedenen Formaten und Sprachen verwendet, als Beispiele zitiert, oder an meinen Lebenslauf angehängt. Sie zeigen, zumindest meiner Ansicht nach, dass Naturwissenschaft ein Teil unserer Kultur ist, der ebenso bunt und vielfältig sein kann wie etwa Literatur oder Musik, und intellektuell ebenso bereichernd.

Was zeichnet diese meine »Lieblingsgeschichten« gegenüber den knapp 1000 anderen aus, die ich in all den Jahren verfasst habe? Ich habe drei wichtige Kriterien gefunden, von denen jede der Geschichten eines oder sogar mehrere erfüllt. In Anlehnung an den Titel eines Albums der Gruppe TLC habe ich meine Kategorien *crazy*, *sexy*, und *cool* genannt.

Die erste Kategorie stellt gleichzeitig den Nucleationskeim dar, um den sich dieses Buch kristallisierte. Die Idee, eine Sammlung verrückter Geschichten zusammenzustellen, trage ich schon seit etlichen Jahren mit mir herum. Die erste »verrückte« Geschichte war die mit den Kamelen, siehe Seite 24. Unter »crazy« finden sich überraschende, außergewöhnliche, und oft ganz und gar verrückte Entdeckungen und Launen der Natur, die sich dann aber oftmals als nützlich erweisen, wie eben die verrückten Antikörper der Kamele. In dieser Abteilung finden sich auch Forschungsprojekte, die anfangs so aussichtslos erschienen, dass schon ein gewisses Maß an Verrücktheit dazugehörte, sie überhaupt erst in Angriff zu nehmen. Die Sequenzierung des Neandertaler-Genoms, beruhend auf weniger als einem Milligramm hochgradig kontaminierter DNA, zählt zweifellos dazu.

Sexy Geschichten handeln manchmal von Lust und Liebe, manchmal aber auch von anderen Obsessionen unserer Spezies, vom glitzernden Gold bis zum süffigen Wein. In meinem Gesamtwerk sind »menschelnde« Geschichten eher die Ausnahme, doch aufgrund ihrer besseren Zugänglichkeit sind sie hier gleichberechtigt mit jenen über Bakterien oder Moleküle vertreten.

Coole Geschichten erzählen oft von pfiffigen Erfindungen, Werkzeugen, und Gimmicks. Viele davon wurden in den vergangenen Jahren von WissenschaftlerInnen erfunden, doch manche stammen auch aus dem Werkzeugkasten der Natur.

Beim Zusammenstellen dieser Texte ging ich jeweils von einem Manuskript für einen Zeitungs- oder Zeitschriftenbeitrag aus, überarbeitete dieses, und fügte eine Einführung hinzu, um zu erklären, was diese Geschichte interessant macht. Den älteren Texten habe ich zusätzlich auch ein Nachwort mit einer Zusammenfassung nachfolgender Entwicklungen angehängt. Innerhalb der drei Teile des Buchs sind die Kapitel grob chronologisch geordnet, sodass sie auch einen Eindruck davon vermitteln, wie sich die Wissenschaft in diesen 15 Jahren weiterentwickelt hat. Die Jahreszahl der Originalveröffentlichung ist am Ende jeder Geschichte in Klammern angegeben.

Die Mehrzahl dieser Geschichten erschien entweder in *Spektrum der Wissenschaft*, *Nachrichten aus der Chemie*, *Chemie in unserer Zeit*, oder *Biologie in unserer Zeit*. Einige lagen bisher nur in englischer Sprache vor (als Artikel in *Chemistry World* oder *Chemistry in Britain*), sowie in der englischen Fassung dieses Buchs. Zwei Geschichten sind nach der Zeitschriftenveröffentlichung auch in meinen inzwischen vergriffenen Büchern *Expeditionen in den Nanokosmos* bzw. *Exzentriker des Lebens* erschienen.

Mein Dank gilt all den Redakteurinnen und Redakteuren, die mir in all den Jahren Aufträge erteilt und meine Artikel in ihre Zeitungen und Zeitschriften aufgenommen haben. Einige von ihnen haben mit der Zeit die Fähigkeit erworben, meine Gedanken zu lesen, was meine Arbeit vereinfacht und beschleunigt. Doch auch dann, wenn sie kritische oder scheinbar dumme Fragen stellen, helfen sie mir, meine Begeisterung mit den LeserInnen zu teilen.

Fünfzehn Jahre sind eine außerordentlich lange Zeit in der modernen Wissenschaft – das fiel mir besonders auf, als ich die Artikel aus den 1990er Jahren überarbeitete. Einige von diesen muteten bereits historisch an, Erinnerungen an die längst verflossene Vor-Genom-Zeit, als man mit Untersuchungen an einzelnen Genen oder einzelnen Proteinen noch Lorbeeren erringen konnte. Einige der Themen, die ich damals spannend fand, scheinen aus der Mode gekommen zu sein, während andere geradezu spektakulär erblüht sind und teilweise bereits nützliche Früchte tragen. Einige der erwähnten ForscherInnen haben inzwischen einen Nobelpreis erhalten, andere scheinen vom Radar verschwunden zu sein. So ist das Leben, auch in der Wissenschaft.

Vor allem aber hoffe ich, dass die ausgewählten Geschichten einen Eindruck von der Lebendigkeit der Wissenschaft der letzten eineinhalb Jahrzehnte vermitteln und dabei deutlich machen, dass jede Frage, welche die Forschung beantwortet, gleich mehrere neue, ebenso spannende Fragen aufwirft, und damit für einen unendlichen Strom von verrückten, sexy, und coolen Entdeckungen sorgt.

Oxford, im Frühjahr 2009                               *Michael Groß*

# 1
## Crazy! – Verrückte Geschichten

Es liegt in meiner Natur, dass ich die leicht exzentrischen Geschichten aus den Naturwissenschaften denen vorziehe, die eine naheliegende Frage auf direktem und nahezu vorhersagbarem Wege beantworten. Die Art von Verrücktheit, die mich interessiert, kann aus den chaotischen Wegen entstehen, welche die Evolution in der Entwicklung des Lebens auf der Erde einschlug. Sie kann aber auch aus den Köpfen der Wissenschaftler kommen, die sich Herausforderungen stellen, denen jeder vernünftige Mensch aus dem Weg gehen würde. Es kann sogar beides vorkommen, oder etwas in der Mitte zwischen beiden Verrücktheiten. Es existiert ein breites Spektrum von der wissenschaftlichen Verrücktheit bis hin zur verrückten Wissenschaft.

Andererseits muss man anmerken, dass manche der hier vorgestellten Forschungsfelder ihre Laufbahn am exzentrischen Rand der modernen Wissenschaft begannen, dann aber zu respektablen Fachgebieten mit eigenen Abteilungen, oder gar mit kommerziellen Anwendungen evolvierten. Man kann vorher nicht wissen, was geschehen wird, und das macht diese exzentrischen Themengebiete noch spannender.

# Bärtierchen – Überlebenskünstler unter Druck

Die verrückten Lebewesen an den Grenzen unserer Biosphäre faszinieren mich schon seit vielen Jahren. Da ich mich sowohl in meiner Doktorarbeit als auch in meinem zweiten Buch, Exzentriker des Lebens, mit diesem Thema auseinandergesetzt habe, bin ich nicht mehr ganz so leicht zu beeindrucken. Leben in kochendem Wasser, in Sandwüsten, im ewigen Eis oder im Toten Meer – alles schon bekannt. Doch die folgende Geschichte übertrifft alle Extreme, die mir bisher bekannt waren.

Können Lebewesen hohen Drücken standhalten, und wenn ja, wie? Diese Frage beschäftigt die Wissenschaft seit mehr als einem Jahrhundert. Im Jahre 1884 nämlich berichtete der Biologe A. Certes der Pariser *Académie des Sciences*, dass sich in den bei den Expeditionen der Forschungsschiffe *Travailleur* und *Talisman* gesammelten Proben vom Meeresboden lebende Mikroorganismen befanden. Der Arzt und Physiologe Paul Regnard nahm daraufhin gleich eine systematische Untersuchung quer durch die gesamte bekannte Biologie vor und untersuchte die Beständigkeit von Pflanzen, Hefen, Muscheln, Fischen, Blutegeln, Infusorien (Aufgusstierchen) und Krustentieren gegenüber Drücken von bis zu 600 Atmosphären. Bei seiner Generalinventur, von der er noch im selben Jahr der *Académie* berichtete, fand Regnard heraus, dass höhere Organismen offenbar empfindlicher sind als niedere. Die von ihm untersuchten Fische waren nach dem Druckschock »tot und steif«, die Infusorien und Blutegel verfielen lediglich in einen Schlaf, aus dem sie alsbald wieder erwachten, und den Hefen und löslichen Fermenten schien die Behandlung nicht weiter geschadet zu haben.

Heute wissen wir, dass nicht alle Fische so empfindlich und nicht alle Mikroorganismen so resistent sind wie die von Regnard untersuchten. Anhand von Fischen haben Hochdruckforscher und Meeresbiologen vor allem die physiologische Reaktion auf Druckunterschiede untersucht, etwa die Veränderung der Membranbausteine zur Aufrechterhaltung der optimalen Fluidität. Die etwas resistenteren Mikroorganismen dienten vor allem zu biochemischen Untersuchungen unter der Fragestellung, wie die Maschinerie der Zelle mit Druck fertigwird. Allein dem von Regnard beobachteten »Schlafzustand« der Infusorien und Blutegel ist niemand gründlicher nachgegangen. Doch wie zwei japanische Wissenschaftler 1998 in einer Kurzmitteilung in Nature berichteten, finden sich gerade im Bereich der mikroskopisch kleinen Primitivtiere die erfolgreichsten Überlebenskünstler mit der erstaunlichsten Widerstandsfähigkeit gegenüber hohen Drücken.

Kunihiro Seki und Masato Toyoshima von der Kanagawa-Universität untersuchten die Druckresistenz zweier Arten aus dem Stamm der Bärtierchen (Tardigrada). Diese mikroskopisch kleinen Minimonster (Bild 1) werden höchstens einen halben Millimeter lang, fänden also auf einem i-Punkt noch reichlich Platz. Sie leben für gewöhnlich in Wassertröpfchen auf Moosen und Flechten und werden auf allen Kontinenten gefunden. Sie besitzen mindestens zwei verschiedene »Notprogramme«. Wenn ihr Lebensraum überschwemmt wird und Sauerstoffmangel droht, blähen sie sich zu einem ballonartigen Passivstadium auf, das für einige Tage im Wasser herumtreiben kann. Droht hingegen Wassermangel, so schrumpfen sie zu den sogenannten »Tönnchen«, einem sporenartigen Dauerstadium, in dem sie nachweislich mehr als 100 Jahre verharren können. (Man fand dies heraus, als man so alte Moosproben aus Museen in Wasser legte, und die Proben alsbald von Bärtierchen wimmelten.)

Bärtierchen in diesem Tönnchen-Zustand waren auch die Untersuchungsobjekte, welche die japanischen Forscher für ihre Hochdruck-Studien verwendeten. Weil die Anwesenheit von Wasser die Tierchen in ihren aktiven Zustand zurückversetzt hätte, wurden die Tönnchen in einem Fluorkohlenwasserstoff suspendiert und für eine Dauer von jeweils 20 Minuten Drücken von bis zu 6000 Atmosphären ausgesetzt – dem Sechsfachen des in den tiefsten Meerestiefen vorkommenden Wasserdrucks. Während Populationen im aktiven Zustand bereits bei 2000 Atmosphären vollständig abgetötet wurden,

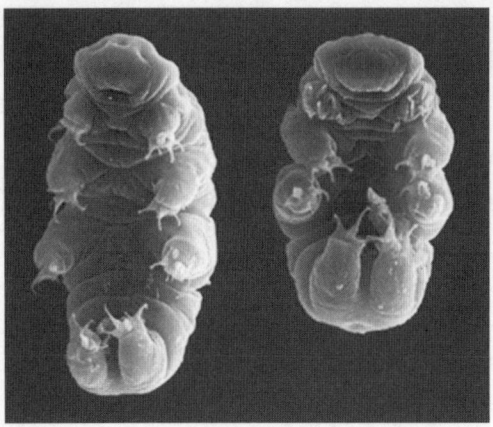

**Bild 1** Bärtierchen (Tardigrada) wie der hier gezeigte *Hypsibius dujardini* finden sich fast überall auf der Erde in den Wassertröpfchen auf Moosen und Flechten. Hintergrundinformationen über die Biologie der Tierchen sind im Internet unter http://www.kancrn.org/tardigrades/ zu finden.

betrug die Überlebensrate im Dauerstadium selbst bei 6000 Atmosphären für Tierchen der Art *Macrobiotus occidentalis* 95 Prozent, und für *Echiniscus japonicus* 80 Prozent.

Eine derartige Belastbarkeit war bisher im Tierreich nicht bekannt – lediglich Flechten und Bakteriensporen sind vergleichbar zäh. Fans der Bärtierchen wussten bereits, dass man die Dauerstadien problemlos in flüssigem Helium einfrieren kann – sie sind mindestens bis 0,5 Kelvin frostresistent. Detailgenau erklären lassen sich diese phänomenalen Leistungen noch nicht. Da die Tardigrada dem Menschen weder nützlich noch schädlich sind, ist über ihre Molekularbiologie vergleichsweise wenig bekannt. Man weiß immerhin, dass in den Dauerstadien hohe Konzentrationen des Zuckers Trehalose vorliegen, der auch der Bierhefe als Stressschutzmittel dient.

Angesichts der nahezu unbegrenzten Haltbarkeit der »Tönnchen« beginnen sich nun Mediziner dafür zu interessieren, ob sich das Erfolgsrezept der Bärtierchen auch auf die Haltbarmachung von Organen zu Transplantationszwecken übertragen ließe. In einem ersten Experiment auf dem Weg zur Entwicklung einer von den Tardigraden abgeguckten Konservierungsmethode haben Seki und seine Mitarbeiter Rattenherzen zunächst in Trehaloselösung »eingezuckert«, dann auf Silicagel getrocknet und schließlich in Fluorkohlenwasserstoff unter Luftabschluss aufbewahrt. Nach zehntägiger Lagerung bei Kühlschranktemperatur konnten sie die Herzen problemlos rehydrieren und wiederbeleben. Man hofft, dass sich aus diesen vielversprechenden Anfängen innerhalb einiger Jahre ein Lagerverfahren für menschliche Spenderorgane entwickeln lässt, das die bisher auf frischverstorbene Spender angewiesene Transplantationsmedizin revolutionieren könnte.

Auch als Hilfsmittel zur Haltbarmachung von pharmazeutischen Präparaten ist Trehalose bereits seit längerem im Gespräch. Die Neigung zuckriger Lösungen, sich beim Abkühlen in einen Sirup und schließlich in eine glasartige Substanz zu verwandeln, könnte die Haltbarkeit vor allem jener Pharmaprodukte verbessern, die empfindliche Biomoleküle enthalten. Auch wenn diese nicht unbedingt ein Jahrhundert überleben müssen wie die Tardigraden im Museumsmoos, so wäre doch eine garantierte Haltbarkeit von einigen Jahren erstrebenswert.

Die schiere Unverwüstlichkeit der von den Bärtierchen selbst erzeugten Biokonserven dürfte auch all jene interessieren, die über eine mögliche Ausbreitung von Lebensformen durch den Weltraum spekulieren. Bisher galten Bakteriensporen als die aussichtsreichsten Kandidaten für solche Weltraumreisen. Doch die Tönnchen in Assoziation mit den ähnlich resistenten Flechten könnten möglicherweise ebenso gut andere Himmelskörper besiedeln.

(1999)

### Literaturhinweise

M. Groß, *Exzentriker des Lebens*, Spektrum Akademischer Verlag, Heidelberg, 1997.
K. Seki, M. Toyoshima, *Nature*, 1998, **395**, 853.

### Was danach geschah

Sie werden es nicht glauben, aber Forscher an der Universität von Kristianstad in Schweden haben meinen Vorschlag, den ich in Spektrum der Wissenschaft und in der englischen Paperbackausgabe der Exzentriker, Life on the Edge, publiziert hatte, tatsächlich in die Tat umgesetzt und Bärtierchen ins All geschickt. Das nach der Zeitmaschine aus der Fernsehserie *Dr. Who* benannte Projekt TARDIS (Tardigrades in Space) war ein Bestandteil der Mission FOTON M-3, die am 14. September 2007 startete und nach 189 Erdumkreisungen am 26. wohlbehalten wieder landete.

Die im September 2008 veröffentlichten Ergebnisse der tierischen Weltraummission zeigen, dass die Bärchen tatsächlich das Vakuum glänzend meistern. Etwas mehr zu schaffen macht ihnen jedoch die harte Strahlung im All. Mit Schutzfiltern, die nur UVA und UVB durchlassen überlebte noch ein Großteil der Tierchen. Von denen, die ungeschützt dem kompletten UV-Spektrum ausgesetzt waren, überlebten hingegen nur wenige Exemplare.

Tardigrada sind damit die ersten Tiere, die im Weltraum überleben können. Bisher gelang dies nur mit Flechten und bakteriellen Sporen.

Was lernen wir daraus: Falls jemand Bärtierchen zum Mars schicken will, kommt es auf den Druckanzug nicht an, aber ein ordentlicher Strahlenschutzschild wäre sinnvoll. Und vor Ort benötigt man natürlich zur Wiederbelebung der Biester etwas flüssiges Wasser.

**Literaturhinweise**

K. I. Jönsson et al., *Current Biology*, 2008, **18**, R729.
http://tardigradesinspace.blogspot.com

# Bakterien liegen uns schwer im Magen

Die Geschichte von den Bakterien, die Magengeschwüre auslösen und sogar Krebs begünstigen können, hat im Lauf der Jahre viele Wendungen erlebt. Was zunächst als verrückte Idee galt (schließlich weiß doch jeder, dass Magengeschwüre durch Säureüberschuss entstehen!), wurde bald zum neuen Dogma erhoben und mit dem Nobelpreis ausgezeichnet. Inzwischen gibt es bereits eine Gegenbewegung, die behauptet, dass uns die Bakterien nicht nur schaden, sondern auch nutzen. Die hier wiedergegebene Geschichte stammt aus der Frühzeit, als die verrückte Idee durch Experimente bestätigt wurde. Am Ende des verrückten Teils dieses Buches werde ich auf neuere Erkenntnisse eingehen.

Extrembedingungen wie hoher Druck, hohe Temperatur oder saures Milieu werden in der Lebensmittelkonservierung gerne zur Abtötung von Mikroorganismen eingesetzt. In begrenztem Maße ist auch unser Körper zu ähnlichen Maßnahmen befähigt. So dienen etwa die Säuren im Magen unter anderem dazu, mit der Nahrung eingenommene Bakterien abzutöten.

Doch die Forschung findet immer wieder neue Mikroorganismen, die sich an extreme Lebensbedingungen wie Salz, Säure, Hitze, Kälte, oder Hochdruck angepasst haben. So wie Halobakterien in gepökeltem Fleisch gedeihen und *Deinococcus radiodurans* die Sterilisation mit Gammastrahlen unbeschadet übersteht (wodurch diese beiden Extremisten im Einzelfall durchaus medizinisch relevant werden können), gibt es auch Bakterien, die sich im lebensfeindlichen Milieu des Magens einnisten können.

Ähnlich wie die Extremophilenforscher fand der australische Pathologe J. Robin Warren Bakterien an einem Ort, wo sie nach der bisherigen Lehrmeinung nicht hätten lebensfähig sein dürfen – in der Schleimhaut des menschlichen Magens. Die spiraligen Bakterien, die später als *Helicobacter pylori* klassifiziert wurden, hatten sich in die Schleimschicht zurückgezogen, welche die Magenwände auskleidet. Erst nach zahlreichen Fehlversuchen gelang es Warren und seinem Mitarbeiter Barry J. Marshall, die neuartigen Bakterien zu kultivieren. Nachdem sie ihre Ergebnisse im Jahre 1983 veröffentlicht hatten, bestätigten Wissenschaftler aus aller Welt das Auftreten ebendieser Bakterien insbesondere in der Magenschleimhaut von Patienten mit chronischer Oberflächengastritis.

Nun beweist die Anwesenheit von Bakterien in einem kranken Gewebe noch nicht, dass es sich bei ihnen um die Erreger der Krankheit handelt – sie könnten ja einfach die Schwäche des Körpers ausgenutzt und sich in dem durch andere Ursachen schon geschwächten Organ eingenistet haben. Dass dies bei *Helicobacter pylori* nicht der Fall ist, bewiesen Marshall und ein weiterer Freiwilliger im Selbstversuch. Die vorher gesunden Männer erkrankten nach der Einnahme dieses Bakteriums tatsächlich an Magenschleimhautentzündung. Offenbar führt die Infektion mit *Helicobacter* fast immer zu einer Oberflächengastritis, die allerdings oft nicht diagnostiziert und von den Betroffenen zum Beispiel einer unverträglichen Mahlzeit zugeschrieben wird. Wenn die Infektion bestehen bleibt und nicht rechtzeitig behandelt wird, kann sie langfristig zur Bildung von Magen- oder Zwölffingerdarmgeschwüren führen.

Diese Erkenntnis löste das jahrhundertealte Dogma ab, dass Magengeschwüre ausschließlich durch übermäßige Säureproduktion des Magens ausgelöst würden. Bereits im ersten Jahrhundert nach Christus empfahl der römische Arzt Celsus säurearme Nahrung gegen Magengeschwüre. Seit den siebziger Jahren gibt es Medikamente, welche die Säureproduktion des Magens ohne allzu große Nebenwirkungen senken und tatsächlich auch die Magengeschwüre reduzieren. Doch wenn das Medikament abgesetzt wird, kehrt das Geschwür wieder. Mit Wismutpräparaten oder Antibiotika hingegen kann man *Helicobacter* ausrotten und die den Geschwüren zugrundeliegende Gastritis dauerhaft heilen.

Wie aber schafft es *Helicobacter pylori*, im menschlichen Verdauungssystem zu siedeln, ohne selbst verdaut zu werden? Entscheidend scheinen seine Beweglichkeit sowie chemische Besonderheiten seines Stoffwechsels zu sein. Beweglichkeit ist gefragt, wenn der Mageninhalt in den Darm entleert wird. Die spiralförmigen, begeißelten Bakterien können schnell genug schwimmen, um dieser »Abfuhr« zu entgehen. Und ihr Stoffwechsel zeichnet sich durch eine auffallend hohe Produktion des Enzyms Urease aus, das den bei der Verdauung proteinhaltiger Nahrung anfallenden Harnstoff zu Ammoniak und Kohlendioxid abbaut. Eine denkbare Erklärung für die Säureresistenz wäre, dass die Bakterien in ihrer direkten Umgebung die Magensäure mit Hilfe des produzierten Ammoniaks neutralisieren. In diesem Fall ist der Mechanismus der Anpassung an Extrembedingungen von immenser medizinischer Bedeutung. Man schätzt, dass ein Drittel der Weltbevölkerung latent mit *Helicobacter* infiziert ist, das, ähnlich wie der Tuberkuloseerreger nur in einem Teil der Infektionsfälle zu einem diagnostizierbaren KrankheitsBild führt (Bild 2). Etwa zehn Prozent aller Menschen entwickeln irgendwann im Laufe ihres Lebens ein Magengeschwür. Nicht nur für diese Erkrankungen, auch für Magenkrebs scheint es eine Korrelation mit der Infektionsrate mit *Helicobacter pylori* zu geben, sowohl im Länderver-

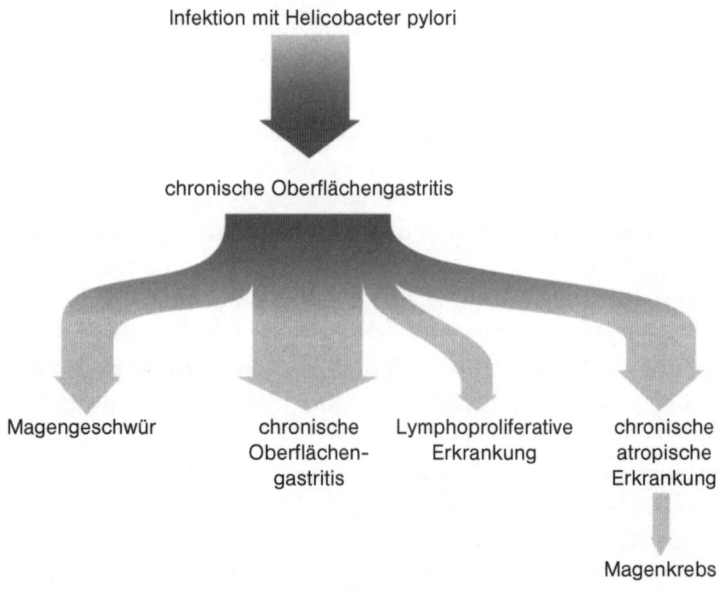

**Bild 2** Auswirkungen einer Infektion mit *Helicobacter pylori*. Die verschiedenen Strichstärken der sich verzweigenden

Pfeile symbolisieren die Wahrscheinlichkeiten des Auftretens der betreffenden Krankheiten.

gleich (in Entwicklungsländern sind beide häufiger als in westlichen Industrieländern) als auch in der zeitlichen Entwicklung. Eine umfassende Bekämpfung des Erregers könnte sich als wirksamste Maßnahme gegen Geschwüre und Krebserkrankungen des Magens und des Zwölffingerdarms erweisen.
(1996)

**Literaturhinweise**

M. Groß, *Exzentriker des Lebens*, Spektrum Akademischer Verlag, Heidelberg, 1997.

## Was danach geschah

Im Jahre 1997 entschlüsselte Craig Venters Institute for Genome Rearch das vollständige Genom von *H. pylori*. Seitdem hat es Vorschläge gegeben, die Mikrobe und damit die von ihr ausgelösten Krankheiten auszurotten – die Genomsequenz dürfte es leicht machen, geeignete Ziele für Giftstoffe zu finden, die nur *Helicobacter* angreifen. Es gibt aber bereits eine Gegenbewegung von Forschern, die behaupten, dass *Helicobacter* auch positive Effekte bei der Vermeidung anderer Erkrankungen hat. Das würde erklären, warum sich das Bakterium so erfolgreich als Begleiter des Menschen etabliert hat. Da diese Frage noch nicht endgültig geklärt ist, steht seine Ausrottung gegenwärtig nicht auf dem Programm der Gesundheitsorganisationen.

Barry Marshall und Robin Warren erhielten 2005 den Nobelpreis für Medizin/Physiologie für ihre Entdeckung. Und im Jahr 2007 fanden Forscher noch etwas ganz Verrücktes über *Helicobacter* heraus, doch darauf komme ich später zurück...

http://nobelprize.org/nobel_prizes/medicine/laureates/2005/press.html

# Spleiß Dich selbst

Vor vielen vielen Jahren (1996, um genau zu sein) schrieb ich einen Artikel über die Genomsequenz von *Methanococcus jannaschii*, den ersten Vertreter der Archäen unter den sequenzierten Arten. Als Abbildung schlug ich vor, einen kreisförmigen Gesamtüberblick über das Genom zu verwenden, der auch in der Originalpublikation enthalten war, und der verschiedene Arten von Genen und Funktionselementen des Genoms in verschiedenen Farben darstellte. Da die Abbildungen nicht zu meiner Aufgabe gehören, sah ich mir die Einzelheiten dieser komplizierten Graphik nicht näher an. Bis der zuständige Redakteur nachfragte:»Was, bitte, sind Inteine?« und ich natürlich keinen blassen Schimmer hatte, obwohl in der Abbildung offenbar Dutzende von Inteinen verzeichnet waren. Bei meinen Nachforschungen fand ich heraus dass diese mindestens ebenso interessant waren wie die berichtete Genomsequenz, so dass ich einen Monat später einen weiteren Artikel veröffentlichen konnte. Inzwischen sind Genomsequenzen von Einzellern längst nicht mehr spannend und oft im Dutzendpack billiger, aber Inteine haben sich nicht nur als ungewöhnlich sondern auch als nützlich erwiesen.

Proteine, welche die Fähigkeit besitzen, sich selbst aus einer längeren Aminosäurekette herauszuschneiden, und zusätzlich die Verbreitung ihres eigenen Gens begünstigen, galten bisher als Exotikum. Doch in einem kürzlich sequenzierten Genom tauchten in 14 verschiedenen Genen gleich 18 dieser vagabundierenden Sequenzen auf einmal auf.

Die erste vollständige Entschlüsselung des Erbguts eines Einzellers aus dem Urreich der Archaebakterien, des Methanbildners *Methanococcus jannaschii*, hat eine ganze Reihe von neuen Erkenntnissen und

Vergleichsmöglichkeiten zwischen den drei Urreichen erbracht. Ganz besonders profitierte jedoch von der Sequenzierung ein noch junges Forschungsgebiet, das bisher nur einem kleinen Kreis von Spezialisten bekannt war. Die Zahl der Gene, die selbst-spleißende Proteine (sogenannte Inteine) codieren, hat sich nämlich mit einem Schlag mehr als verdoppelt. Kannte man vorher nur zehn solcher Gene, so förderte die Kartierung des *Methanococcus*-Genoms 14 weitere zutage.

Was aber sind Inteine? Der Name (und, wie wir sehen werden, noch einiges mehr) ist als Analogie zu den in Nucleinsäuren seit 1977 bekannten Introns zu verstehen. Introns sind DNA- oder RNA-Abschnitte, welche die sinntragenden (codierenden) Abschnitte (Exons) unterbrechen. Wie Arthur J. Zaug und Thomas R. Cech im Jahre 1980 herausfanden, besitzen gewisse RNA-Introns eine katalytische Aktivität, die es ihnen ermöglicht, sich selbst aus dem RNA-Strang herauszuschneiden und die beiden Enden des Rest-Strangs (Exons) miteinander zu verbinden. Da diese Selbstspleiß-Prozesse zugleich das erste Beispiel für enzymartige Aktivitäten in RNA-Molekülen waren, sind sie sehr umfassend untersucht und beschrieben worden, und Cech erhielt für diese Entdeckung 1989 den Nobelpreis für Chemie.

Der analoge Prozess bei Proteinen – dass also ein sogenanntes *Intein* die enzymatische Aktivität besitzt, mittels derer es sich selbst aus dem Vorläuferprotein herausschneiden und die Enden der flankierenden *Exteine* verbinden kann – ist erst viele Jahre später (1990) entdeckt worden und hat bei weitem nicht so viel Beachtung erfahren wie die RNA-Introns. Obwohl heute die meisten bekannten Beispiele für Inteine aus dem Urreich der als exzentrisch bekannten Archaebakterien stammen, wurde der Prototyp in einem umfassend erforschten Organismus entdeckt, welcher der Menschheit schon seit Jahrtausenden dienstbar ist – die Bierhefe *Saccharomyces cerevisiae*. Tom H. Stevens und seine Mitarbeiter an der University of Oregon in Eugene beobachteten, dass das TFP1-Gen der Hefe offenbar zwei Proteinprodukte codierte, wobei das kleinere in der Mitte des Gens repräsentiert ist und von den Sequenzen für die beiden Hälften des größeren flankiert wird.

Dieses Ergebnis allein hätte sich auch durch bekannte Mechanismen der Transkriptionssteuerung erklären lassen. Auffällig war jedoch, dass nur eine Boten-RNA auftrat, deren Länge der Summe der beiden Proteinprodukte entsprach. Stevens Gruppe vermutete daher, dass die Prozessierung erst nach der Proteinbiosynthese – also auf Proteinebene, und nicht, wie man vielleicht eher erwartet hätte, auf RNA-Ebene – erfolgt und konnten diese Hypothese auch mit indirekten Beweisen bestätigen, die etwa darauf beruhten, dass in dem mittleren Bereich eingeführte Mutationen Leserahmenverschiebungen in beiden Proteinen bewirkten. Da die Forscher andererseits das ungespaltene Protein nicht fassen konnten, vermuteten sie bereits, dass es sich um eine autokatalytische Reaktion handeln könnte, dass also die intervenierende Proteinsequenz selbst die Spaltreaktion beschleunigt.

Sehr bald wurden weitere Inteine entdeckt, darunter mehrere in extrem hitzeliebenden (hyperthermophilen) Archaebakterien, etwa in den DNA-Polymerasen von *Thermococcus litoralis* sowie von verschiedenen *Pyrococcus*-Arten. Die Verfügbarkeit von Thermophilen-Inteinen erwies sich als ein Glücksfall – sie ermöglichte erstmals, das intakte Vorläuferprotein sowie verschiedene Zwischenstufen der Spleißreaktion dingfest zu machen.

Francine B. Perler und ihre Mitarbeiter bei der US-Firma New England Biolabs konstruierten um das Intein (I) aus der DNA-Polymerase von *Pyrococcus* herum ein artifizielles Selbstspleiß-System, indem sie das Gen für ein Maltose-bindendes Protein (M) davor schalteten (das sogenannte N-Extein), und ein Paramyosin-Gen (P; C-Extein) dahinter. Als die Forscher das Fusionsgen (MIP) bei Temperaturen zwischen 12 und 32 °C in dem Darmbakterium *Escherichia coli* exprimierten, stellten sie fest, dass die Spleißreaktion außerordentlich langsam ablief. Das war insofern kein Wunder, als die treibende Kraft, das Intein, ja von der Evolution an eine Normaltemperatur von 95 °C angepasst war, bei diesen kalten Temperaturen also extrem weit von seinem Funktionsoptimum entfernt war.

Tatsächlich war die Selbstspleißreaktion des Inteins durch diesen Temperaturunterschied so stark gebremst, dass die Forscher das ungespleißte Vorläuferprotein reinigen konnten, ohne dass es sich dabei selbst spaltete. Die Spleißreaktion konnte dann in Lösungen, die lediglich den Vorläufer MIP sowie geringe Mengen an Kochsalz und Phosphatpuffer enthielten, durch simple Temperaturerhöhung ausgelöst und gesteuert werden. Systematische Untersuchungen dieses Systems förderten eine Zwischenstufe (MIP*) der Spleißreaktion zutage, die ein paradoxes Verhalten zeigte. Sie schien ein höheres Mole-

kulargewicht als MIP zu haben, da sie langsamer durch ein Elektro-
phorese-Gel wanderte, enthielt alle drei Komponenten des Vorläufers,
hatte aber zwei verschiedene Anfangs-Sequenzen. Alle diese Befunde
ließen sich nur mit einer verzweigten Kettenstruktur erklären. (Wobei die verringerte Wanderungsgeschwindigkeit möglicherweise auf
die Sperrigkeit der verzweigten Struktur zurückzuführen ist.) Offenbar hatte sich das N-Extein bereits mit dem C-Extein verbunden, wobei aber das Intein I ebenfalls an das C-Extein gebunden blieb:

$$M{-}I{-}P \quad \rightarrow \quad \begin{array}{c} I{-}P \\ / \\ M \end{array}$$

Für den chemischen Mechanismus der Reaktion sind verschiedene
Modelle vorgeschlagen worden, zwischen denen eine endgültige Entscheidung noch nicht möglich ist. Zunächst einmal muss noch geklärt werden, über was für eine chemische Bindung der verschobene
Molekülteil M an das C-Extein P gebunden ist. Die strukturellen Details dieser instabilen Zwischenstufe könnten dann zusammen mit
den aus Mutationsstudien bekannten Erfordernissen an die Aminosäuresequenz des Inteins die Lösung des Rätsels ermöglichen.

Eine ebenso pfiffige Methode zur Überlistung der Selbstspleißreaktion entwickelten die Arbeitsgruppen von Christopher Noren bei
New England Biolabs und Peter Schultz an der University of California in Berkeley. Sie ersetzten die für die Reaktion unabdingliche Aminosäure Serin in der Startposition des Inteins durch eine ähnliche
Verbindung, die sich durch Lichteinwirkung in Serin umwandeln
lässt. Gegenüber der Temperaturmethode hat dieser photochemische
Trick den Vorteil, dass sich die Selbstspleißreaktion mit einer Zeitge-
nauigkeit von Sekundenbruchteilen starten lässt, wenn man das blo-
ckierte Vorläufermolekül etwa einem Laserlichtblitz aussetzt.

Außer der Fähigkeit zu Selbstspleißreaktionen haben die Inteine
mit den RNA-Introns jedoch noch eine weitere Eigentümlichkeit gemeinsam. Das Intein ist, ebenso wie die Proteine, die man durch
Translation der in den RNA-Introns enthaltenen genetischen Information enthält, ein Enzym, welches die genetische Mobilität seines eigenen DNA-Abschnitts ermöglicht, eine sogenannte spezifische *homing*-Endonuclease. In dem Prozess, der traditionell als *intron homing*
bezeichnet wird, aber für Inteine in genau derselben Weise abläuft,

erkennt die Endonuclease Kopien des »Heimat-Gens« des Introns/ Inteins, denen die intervenierende Sequenz fehlt. Sie schneidet diese DNA an der betreffenden Stelle auf und setzt einen Reparaturmechanismus in Gang, durch den anhand der Vorlage eines Intron/Intein-haltigen Exemplars des Gens die intervenierende Sequenz hergestellt und eingefügt wird.

Zwar konnte dieses *intein homing* bisher nur für vier der bekannten Inteine direkt bewiesen werden, doch es lässt sich aus Sequenzvergleichen mit Sicherheit schließen, dass alle Inteinsequenzen sich zumindest von Endonucleasen ableiten, auch wenn manche von ihnen diese Aktivität inzwischen möglicherweise verloren haben. Die sporadische Verteilung von Inteinsequenzen über alle drei Urreiche legt auch nahe, dass es mit Hilfe eben dieser Endonuclease-Aktivität horizontale Gentransfers (Übertragung zwischen Species) gegeben hat.

Warum, so könnte man sich nun fragen, haben Inteine und Introns diese Funktion als *homing*-Endonucleasen entwickelt? Nun, diese Frage ist genau falsch herum gestellt. Dreht man sie hingegen um, dann ergibt sich die Antwort fast von selbst. Warum besitzen *homing*-Endonucleasen eine Selbstspleißaktivität, sei es auf RNA- oder auf Protein-Ebene? Ein Enzym, das ein Gen zerschneiden und seine eigene Erbinformation mitten hinein setzen kann, ist für die Zelle gefährlich, da es mit dieser seiner Aktivität über kurz oder lang ein lebenswichtiges Gen außer Gefecht setzen wird. Es sei denn, der Schaden kann auf RNA- oder auf Protein-Ebene repariert werden, indem die intervenierende Sequenz sich selbst herausschneidet und damit das richtige Genprodukt wieder herstellt.

Die Intein- oder Intron-Aktivität ist also die Bedingung, die eine bestimmte Art von mobilen genetischen Elementen erfüllen muss, damit sie von der Zelle toleriert werden kann. Genetische Elemente, die diese Bedingung nicht erfüllten, können entweder ihre Wirtszellen zugrunderichten und mit ihnen untergehen, oder aber auch die Fähigkeit zur Infektion anderer Zellen erlangen und sich damit zu einem Virus entwickeln. Vermutlich ist es kein Zufall, dass Selbstprozessierung auf Proteinebene auch in Viren weit verbreitet ist. Die Erbinformation des Aids-Erregers HIV codiert zum Beispiel für ein langes Kettenmolekül, in dem alle Proteine des Virus aneinandergehängt sind. Die in diesem Bandwurm (wissenschaftlich: »Polyprotein«) ebenfalls enthaltene HIV-Protease-Aktivität zerlegt das Molekül in die richtigen Einzelproteine.

Vielleicht ist der biologische »Sinn« der Inteine, die ja für die Zelle offenbar nutzlos sind und nur deshalb überleben, weil sie ihre eigene Vermehrung begünstigen können und dabei die Zelle nicht sonderlich schädigen, darin zu sehen, dass es sich hier um einen evolutionären Vorläufer von – oder um die friedlichere Alternative zu – einem Virus handelt. Man sollte sie auf jeden Fall im Auge behalten.
(1996)

**Literaturhinweise**

M. Groß, *Spektrum der Wissenschaft,* 1996, **11**, 32.
C. J. Bult et al., *Science,* 1996, **273**, 1066.
F. B. Perler, E. Adam, *Curr. Opin. Biotechnol.,* 2000, **11**, 377.

**Was danach geschah**

Intein-Gene sind inzwischen kommerziell erhältlich – sie sind in sogenannten Expressions-Kits enthalten, die dazu dienen, ein gewünschtes Protein zu produzieren und dann in einem Schritt zu reinigen. Das Protein wird zunächst als mit einem zusätzlichen Anhängsel produziert, das eine hochspezifische Bindung zu einem besonderen Trennmaterial eingeht. Auf diese Weise kann das Produkt in einem einzelnen Chromatographie-Schritt aus dem Gemisch aller Zellbestandteile isoliert werden. Das Intein findet sich in diesem Konstrukt als Verbindung zwischen diesem Marker und dem eigentlichen Protein. Nach der Aufreinigung schneidet das Intein sich selbst heraus und setzt damit das Zielprotein frei.

# Ein Hitzeschockprotein hilft der Evolution auf die Sprünge

Während meiner Zeit als Postdoktorand am Oxford Centre for Molecular Sciences befasste ich mich unter anderem auch mit molekularen Chaperonen, einer Gruppe von Proteinen, die anderen Eiweißstoffen bei der Strukturbildung helfen und sie vor schädlichen Kontakten schützen können. Deshalb war mir die biologische Bedeutung dieser Proteine durchaus bewusst. Doch die Entdeckung, dass sie eine Brücke zwischen Zellstress (Thema meiner Doktorarbeit) und Evolution schlagen können kam auch für mich als Riesenüberraschung.

Zwei der bekanntesten populärwissenschaftlichen Autoren im Bereich der Biologie unterhielten ihr Publikum im Jahr 1998 vor allem mit einem zwar nur aus der Ferne und meist schriftlich ausgetragenen, aber deftigen Streit. Richard Dawkins, seines Zeichens Evolutionsbiologe und Professor für Wissenschaftsvermittlung in Oxford, befand die Schriften seines werten Kollegen für »schädlich«. Der so beschimpfte Paläontologe Stephen Jay Gould von der Harvard-Universität gab zurück, Dawkins Argumente seien nicht nur unzureichend, sondern schlicht falsch. Die berühmten Gelehrten sind sich über Vieles uneins, nicht zuletzt über die Frage der Vereinbarkeit von Wissenschaft und Religion (Dawkins: nein; Gould: ja). Doch was die bisher nur indirekt geäußerten Meinungsverschiedenheiten bis in ganz und gar untypische Angriffe eskalieren ließ, war die Frage, ob die Evolution hauptsächlich durch die Darwinschen Prozesse der Mutation und Selektion von Genen bestimmt wird (Dawkins), oder ob bisher nicht näher bekannte Prozesse der Evolution einen sprunghaften Wechsel zwischen schneller Veränderung und langer Stagnation erlauben (Gould). Anhänger der Dawkinsschen Auffassung beschuldigen Gould, mit dem schwer fassbaren Konzept der Sprunghaftigkeit jenen Vorschub zu leisten, die mystische oder religiöse Ideen in die Evolutionslehre einschmuggeln wollen. Doch dann lieferte eine überraschende Entdeckung an Hitzeschockproteinen der Fruchtfliege (Drosophila) eine mögliche biochemische Erklärung für Evolutionssprünge, die Goulds Theorien mit einem soliden genetischen Fundament versehen könnten.

Die Hitzeschockantwort wurde in den sechziger Jahren zunächst als Auffälligkeit an Fliegenchromosomen entdeckt. Später fand man heraus, dass es sich hierbei um die durch den Schock ausgelöste Herstellung einer kleinen Gruppe von Proteinen, den Hitzeschockproteinen handelte, die universell in allen Lebensformen vorkommen. Und erst gegen Ende der 1980er Jahre stellte es sich heraus, dass viele Hitzeschockproteine eine bis dahin unbekannte Funktion ausüben: Sie können als »molekulare Anstandsdamen« (Chaperone) andere Proteine beschützen, die entweder neu synthetisiert oder durch den Hitzeschock entfaltet sind. Bei einigen Hitzeschockproteinen, wie etwa dem besonders umfassend untersuchten GroEL (HSP60) ist diese Chaperonfunktion wohl die wichtigste Aufgabe. Andere Mitglieder der Gruppe sind noch bei weitem nicht so gut verstanden, darunter das Protein HSP90, das jetzt überraschende Fähigkeiten an den Tag legte.

Im Gegensatz zu manchen anderen Hitzeschockproteinen, die vor allem im Notfall synthetisiert werden und in der stressfrei lebenden Zelle ganz abwesend sein können, ist HSP90 im Cytoplasma der Zellen höherer Lebewesen schon im Normalzustand eines der am häufigsten vertretenen Proteine. Bei erhöhten Temperaturen wird die Produktion noch weiter gesteigert, und das Protein kann auch, wie die Gruppe von Johannes Buchner an der Universität Regensburg im Jahre 1995 zeigen konnte, als Chaperon andere Proteine vor der Aggregation schützen. Die Rolle des Hitzeschockproteins bei Normaltemperatur wurde hingegen schon frühzeitig der Signaltransduktion zugeordnet. Die Erkennungsmoleküle (Rezeptoren) bestimmter Hormone, etwa der Steroide Androgen, Östrogen und Glucocorticoid, sind offenbar nur dann für ihr jeweiliges Hormon »aufnahmebereit«, wenn sie in einem komplizierten Gebilde vorliegen, das neben anderen Proteinen auch zwei Moleküle HSP90 enthält. Ende 1996 berichteten drei Arbeitsgruppen unabhängig voneinander, dass HSP90 in diesen Komplexen nicht das einzige Chaperonmolekül ist. Ebenfalls vertreten sind auch Moleküle aus der Klasse der Immunophiline wie etwa Cyclophilin und FKBP.

Dies alles schien darauf hinzudeuten, dass HSP90 – zusammen mit anderen, assoziierten Proteinen die Steroidrezeptoren, die ihrerseits wiederum die Transkription (DNA-abhängige RNA-Synthese) regulieren, in einen auf bestimmte Weise strukturierten Zustand bringen. Eine solche Funktion ist sicherlich wichtig für die Zelle, geht aber nicht wesentlich über die wohlbekannte Wirkungsweise anderer Chaperone hinaus. Demgegenüber eröffnen die neueren Ergebnisse aus dem Labor von Susan Lindquist an der Universität von Chicago völlig neue Dimensionen und weisen dem HSP90 eine überaus wichtige Rolle sowohl in der Embryonalentwicklung als auch in der Evolution zu.

In der Arbeit, die sowohl von Nature als auch von Science ausführlich kommentiert wurde, untersuchten Suzanne Rutherford und Susan Lindquist Fruchtfliegen, deren HSP90-Gen durch Mutation in einem der zwei Chromosomensätze außer Gefecht gesetzt ist. Wenn beide Kopien des Gens mutiert sind (homozygote Mutanten), ist dies tödlich, doch die Fliegen mit einer intakten Version (heterozygote) sind nicht nur überlebensfähig sondern auch fruchtbar und können demnach zu Kreuzungsexperimenten verwendet werden. Die Anfangsbeobachtung der Amerikanerinnen war, dass in den für solche Versuche gehaltenen heterozygoten Stammlinien der Fliegen mit ungewöhnlicher Häufigkeit morphologische Missbildungen auftraten, etwa in den Strukturen der Augen oder der Flügel.

Vier Indizien bewogen die Forscherinnen zu der Annahme, dass die HSP90-Mutation für diese Missbildungen verantwortlich sein musste. 1) Mutanten verschiedener Herkunft mit ähnlichen Mutationen in HSP90 ergaben ähnliche Missbildungen. 2) Doppelmutanten, in denen beide Exemplare des Gens auf verschiedene Weise gestört sind weisen noch schwerere Missbildungen auf. 3) Fliegenstämme mit gesunden Genen (Wildtyp) brachten Nachkommen mit ähnlichen Veränderungen hervor, wenn sie mit einem Wirkstoff gefüttert wurden, der HSP90 spezifisch hemmt. 4) Derselbe Effekt konnte auch durch Anzucht der Wildtyp-Stämme bei besonders hohen oder bei besonders niedrigen Temperaturen erzielt werden.

Alle diese Indizien deuteten darauf hin, dass in Situationen, wo HSP90 in seiner Funktion geschwächt oder durch seine zweite Aufgabe in der Stressantwort in Beschlag genommen ist, dies zu einer abnorm hohen Häufigkeit morphologischer Veränderungen führt. Für einen solchen Zusammenhang wären mehrere Erklärungsansätze denkbar. Es könnte zum Beispiel sein, dass HSP90 eine bisher unbekannte Rolle im Zusammenhang mit der Verringerung der Fehlerhäufigkeit bei der Vervielfältigung der DNA spielt. Weitere Kreuzungsexperimente legten jedoch eine überraschendere Schlussfolgerung nahe: Offenbar waren die beobachteten Veränderungen schon als »stumme« genetische Variabilität in den gesunden Vorfahren der betroffenen Fliegen angelegt, etwa in Gestalt von Zufallsmutationen in den Transkriptionsfaktoren, die wichtige Rollen in der Steuerung der Embryonalentwicklung spielen. HSP90 muss demnach die möglichen Auswirkungen der Mutationen unterdrückt haben, vielleicht indem es in Chaperon-Manier den betroffenen Faktoren trotz ihrer veränderten Sequenz bei der Ausbildung der richtigen Struktur half. Wurde nun das Helferprotein durch Mutation, Hemmstoffe, oder Umweltstress an dieser Aufgabe gehindert, so kamen die möglicherweise bereits über viele Generationen »aufgestauten« Mutationen in Gestalt von Missbildungen zum Tragen.

Nach dieser Interpretation, die durch die vorliegenden Befunde zumindest für Drosophila schlüssig bewiesen zu sein scheint, dient HSP90 als Puffer für genetische Variabilität. Unter Normalbedingungen unterdrückt es die Auswirkungen von Mutationen und ermöglicht so die Bewahrung eines Veränderungspotentials auf der Genebene bei gleichzeitiger Einheitlichkeit auf der Umsetzungsebene, beim Phänotyp. Bei extremer Stresseinwirkung durch veränderte Umweltbedingungen hingegen, wird die Variabilität freigesetzt und resultiert in einer Vielzahl von neuen Phänotypen, deren Eigenschaften vererblich sind und – über mehrere Generationen hinweg – von der Unterdrückung der HSP90-Funktion unabhängig werden können. Obwohl diese Veränderungen für die Mehrzahl der betroffenen Individuen nachteilig sein dürften, ist dieser Mechanismus dennoch im Hinblick auf die Überlebenschancen der gesamten Spezies eine nützliche Strategie. Wenn Umweltbedingungen sich schlagartig in einer Weise ändern, dass die Schockproteine praktisch permanent gebraucht werden, dann würde die langsame, über Millionen von Generationen vollzogene Anpassung durch graduelle Evolution zu spät kommen. Eine rasche Aufspaltung in viele verschiedene Typen mit drastisch verschiedenen Eigenschaften eröffnet hingegen die Möglichkeit, dass einer von diesen unter den neuen Bedingungen gedeihen kann, selbst wenn alle anderen zum Aussterben verurteilt sind. Mithin wäre HSP90 die molekulare Sprungfeder, welche der Evolution in Krisenzeiten die von Gould schon lange postulierten Sprünge ermöglicht.

Bevor nun alle Biologiebücher eingestampft und neu geschrieben werden, muss man natürlich noch nachprüfen, ob dieser Mechanismus auch in anderen Arten und vielleicht sogar auch mit anderen Chaperonen funktioniert. Prominente Chaperon-Forscher haben bereits optimistische Prognosen abgegeben. Es sieht ganz so aus als ob diese Gruppe von Biomolekülen nicht nur Proteinen beim Falten, sondern auch der Evolution auf die Sprünge helfen kann.

(1999)

**Literaturhinweise**

S. L. Rutherford, S. Lindquist, *Nature*, 1998, **396**, 336.

## Was danach geschah

Einige Jahre später fanden Forscher heraus, dass HSP90 für die Vermehrung von Krebszellen essentiell ist. Folglich begann man damit, Hemmstoffe der HSP90-Funktion auf ihre Tauglichkeit als Krebsmedikament zu testen. Es war nur eine schwache Hoffnung, da die Hemmung eines auch für die gesunde Zelle so wichtigen Proteins vermutlich erhebliche Nebenwirkungen zeigen würde. Zur Überraschung aller stellte es sich jedoch in vorklinischen Tests heraus, dass ein von dem natürlich vorkommenden Antibiotikum Geldanamycin abgeleiteter HSP90-Hemmer, 17-Allylaminogeldanamycin (17-AAG) mit hoher Treffsicherheit Krebszellen angreift, während er für die normalen Zellen relativ ungiftig ist.

Francis Burrows und seine Mitarbeiter bei der kalifornischen Firma Conforma Therapeutics haben dieses Paradoxon näher untersucht und eine plausible Erklärung gefunden. Die Forscher wiesen nach, dass 17-AAG das Zielprotein in Krebszellen rund hundertmal wirkungsvoller hemmt als in normalen Zellen oder im Reagenzglas. Und das konnten sie darauf zurückführen, dass HSP90 in den Krebszellen typischerweise als Teil einer komplizierten »Multichaperonmaschine« vorliegt, während in der gesunden Zelle der überwiegende Teil der vergleichbar großen Gesamtmenge an HSP90 ungebun-

den ist. Messung des ATP-Verbrauchs ergab, dass das Hitzeschockprotein in Krebszellen auch wesentlich aktiver ist als in normalen Zellen. Offenbar brauchen Krebszellen das Chaperon so dringend, dass
es ständig voll ausgelastet ist, ja es gibt sogar Hinweise darauf, dass in
fortgeschrittenen Tumoren die HSP90-Synthese zusätzlich angekurbelt wird. Diese Befunde sind insofern plausibel, als die Liste der
Stammkunden des HSP90 eine ganze Reihe von regulatorischen
Proteinen enthält, die mit Krebs in Verbindung gebracht werden.

Es ist jedoch noch nicht ganz klar, warum der Bindungszustand
des HSP90 seine Empfindlichkeit für den Hemmstoff so drastisch
beeinflusst. Ein erster Anhaltspunkt ergibt sich aus einer Kristall-
strukturanalyse eines HSP90-Fragments mit einem ähnlichen Antibiotikum. Offenbar ist die Konformation des gebundenen Geldana-
mycin-Gerüsts eine andere als die des Antibiotikums in Lösung. Die
weiteren Chaperone in der HSP90-Maschine könnten also helfen, die
mit dem Konformationswechsel verbundene Energiebarriere zu
überwinden. Die Grundlagenforschung wird an den Feinheiten der
HSP90-Funktion und ihrer Hemmung noch eine Weile zu knabbern
haben, aber die Mediziner haben bereits jetzt einen außerordentlich
vielversprechenden Kandidaten für ein neues Krebsmedikament, der
gegenwärtig klinisch erprobt wird.

**Literaturhinweise**

A. Kamal et al., *Nature*, 2003, **425**, 407.
J. M. Jez et al., *Chem. Biol.*, 2003, **10**, 361.

# Mini-Antikörper aus der Wüste

Diese Geschichte fing ganz unscheinbar an, mit einer Unterhaltung in meinem Büro im Oxforder Institut. Ein ehemaliger Kollege, André Matagne, war nach Oxford zurückgekehrt um einige Experimente auszuführen, es ging um ein Projekt, über das ich rein gar nichts wusste. Als ich ihn fragte, was er denn untersuchte, gab er zur Antwort, dass er die Wechselwirkung zwischen Lysozym und Antikörpern von Kamelen messen wollte. In dieser Antwort war »Lysozym« der vorhersagbare Teil: Nahezu jeder, der in diesem Labor arbeitete, hatte mit diesem klassischen Modellsystem der Faltungs- und Enzymforschung zu tun. Doch der andere Teil war mir neu, und deshalb spitzte ich die Ohren und fragte nach: »Kamele? Was ist Besonderes an den Antikörpern von Kamelen?« André erzählte mir dann die folgende Geschichte, die ich bestimmt ein Dutzend Mal in verschiedenen Formaten und Zusammenhängen nacherzählt habe, und die immer noch zu meinen Lieblingsgeschichten gehört.

Die Abwehrreaktion unseres Immunsystems gegen Krankheitskeime jeder Art bedient sich an vorderster Front jener relativ großen, Y-förmigen Proteinmoleküle, die man Antikörper oder Immunglobuline nennt. Sie besitzen an den Enden der beiden symmetrischen Arme des Y je einen höchst variablen Molekülbereich, welcher der Erkennung von Fremdstoffen und Krankheitserregern dient. Diese sogenannten variablen Domänen können Millionen verschiedener Typen ausprägen, während die Grundstruktur unverändert bleibt. Selbst zwischen verschiedenen Wirbeltier-Arten unterscheidet sich die Architektur der Moleküle nicht wesentlich.

Das dachte man zumindest, bis sich eines Tages, Anfang der 1990er Jahre, in einem Immunologiepraktikum der Freien Universität Brüssel eine Gruppe Studenten (aus Angst vor dem AIDS-Virus) weigerte, das seit Jahren übliche Antikörper-Experiment mit menschlichen Blutproben auszuführen. Unschuldige Mäuse wollte man aus Tierschutzgründen auch nicht opfern. Da fiel den Betreuern als letzter Ausweg eine Charge von mehreren Litern Dromedar-Serum ein, die bei einem Forschungsprojekt übrig geblieben war und nun unbeachtet in den Tiefen eines Gefrierschranks lagerte. Die Studenten trennten die in dem Serum enthaltenen Proteine nach ihrem Molekulargewicht auf. Dabei sollten normalerweise drei Viertel der erhaltenen Antikörper dem leichtesten Typ Immunglobulin G (gamma-Globulin oder IgG) angehören. Das verbleibende Viertel teilen sich vier weitere Antikörperklassen (A, M, D und E), die allesamt ein höheres Molekulargewicht besitzen als IgG. Die Brüsseler Studenten fanden jedoch heraus, dass ein Teil der Dromedar-Antikörper kleiner waren als herkömmliches gamma-Globulin: Ihnen fehlten die sogenannten leichten Ketten, die normalerweise an der Bildung der beiden kurzen Arme des »Y« beteiligt sind.

Man hätte dieses Ergebnis bequem einer verdorbenen, zur Ausbildung der korrekten Struktur unfähigen Probe zuschreiben und zur Tagesordnung zurückkehren können, doch Raymond Hamers und Cécile Casterman vom biotechnologischen Institut der Freien Universität glaubten von Anfang an daran, dass es eine interessantere Erklärung geben müsse. Sie nahmen sich des merkwürdigen Phänomens an und wiederholten das Experiment mit frischen Proben verschiedener Tierarten. Die Ergebnisse bestätigten, dass alle Arten aus der Familie der Kamele (die *Camelidae*, darunter Trampeltier, Dromedar und Lama) neben normalen IgG-Antikörpern auch solche herstellen, die wesentlich einfacher aufgebaut sind und nur aus den schweren Ketten bestehen (Bild 3).

Herkömmliche Antikörper sind – bei all ihren positiven Eigenschaften – außerordentlich unhandliche Proteine. Für viele Anwendungen, die man sich für Moleküle mit ihren außerordentlich spezifischen Bindungseigenschaften ausmalen könnte, sind sie ungeeignet, weil sie zu groß, kompliziert, empfindlich und schwer klonierbar sind. Mehrere Arbeitsgruppen versuchten bereits in den achtziger Jahren, kleinere, möglichst leicht in Bakterien klonierbare Moleküle mit den hochspezifischen Erkennungsfähigkeiten der Antikörper

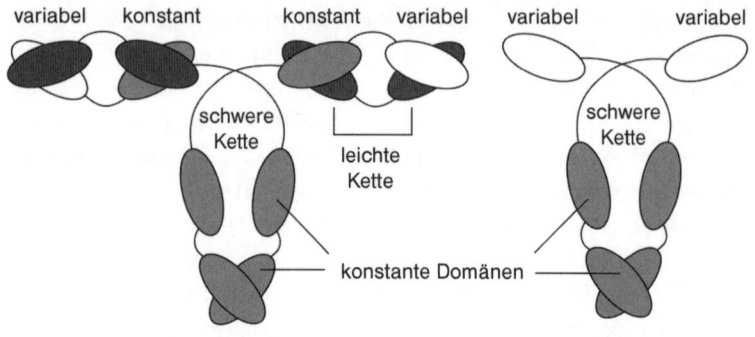

| variabel | konstant | konstant | variabel | variabel | variabel |

**"normaler" Antikörper**

**Kamel Antikörper**

schwere Kette — leichte Kette

schwere Kette

konstante Domänen

**Bild 3** Schematischer Aufbau von Antikörpern. Ein „normaler" Antikörper, wie er für das Immunsystem von Menschen und anderen Säugetieren typisch ist, hat die Form eines großen »Y« und besteht aus zwei schweren und zwei leichten Ketten (a). Das Bein des »Y« besteht lediglich aus schweren Ketten, während die Arme jeweils eine schwere und eine leichte Kette enthalten. An den äußeren Enden der Arme finden sich die Bindungsstellen für Antigene (Fremdstoffe wie z. B. Krankheitserreger), für deren Funktion sowohl die schwere als auch die leichte Kette benötigt wird. Die leichteren Antikörper der *Camelidae* hingegen bestehen nur aus schweren Ketten (b). Deshalb besteht jede ihrer Bindungsstellen jeweils nur aus einem Molekül und bleibt funktionsfähig wenn das Bein des »Y« abgetrennt wird.

herzustellen. Doch dazu benötigte man die variablen Domänen sowohl der schweren als auch der leichten Kette. Wenn man aber die übrigen Molekülteile einfach abknapst, fehlt diesen beiden Domänen der nötige Zusammenhalt – sie gehen getrennte Wege und die Bindungsstelle ist perdu.

Zur Zeit des erwähnten Praktikumsversuchs mit Dromedarserum bemühte sich die Arbeitsgruppe von Serge Muyldermans und Lode Wyns an derselben Universität um die Herstellung klonierbarer Mini-Antikörper. Angesichts der genannten Schwierigkeiten war ihnen die Entdeckung von einfacher strukturierten Immunglobulinen hochwillkommen, und sie verfolgten die Kamelspur trotz anfänglicher Schwierigkeiten weiter. Zunächst mussten die Forscher zur Immunisierung eines einzelnen Kamels mehrmals nach Marokko reisen, um dann festzustellen, dass das kostbare Tier während der mehrmonatigen Inkubationszeit gestohlen worden war. Inzwischen ist jedoch, dank der Unterstützung des tiermedizinischen Forschungsinstituts das der Familie des Emirs von Dubai gehört, die Gewinnung von Kamelseren kein Problem mehr.

Als dieses Forschungsprojekt richtig in Schwung kam, stellten die Belgier bald noch weitere interessante Eigenheiten der Kamel-Antikörper fest. Aufgrund ihres veränderten Aufbaus können sie sich auch an schwerzugängliche Teile der zu erkennenden Fremdstoffe (Antigene) binden. Werden Kamele etwa mit einem Enzym immunisiert, so erhält man Antikörper, welche das aktive Zentrum des Enzyms erkennen und deshalb als Hemmstoff wirken. Gewöhnliche Antikörper würden das Enzym hingegen an leichter zugänglichen Stellen binden und es dadurch weniger effizient oder gar nicht hemmen.

Die Abwesenheit der leichten Kette bei den Antikörpern der *Camelidae* bedeutet auch, dass deren Bindungsstelle sich in einem eng definierten Bereich (der variablen Domäne) eines einzelnen Proteinmoleküls (nämlich der schweren Kette) befinden muss. Es zeigte sich bald, dass sich diese Domäne problemlos von dem Rest des Antikörpers trennen lässt und dann geradezu den Idealfall des lange gesuchten kleinstmöglichen Antikörpers repräsentiert. Die so erhaltenen Ein-Domänen-Antikörper lassen sich leicht in großen Mengen in Bakterien herstellen und weisen auch zahlreiche weitere Vorteile gegenüber konventionellen Antikörpern und den von diesen abgeleiteten Miniaturversionen auf (etwa hinsichtlich ihrer Löslichkeit und Stabilität). Deshalb werden sie derzeit für mehrere medizinische und biotechnologische Anwendungen erprobt.

Bildgebende Verfahren, etwa in der Tumordiagnostik, würden davon profitieren, dass diese Erkennungsmoleküle so klein wie möglich sind und deshalb das Zielgewebe oder den Tumor gut durchdringen können, während ungebundene Moleküle ebenso schnell wieder ausgewaschen werden. Vorläufige Experimente haben überdies ergeben, dass die Ein-Domänen-Antikörper im Gegensatz zu normalen Fremdantikörpern nicht als Fremdstoff erkannt werden und demnach keine Immunreaktion auslösen. (Abgesehen von dem Fehlen der Bindungsstellen für leichte Ketten, sind die Kamel-Antikörper den menschlichen immer noch sehr ähnlich. Die Zahl der Sequenzunterschiede ist so gering, dass manche Forscher sich für die Vorgehensweise entschieden haben, menschliche Antikörper mit gezielten Mutationen zu »kamelisieren«.)

Die geringe Größe dieser Domänen erlaubt es auch, zwei von ihnen zu einem janusköpfigen Wesen zu verbinden. Ein solcher Doppel-Antikörper könnte etwa dazu dienen, Killer-Zellen in die Nähe der

Tumor- oder Bakterienzellen zu bringen, die sie angreifen sollen. Auch die Kopplung einer Domäne mit anderen Arten von Molekülen, zum Beispiel Enzymen, könnte sich als nützlich erweisen. Schließlich wäre auch ein Einsatz dieser Moleküle innerhalb der Zelle, als sogenannte Intrabodies denkbar.

Mit der Umsetzung dieser Möglichkeiten in die Praxis hat die Freie Universität Brüssel, welche die Schlüsselpatente für diese Methoden besitzt, das Flämische Institut für Biotechnologie beauftragt. Dort wird derzeit eine Firma zur Weiterentwicklung dieser Ideen gegründet. Darüber hinaus befasst sich auch das Labor von Leon Frenken bei der Firma Unilever in Vlaardingen (Niederlande) mit den Anwendungsmöglichkeiten von Kamel-Antikörpern.

Doch was nützt dieser bemerkenswerte Sonderweg der Immunologie den Kamelen? Es ist bekannt, dass die Wüstentiere trotz ihrer harten Lebensbedingungen eine außerordentlich zähe Gesundheit besitzen. Dazu mögen die leichteren Antikörper, die mit geringem Aufwand ein weiteres Spektrum an Abwehrmöglichkeiten eröffnen, ihren Teil beitragen. Eine aktuelle Publikation des Brüsseler Labors untersucht die genetischen Grundlagen der Variabilität dieser Immunglobuline. Die genaueren Gründe, warum die Evolution diesen Weg nur in einer einzigen Familie des Tierreichs beschritten hat, bleiben allerdings noch zu erforschen.

(2000)

### Literaturhinweise

S. Muyldermans et al., *Trends Biochem. Sci.*, 2001, **26**, 230.

### Was danach geschah

Seit 2002 hat eine neu gegründete Firma namens Ablynx damit begonnen, eine ganze Reihe von neuen Produkten zu entwickeln, die auf den besonderen Eigenschaften von Kamel-Antikörpern beruhen. Ablynx hat inzwischen mehr als 90 Angestellte und arbeitet mit mehreren großen Pharmafirmen zusammen. Das erste Medikament befindet sich bereits in klinischen Tests.

### Literaturhinweise

T. N. Baral et al., *Nature Med.*, 2006, **12**, 580.

# Verknotete und verwobene Proteine

Als Teenager las ich mit Begeisterung Bücher über Unterhaltungsmathematik, etwa die von Martin Gardner, dessen Beiträge über Jahrzehnte hinweg in Scientific American und auch in Spektrum der Wissenschaft erschienen. Deshalb ist alles, was Gardners Welt mit meinem späteren Tätigkeitsfeld, der Proteinbiochemie, verbindet, gleich doppelt reizvoll. ProteinforscherInnen haben die schlechte Angewohnheit das Wort Topologie zu gebrauchen, wenn sie eigentlich Struktur meinen. In dieser Geschichte ist jedoch tatsächlich von der Topologie der Proteine im mathematischen Sinne des Wortes die Rede.

Seit Anfang der Neunzigerjahre haben supramolekulare Chemiker elegante Methoden entwickelt, um Moleküle miteinander zu verknoten oder zu verschlingen. Was zunächst nach Spielerei aussah, gilt inzwischen als wichtiger Beitrag auf dem Weg zu molekularen Schalt- und Speicherelementen für zukünftige Anwendungen der Nanotechnologie. Doch gibt es solche molekularen Verwicklungen auch in der Natur? Bei der DNA auf jeden Fall: Man denke nur an die ringförmigen Chromosomen vieler Bakterien. Hier sind zwei DNA-Stränge als Doppelhelix in Tausenden von Windungen umeinander geschlungen und dann jeder in sich zum Ring geschlossen. Ohne enzymatische Scheren und Entwirrer lässt sich das nicht auflösen. Proteine hingegen, obwohl in ihren Strukturen und Funktionen wesentlich vielfältiger als DNA, galten bisher als nicht so verwickelte Fälle. Teils zu Unrecht, wie zwei Arbeiten belegen.

Dass es für eine neue Entdeckung manchmal ausreicht, genauer hinzuschauen als andere es getan haben, belegte William Taylor aus London. Er suchte die Datenbank der bekannten Proteinstrukturen systematisch nach Knoten ab. Zu diesem Zweck entwickelte er ein Programm, das die beiden Enden der Polypeptidkette unverändert an ihrem Platz belässt, die Kette zwischen ihnen aber schrittweise verkürzt und somit strafft und begradigt. Unverknotete Ketten führen dabei zu einer geraden Verbindungslinie zwischen den Termini. Dies war in den meisten Strukturen das erwartete Ergebnis. In manchen Fällen erhielt Taylor jedoch einen festgezurrten Knoten, bei einem Pflanzenenzym sogar einen mehrfach verschlungenen Knoten in Gestalt der Ziffer acht, einen sogenannten Achtknoten.

Der Nachweis vielfach verschlungener Ringe (Catenane) aus Proteinmolekülen gelang hingegen der Arbeitsgruppe von John Johnson am Scripps Research Institute in La Jolla, Kalifornien, anhand einer Röntgenstrukturanalyse, die sie durchgeführt hatten. Die Amerikaner hatten die Struktur der ikosaedrischen Proteinhülle eines Bakteriophagen (also eines Virus, das Bakterien befällt) namens HK97 bestimmt. In einem spektakulären Fall von Selbstassoziation verbinden sich 420 chemisch identische Proteinmoleküle zu der ersten Vorstufe des Viruskopfes. Während des graduellen Reifungsprozesses kommt es dann zur Ausbildung von ungewöhnlichen kovalenten Querverbindungen zwischen einer bestimmten Lysin-Seitenkette eines jeden Moleküls und einer bestimmten Asparagin-Seitenkette seines Nachbarn.

An dieser Reaktion nehmen alle 420 Moleküle teil, so dass letzten Endes jedes von ihnen mit zwei Nachbarn verknüpft und dadurch in einen fünf- oder sechsgliedrigen Ring eingebunden ist. Darüber hinaus sind die jeweils benachbarten Ringe ineinander verschlungen, so dass die ganze Struktur sozusagen einen Ball aus Maschendraht darstellt. Dieser Befund stellt nicht nur den ersten Beleg eines natürlich vorkommenden Protein-Catenans dar, sondern erklärt auch die verblüffende Stabilität der Virushülle, der man mit üblichen Auftrennungsmethoden wie SDS-Gelelektrophorese nicht beikommen konnte.

Dabei ist die Virushülle dünner als die entsprechenden Strukturen anderer Viren. Die vielfache Verknüpfung ermöglicht es also, bei der Konstruktion mit weniger Material auszukommen. Dieser Fingerzeig der Natur dürfte wiederum Wissenschaftler interessieren, die sich mit supramolekularer Chemie und Nanotechnologie beschäftigen.

(2003)

**Literaturhinweise**

W. R. Taylor, K. Lin, *Nature*, 2003, **421**, 25.

## Was danach geschah

Im Jahr 2006 berichteten Forscher am MIT von dem bisher kompliziertesten Protein-Knoten. Sie strafften mehr als 30 000 bekannte Proteinstrukturen nach der oben erläuterten Methode und erhielten so mehrere Knoten mit drei oder vier Kreuzungsstellen, aber nur einen mit der Rekordzahl von fünf (Bild 4). Bei dem verknoteten Molekül handelt es sich um das Enzym Ubiquitin-Hydrolase. Dieses spielt eine wichtige Rolle bei der Markierung von Proteinen, die dazu verurteilt sind, in der Recyclinganlage der Zelle, dem Proteosom, abgebaut zu werden. Genauer gesagt entfernt die Hydrolase den verhängnisvollen Marker und rettet damit Proteine vor dem Reißwolf. Die Entdecker des fünffachen gekreuzten Knotens spekulieren, dass dieser die Hydrolase davor schützt, selbst in die Fänge der Recyclingmaschine zu geraten.

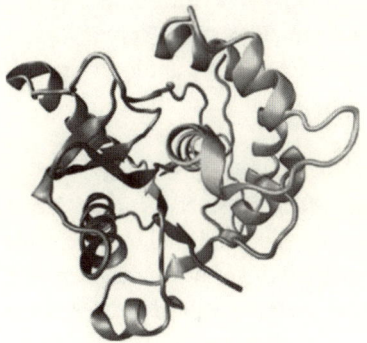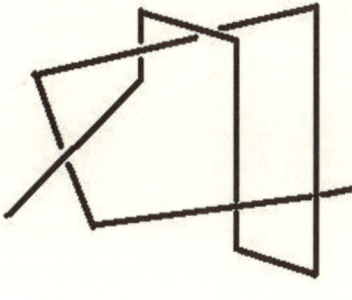

**Bild 4** Verknotetes Protein. Forscher benutzen Computerprogramme um die graphische Darstellung der Raumstruktur (a) zu straffen und herauszufinden, ob sie verknotet ist oder nicht. In diesem Fall kam ein Knoten zum Vorschein (b). Proteinstruktur Protein Data Bank.

# Gute Gründe einen Frosch zu küssen

Als ich noch ein unschuldiger kleiner Student war und in Regensburg an meiner Diplom- und Doktorarbeit herumbastelte, hatte unsere Arbeitsgruppe ein wöchentliches Literaturseminar, wo unter anderem auch Themen präsentiert wurden, die ein wenig abseits der Arbeitsgebiete des Labors lagen. Ich erinnere mich deutlich, wie ein Mitarbeiter ankündigte, er werde über Peptide aus der Haut von Fröschen sprechen, und ich erinnere mich auch ebenso deutlich, dass mir diese Ankündigung sehr rätselhaft vorkam und sich meine innere Reaktion etwa in dem Wort »Häääh???« zusammenfassen ließ. Der Vortrag überzeugte mich allerdings, dass diese Peptide wirklich wichtig sind und ich mehr darüber wissen sollte. Als dann einige Jahre später ähnliche Moleküle auch in der menschlichen Haut entdeckt wurden, war ich bereits besser darauf vorbereitet.

Die Haut der Frösche ist eine Pharmafabrik der Natur. Die Naturvölker Afrikas und Amerikas benutzten sie jahrhundertelang, um Heilmittel herzustellen, und die Wissenschaft kennt inzwischen eine Reihe von spezifischen Antibiotika aus dieser Quelle, deren Prototyp das Peptid Magainin aus der Haut des Krallenfroschs *Xenopus laevis* war. Angesichts der Gefahren, die etwa von einer Wundinfektion ausgehen, macht es Sinn, dass die Haut als erste Barriere gegenüber den Mikroben der Außenwelt mit solchen Stoffen ausgestattet ist.

Dennoch dauerte es bei Säugetieren und insbesondere beim Menschen länger, bis diese entdeckt wurden. Inzwischen kennt man zwei Familien von antibakteriellen Peptiden, die auch in der Haut der Säugetiere vorkommen: die β-Defensine und die Cathelicidine. Diese kurzen Peptide werden sowohl von Hautzellen (Keratinocyten) als auch von Zellen des Immunsystems durch proteolytische Spaltung größerer Vorläuferproteine hergestellt, und ihre Produktion wird in der Umgebung einer Wunde noch angekurbelt.

Obwohl ihre antibiotische Wirkung im Reagenzglas erwiesen war, konnte ihre Funktion als Schutzschild in der Natur erst vor kurzem demonstriert werden. Die Arbeitsgruppe von Richard Gallo an der University of California in San Diego untersuchte die Rolle eines Cathelicidins der Maus namens CRAMP (das dem LL-37 des Menschen ähnelt). Die Forscher konnten nachweisen, dass Mäuse, denen CRAMP fehlt, obwohl ansonsten gesund, anfälliger für Hautinfektionen sind. Umgekehrt demonstrierten sie auch, dass Bakterienstämme, die gegen CRAMP resistent sind, bei normalen Mäusen leichter eine Infektion auslösen.

Ein neuartiges antibakterielles Peptid, das keiner der beiden Gruppen angehört, tauchte in direkter Nachbarschaft zur Haut auf: im menschlichen Schweiß. Birgit Schittek und ihre Mitarbeiter an der Universität Tübingen isolierten ein Gen, dessen Funktion sie zunächst nicht kannten. Erst nachdem sie mehr als 50 Gewebearten auf die Expression des Gens hin untersucht hatten, stellten sie fest, dass es offenbar ausschließlich in den Schweißdrüsen aktiv ist. Dort wird gemäß der Gensequenz ein kleines Protein mit 110 Aminosäuren hergestellt, das Dermcidin. Im Schweiß findet sich allerdings nicht dieses Protein, sondern ein kürzeres Fragment davon, DCD-1, welches die letzten 47 Aminosäuren der DCD-Sequenz enthält.

Anhand dreier synthetischer Peptide konnten die Tübinger Forscher zeigen, dass DCD-1, nicht aber die andere Hälfte des Vorläuferproteins Bakterien wie *E.coli, Enterococcus faecalis, S. aureus* und *Candida albicans* wirkungsvoll abtötet. Es entfaltet diese Wirkung nicht nur unter üblichen Laborbedingungen, sondern auch in einem Puffer, dessen Zusammensetzung dem menschlichen Schweiß entspricht. Wo und wie der Schnitt stattfindet, der aus dem inaktiven Vorläuferprotein das antibakterielle Peptid erzeugt, bleibt noch zu erforschen. Auch dessen Struktur, den Modellrechnungen zufolge vermutlich eine α-Helix, sowie der Wirkungsmechanismus müssen noch aufgeklärt werden.

(2002)

**Literaturhinweise**

C. L. Bevins, M. Zasloff, *Annu. Rev. Biochem.*, 1990, **59**, 395.

V. Nizet et al., *Nature*, 2001, **414**, 457.

B. Schittek et al., *Nature Immunol.*, 2001, **2**, 1133.

## Was danach geschah

Im Jahr 2006 erzeugten israelische Forscher eine neue Art von antimikrobiellen Peptiden, indem sie Eigenschaften von zwei verschiedenen Arten von Mikrobenkillern zu einem minimalistischen Design verbanden. Die neuen Substanzen enthalten nur vier Aminosäuren und eine Fettsäure.

Yechiel Shai und seine Mitarbeiter am Weizmann-Institut in Rehovot kreierten ihre »ultrakurzen Lipopeptide« als Mittelding zwischen den zwei Gruppen natürlich vorkommender antimikrobieller Substanzen, nämlich den Peptiden, die meist aus 12 bis 50 Aminosäuren bestehen und insgesamt eine positive Ladung tragen, sowie den Lipopeptiden, welche eine fettartige Substanz und ein kurzes Peptid (sechs oder sieben Aminosäuren) mit negativer Ladung enthalten.

Als sie untersuchten, was die Mindestvoraussetzungen für antimikrobielle Wirkung seien, stellten die Forscher zu ihrer Überraschung fest, dass selbst Peptide mit nur vier Aminosäuren, in Verbindung mit einer Fettsäurekette von 12 bis 16 Kohlenstoffatomen, Wirkung zeigten. Da die Verbindung zwischen der Fettsäure und dem Amino-Ende des kurzen Peptids chemisch betrachtet nichts anderes ist als eine weitere Peptidbindung, kann man das ganze Molekül problemlos und kostengünstig mit einem kommerziell erhältlichen automatischen Peptid-Synthesizer herstellen.

Trotz ihrer geringen Größe scheinen diese neuartigen Moleküle die Zellmembran der Bakterien auf ähnliche Weise zu durchlöchern wie die bisher bekannten Mikrobenkiller. Als Beweis hierfür gilt zum Beispiel, wenn Farbstoffe, für welche die Membran vorher undurchdringlich war, in die Zelle eindringen können. Die spezifische Wirksamkeit der Substanzen gegen bestimmte Gruppen von Bakterien oder Fungi kann man, so die Wissenschaftler, durch Variation sowohl der Aminosäuren als auch der fettigen Komponente feinjustieren.

**Literaturhinweise**

A. Makovitzki, et al., *Proc. Natl. Acad. Sci. USA*, 2006, **103**, 15997.

# Der Gesundheitsminister warnt:
## Ihr Körper ist womöglich instabil

In den Lehrbüchern steht geschrieben, dass die Evolution die Stabilität unserer Proteine so »eingestellt« hat, dass ihr Schmelzpunkt einige Grad über der normalen Körpertemperatur liegt. Eine genauere Untersuchung der Sache ergab allerdings, dass das Strukturprotein Kollagen, welches zum Beispiel Haut, Sehnen, und Fingernägel bildet, eigentlich bereits knapp unterhalb von 37 °C instabil wird. Sollten wir uns Sorgen machen?

Ein vielzitiertes Dogma aus der Anfangszeit der Molekularbiologie besagt, dass Proteine nur dann biologisch aktiv sein können, wenn sie ihren jeweils einzigartigen, und durch die Sequenz eindeutig festgelegten dreidimensional gefalteten Zustand annehmen, den sogenannten Nativzustand. Wenn man diese Struktur durch geeignete Chemikalien, Hitze, oder mechanische Kräfte durcheinanderbringt, erhält man eine ungeordnete Aminosäurekette, die inaktiv und nutzlos ist. Dachten wir zumindest.

Gegen Ende der neunziger Jahre fanden Wissenschaftler jedoch heraus, dass der entfaltete Zustand einer Proteinkette längst nicht so chaotisch ist, wie sie immer gedacht hatten, und dass er sogar eine biologische Funktion haben kann. Eine stetig wachsende Zahl von Proteinen widersetzt sich dem Dogma und existiert unter physiologischen Bedingungen in einem eindeutig ungefalteten Zustand. In vielen dieser Fälle handelt es sich um eine Art Wartestellung, und das Protein kann einen zweiten, ordentlicher strukturierten Zustand annehmen, wenn es einem passenden Bindungspartner, etwa einem Liganden oder Rezeptor begegnet. Bindungen zwischen Proteinen und anderen Molekülen können unter Umständen sehr viel stärker sein, wenn sich das anfänglich ungefaltete Protein um den Partner herum strukturieren kann, als wenn es ihm mit einer vorab vorhandenen Passform nach dem Schlüssel-Schloss-Prinzip begegnet.

Zu der Liste von mittlerweile über 100 Proteinen, die höchstwahrscheinlich auch in physiologischer Umgebung in ungefaltetem Zustand vorkommen, muss man vielleicht nun auch einen Überraschungskandidaten hinzufügen, nämlich das Strukturprotein Kollagen. Dieses ist einer der Hauptbestandteile von vielen Geweben, die unseren Körper zusammenhalten, wie etwa Sehnen, Haut, Fingernägel, und es spielt auch an vielen weniger offensichtlichen Stellen eine wichtige Rolle. Beim Menschen wie auch bei anderen Wirbeltieren stellt es mehr als ein Drittel des Proteingehalts.

Man würde deshalb davon ausgehen, dass diese extrem wichtige molekulare Stütze unseres Körpers perfekt strukturiert, allzeit stabil, und unverwüstlich ist. Dennoch ergab eine sehr sorgfältig ausgeführte Untersuchung der durch Erhitzen ausgelösten Entfaltung von Kollagen aus menschlichem Lungengewebe, dass der natürliche Zustand dieses Proteins bei 37 Grad Celsius der entfaltete Zustand ist.

Die Arbeitsgruppe von Sergey Leikin am NIH in Bethesda im US-Bundesstaat Maryland verwendete die Methode der Kalorimetrie, wobei die Wärmekapazität einer Probe gemessen wird, also wie viel Energie man benötigt, um sie um einen bestimmten Betrag zu erwärmen. Ähnliche Untersuchungen der Entfaltung von Kollagen waren zwar bereits vorher durchgeführt worden, doch Leikins Gruppe fand heraus, dass die vorhergegangenen Untersuchungen zu schnell stattgefunden hatten. Nach jeder Temperaturerhöhung braucht die Probe eine gewisse Zeit, um sich auf den neuen Gleichgewichtszustand einzustellen. Die sorgfältigere Untersuchung ergab, dass dieser Vorgang zu langsam ist, als dass man mit der üblichen Vorgehensweise ein korrektes Ergebnis erzielen könnte. Mit Hilfe von extrem langsamen Experimenten und zusätzlicher rechnerischer Extrapolation zur Ermittlung des »wahren Gleichgewichts« kamen Leikin und Kollegen zu dem Schluss, dass die Entfaltung des Kollagens bereits bei 36 Grad Celsius stattfinden müsse. Leben wir also alle am Rande des biochemischen Abgrunds? Verdanken wir unser Leben nur der Tatsache dass die Einstellung des unstrukturierten Gleichgewichtszustandes so extrem langsam abläuft?

Obwohl ein kleiner Teil unseres Kollagens tatsächlich durch Entfaltung verloren gehen kann, sollten wir uns über dieses Ergebnis nicht zu viele Sorgen machen. Ähnlich den oben erwähnten Bindungsproteinen, die ihren Partner umso besser ergreifen können, weil sie im ungebundenen Zustand flexibel sind, bildet Kollagen beständigere Strukturen wenn es auf seinesgleichen trifft und jene Kollagenfasern bildet, die den menschlichen Körper zusammenhalten. Die beobachtete Instabilität betrifft die Kollagen-Moleküle also vor allem in der begrenzten Zeitspanne zwischen ihrer Biosynthese und ihrem Einbau in Fasern.

In der Zelle gibt es sogar ein molekulares Chaperon (siehe Seite 19), das allein dazu dient, Kollagen und seinen unreifen Vorläufer Prokollagen zu schützen. Nachdem sie allerdings die Zelle verlassen haben, sind die Moleküle ungeschützt und nach Leikins Ergebnissen zumindest teilweise entfaltet, bis sie sich bei der Ausbildung von Kollagenfasern erneut falten.

Es ist beruhigend zu wissen, dass die Stabilität des Kollagens sich drastisch verbessert, sobald es in Fasern eingebaut ist. Demnach hat die Evolution die Abwägung zwischen Flexibilität und Stabilität doch richtig hinbekommen, auch wenn die Auffindung dieses Gleichgewichts im Labor nicht ganz so einfach ist, wie man früher gedacht hatte.

(2002)

**Literaturhinweise**

K.W. Plaxco, M. Groß, *Nature Struct. Biol.*, 2001, **8**, 659.
K.W. Plaxco, M. Groß, *Nature*, 1997, **386**, 657.
V.N. Uversky et al., *Prot. Struct. Funct. Genet.*, 2000, **41**, 415.
E. Leikina et al., *Proc. Natl. Acad. Sci. USA*, 2002, **99**, 1314.

### Was danach geschah

Gerüchte über das unmittelbar bevorstehende Zerschmelzen aller Menschen auf der Erde haben sich nicht bewahrheitet. Die Idee, dass Proteine in natürlicher Umgebung in entfaltetem Zustand auftreten und biologische Funktion ausüben können hat sich als außerordentlich fruchtbar erwiesen. Intrinsisch ungefaltete Proteine sind inzwischen aus zahlreichen Zusammenhängen bekannt, von denen einige auch medizinisch relevant sind.

# Bakterien halten zusammen

Es macht immer Spaß, die traditionelle Sichtweise anzugreifen, dass wir Menschen die höchststehende Lebensform auf unserem Planeten seien und alle anderen Arten mehr oder weniger primitive Fehlversuche der Evolution. So berichte ich immer wieder gerne darüber, wenn Forscher überraschend komplexes Verhalten bei vermeintlich primitiven Lebensformen entdecken. Bakterien können zum Beispiel ihre Aktivitäten räumlich, zeitlich, und mit ihren Artgenossen koordinieren. Verrückt, nicht?

Die Unterscheidung zwischen Einzellern (Bakterien, Archäen, Hefen) und den »höheren« weil vielzelligen Organismen, zu denen alle Tiere und Pflanzen zählen, scheint eine der grundlegendsten und einfachsten Einteilungen der Biologie zu sein. Bei genauerem Hinsehen entpuppt sich diese Abgrenzung jedoch als trügerisch. Der Mensch beginnt seinen Lebenslauf ebenso wie zahlreiche andere Vielzeller als Einzeller. Die Amöbe *Dictyostelium* durchläuft einen komplizierten Lebenszyklus, in dessen Verlauf sie mal als Kolonie von Einzellern, mal als pflanzenartiger Vielzeller auftritt. (Erst nach eingehender Untersuchung ihrer Genomsequenz konnte die Amöbe definitiv in den Stammbaum des Lebens eingeordnet werden.) Und wie sieht es mit den Bakterien aus?

Nach alter Lehrbuchweisheit sind Bakterien Einzelzellen, die in der Gegend herumschwimmen und sich nach einer gewissen Zeit in zwei Tochterzellen aufteilen, solange sie genug Nährstoffe haben. Dieses vorhersagbare Muster des exponentiellen Wachstums gilt zumindest für kultivierbare Bakterien, wenn sie im Labor gezüchtet werden. Doch draußen in der freien Natur sieht ihr Lebensstil möglicherweise ganz anders aus. Viele von ihnen treten überhaupt nicht als Einzelkämpfer in Erscheinung, sondern sind normalerweise in Kooperativen mit anderen Lebewesen eingebunden, zum Beispiel in symbiotische Beziehungen mit anderen Arten (z. B. Verdauungsbakterien, photosynthetische Bakterien in Flechten). Doch auch mit ihren eigenen Artgenossen können Bakterien Verbände bilden, die erstaunlich organisiert sind. Gewisse Gemeinschaftsaktionen, etwa Lumineszenz oder Erzeugung von Giftstoffen, die ihren Wirt angreifen, unternehmen sie erst, wenn sie so zahlreich sind, dass es sich auch richtig lohnt. Um festzustellen, wie viele ihrer Artgenossen anwesend sind, benutzen die Mikroben eine Art der chemischen Kommunikation, die man *Quorum Sensing* nennt. Sie scheiden einen Signalstoff (Autoinducer oder Pheromon) aus und messen dann mittels eines spezifischen Rezeptors die Konzentration dieses Stoffs. Sind nur wenige Artgenossen anwesend, so verflüchtigt sich das Pheromon durch Diffusion schneller als sie nachliefern können. Ist hingegen eine gewisse »kritische Dichte« der Population überschritten, so baut sich eine nachweisbare Konzentration des Signalstoffs auf.

Entdeckt wurde dieses Phänomen bei den Leuchtbakterien der Art *Vibrio fischeri*. Diese schalten ihr Licht erst an, wenn genügend von ihnen anwesend sind. In den achtziger Jahren wurden der zugehörige Signalstoff und die für seine Wirkung verantwortlichen Gene identifiziert. *Vibrio* wurde zum klassischen Modell dieses Kommunikationssystems, das man in jener Zeit noch für eine Besonderheit der Leuchtbakterien hielt. Erst in den neunziger Jahren fanden britische Wissenschaftler der Universitäten Warwick und Nottingham heraus, dass auch die Synthese von Antibiotika in *Erwinia carotovora* auf ähnliche Weise reguliert wird. Seitdem haben weitere Entdeckungen gezeigt, dass Quorum Sensing auch in zahlreichen Arten und Zusammenhängen auftritt. Ein wichtiges Beispiel ist das Verhalten von Krankheitserregern, welche die Produktion ihrer Angriffswaffen erst ankurbeln, wenn genügend von ihnen im Wirtsorganismus versammelt sind.

Obwohl die genetischen Voraussetzungen der Bakterienkommunikation umfassend beschrieben worden sind, blieben die genauen molekularen Wirkungsweisen der Signalstoffe und ihrer Rezeptoren bis vor kurzem im Dunkeln. In diesem Jahr wurden erstmals zwei solche Rezeptoren zusammen mit den zugehörigen Pheromonen per Röntgenstrukturanalyse aufgeklärt. In beiden Fällen gab es überraschende Ergebnisse.

Die Arbeitsgruppe von Frederic Hughson an der Princeton-Universität hatte besonderes Glück, als sie ein Rezeptorprotein namens LuxP aus dem Leuchtbakterium *Vibrio harveyi* kristallisierte. Bei der Analyse der Daten fanden die Forscher nicht nur die Struktur des Proteins, sondern auch die des daran gebundenen »Autoinducers-2« (AI-2), dessen chemischer Aufbau bis dahin unbekannt gewesen war, obwohl es sich um einen Signalstoff handelt, der von vielen Arten benutzt wird und möglicherweise sogar der Kommunikation zwischen verschiedenen Spezies dient. In dem überraschend aufgefundenen Signalmolekül verbarg sich eine weitere Überraschung – das erste in einem Biomolekül nachgewiesene Auftreten des Elements Bor. Man wusste zwar schon lange, dass Bor für manche Organismen ein essentielles Spurenelement ist und demzufolge eine biologische Funktion haben muss, doch worin diese bestehen könnte war völlig offen.

Nur wenige Monate später berichtete die Arbeitsgruppe von Andrzej Joachimiak am Argonne National-Laboratorium im US-Bundesstaat Illinois die Struktur einer weiteren bakteriellen Kommunikations-Antenne, allerdings aus einem ganz anderen Zusammenhang. Der Pflanzenschädling *Agrobacterium tumefaciens* verdankt seinen Namen der Beobachtung, dass der Befall mit diesem Bakterium bei Pflanzen tumorartige Wucherungen auslöst. Ein kompliziertes Netz aus Signalwegen garantiert, dass das Bakterium sein auf die Infektion von Pflanzen spezialisiertes Genprogramm erst anwirft, wenn es sich tatsächlich in einer Pflanze befindet und auch genügend Artgenossen mitmachen.

Verspürt die Mikrobe die Anwesenheit gewisser von der Wirtpflanze produzierter Nährstoffe, so schaltet sie die Produktion eines Proteins namens TraR an, um Funkkontakt mit den Mitstreitern aufnehmen zu können. Dieses Protein fungiert als Antenne für den artspezifischen »Autoinducer«, ist aber gleichzeitig auch ein Schalter für die Ablesung gewisser Gene. Während Signalwege in Tieren und Pflanzen typischerweise eine ganze Reihe von Schritten vom Rezeptor in der Zellmembran bis zur Aktivierung der Gene im Zellkern zurücklegen müssen, stellt TraR eine direkte Verbindung vom Signalempfang zur Genexpression dar.

Dementsprechend kristallisierten Joachimiak und seine Mitarbeiter das Protein in Anwesenheit von »Autoinducer« und einem geeigneten DNA-Fragment, und es gelang ihnen tatsächlich, die Struktur eines vollständigen Komplexes aus allen drei Komponenten zu lösen.

Auf je eine DNA-Doppelhelix kamen zwei Moleküle des Proteins, von denen jedes ein Molekül des Signalstoffs so fest umschlossen hielt, dass dieser unmöglich entkommen könnte. Diese Beobachtung legt nahe, dass das Protein in Abwesenheit des Signalstoffs in sehr viel ungeordneterer Form auftritt und sich die Flexibilität bewahrt, mit der es sich praktisch um das kleinere Molekül herumwinden kann. Auf diese Weise lassen sich zahlreiche andere biochemische Beobachtungen erklären, wie etwa die Empfindlichkeit des ungebundenen Proteins gegenüber Verdauungsenzymen, sowie die Unumkehrbarkeit der Bindung an den »Autoinducer«. Darüber hinaus kann auf diese Weise auch die Kopplung der Rezeptorfunktion an die Endwirkung, die Funktion als Transkriptionsfaktor erklärt werden. Nur wenn es sich um das »Gerüst« des »Autoinducers« herumgewickelt hat, nimmt das Protein die richtige Doppelkopf-Struktur an, welche die angepeilte DNA-Sequenz bindet, und damit die Genfunktion anknipst.

Trotz dieser bemerkenswerten Einblicke steht die Erforschung der Kommunikation zwischen Bakterien in mancher Hinsicht erst am Anfang. Es ist noch weitgehend unklar, welche Befunde artspezifisch und welche allgemeingültig sind, und die fortschreitende Erkundung dieses Gebiets wird vermutlich mit vielen weiteren Überraschungen aufwarten. Es zeichnet sich jedoch jetzt schon ab, dass Mikroben oft gar nicht so dumm sind, wie wir in unserer menschlichen Überheblichkeit geglaubt hatten.

(2002)

**Literaturhinweise**

http://www.nottingham.ac.uk/quorum/
X. Chen et al., *Nature*, 2002, **415**, 545.
R. Zhang et al., *Nature*, 2002, **417**, 971.


## Was danach geschah

Im Sommer 2008 gab es in schneller Folge drei spannende neue Entwicklungen im Gemeinschaftsleben der Bakterien, die ich für Spektrum der Wissenschaft berichten durfte:
Das Grundelement jedes Zusammenlebens ist, wie jeder Deutsche weiß, der Verein. Auch Bakterien der Art *Proteus mirabilis* können

sich zu Verbänden zusammenrotten und gegenüber anderen Gruppen von Mikroben derselben Art abgrenzen.

Bereits im Jahre 1946 berichteten Forscher zum ersten Mal von der eigenartigen Schwärmbewegung dieser Bakterien, wobei verschiedenartige Kolonien derselben Art bei ihrer Ausbreitung auf Agarplatten sichtbare Grenzen bilden. Das Phänomen dient in der Klinik heute noch der Klassifizierung dieser Mikroben.

Jahrzehnte später fanden Forscher heraus, dass die sich gegeneinander abgrenzenden Schwärme der Bakterien verschiedene Proteine aus der Familie der Proticine herstellen, die für manche Artgenossen tödlich wirken können. Doch diese chemische Kriegsführung konnte die Abgrenzung zwischen Bakterienstämmen nicht vollständig erklären, da diese auch dann funktioniert, wenn keiner der beiden Stämme derartige Toxine herstellt.

Die Arbeitsgruppe von Peter Greenberg an der University of Washington in Seattle hat dieses Paradoxon jetzt mit genetischen Methoden untersucht und eine Gruppe von sechs Genen identifiziert, deren Mutation, Entfernung, oder Verdoppelung Auswirkungen auf die Gruppenidentität der betroffenen Bakterien hat. Die Forscher gaben diesem Genlocus den geradezu freudianisch anmutenden Namen *ids*, für »identification of self«; die einzelnen Gene heißen demnach jetzt *ids*A bis *ids*F.

Greenbergs Team erzeugte Bakterienstämme, denen einzelne, mehrere, oder alle dieser *ids*-Gene fehlten und untersuchten ihr Abgrenzungsverhalten gegenüber der Ausgangspopulation und gegenüber den anderen Mutanten. Es ergibt sich ein kompliziertes Muster von Abhängigkeiten und Kombinationen, welches den Forschern ermöglicht, die Verträglichkeit von Bakterienstämmen vorherzusagen und sogar zu programmieren. Zum Beispiel verträgt sich eine Bakterienkolonie, der alle *ids*-Gene fehlen, mit vier verschiedenen Varianten, denen jeweils alle Gene außer einem (B, C, D, oder E) auf einem Plasmid (ringförmige DNA, die ein Bakterium zusätzlich zu seinem eigenen Genom aufnehmen und benutzen kann) wieder hinzugefügt wurden. Die *ids*-lose Kolonie und ihre vier Vereinsbrüder grenzen sich aber gegenüber Kolonien ab, deren Plasmid alle Gene außer A, oder alle außer F trägt.

Bisher ist es Greenberg und Kollegen allerdings noch nicht gelungen, die von den *ids*-Genen abgelesenen Proteine aufzuspüren. Somit können sie auch den genauen molekularen Mechanismus der bakteriellen Vereinsbildung und der Abgrenzung gegenüber anderen Vereinen bisher noch nicht ergründen.

Der Erfolg eines Bakterienkollektivs hängt, wie eingangs erwähnt, oft vom *Quorum sensing* ab, einer chemischen Kommunikation, aus der die Bakterien ermitteln können, ob eine hinreichende Zahl ihrer Artgenossen anwesend ist. Das funktioniert so, dass jedes einzelne Bakterium einen chemischen Botenstoff in die Umgebung freisetzt, und dann überprüft wie viele Artgenossen dasselbe getan haben, indem es die Konzentration dieses Botenstoffs misst.

Als Botenstoff dienen hierbei oft Verbindungen aus einer Fettsäure und Homoserinlacton (HSL), wobei ein Enzym die Fettsäuren, welche die Zelle ohnehin als Bausteine für ihre Zellmembran herstellt, mit dem HSL-Molekül koppelt.

Die ebenfalls an der University of Washington angesiedelte Arbeitsgruppe von Caroline Harwood hat nun, in Kollaboration mit dem oben erwähnten Peter Greenberg, herausgefunden, dass bei dem photosynthetischen Bakterium *Rhodopseudomonas palustris* dasselbe Enzym, das sonst zelleigene Fettsäuren mit HSL verknüpft, in diesem Fall Cumarsäure verwendet, welche das Bakterium nicht selbst herstellt sondern aus der Umgebung aufnimmt. Cumarsäure, ein Derivat der Zimtsäure, ist Bestandteil der Lignocellulose in den Zellwänden der Pflanzen.

Obwohl *R. palustris* allein von der Photosynthese leben kann, widmet es sich auch dem Recycling von Pflanzenmaterial. Das Cumarsäure-HSL-Signal teilt den Artgenossen zweierlei mit: Es muss Cumarsäure vorhanden sein (und somit verrottendes Pflanzenmaterial, an dem sich die Bakterien gütlich tun können), und es müssen genügend Bakterien vorhanden sein, welche die Säure aufgenommen und in den Botenstoff umgewandelt haben, also auch genügend Artgenossen, um einen Angriff auf das besagte Pflanzenmaterial zu starten.

Diese Entdeckung stellt somit eine interessante Verbindung zwischen der Kommunikation zwischen Bakterien und der Wahrnehmung ihrer Umgebung her.

Darüber hinaus wird das Arsenal von möglichen Signalstoffen erheblich erweitert, da die bisher vermutete Beschränkung auf geradkettige Fettsäuren, wie sie in Membranen verwendet werden, entfällt.

Ein rätselhafter Aspekt der Zusammenarbeit zwischen Bakterien ist die Selbstaufopferung einzelner Individuen zum Wohle der Gemeinschaft. Dieses Phänomen wird zum Beispiel bei der Infektion mit *Salmonella typhimurium* beobachtet, einem Bakterium, das häufig Lebensmittelvergiftungen verursacht. Die erfolgreiche Etablierung eines Infektionsherds hängt davon ab, dass einige der Bakterien sich auflösen und dabei einen Giftstoff freisetzen. Doch wenn alle Bakterien der infizierenden Stoßtruppe genetisch identisch sind und auch identische Umweltbedingungen vorfinden, sollten sie sich auch gleich verhalten. Wie kann ein Bakterium »entscheiden«, dass es sich zum Wohl der Gemeinschaft opfert?

Martin Ackermann und Wolf-Dietrich Hardt mit ihren Kollegen an der ETH Zürich haben in Zusammenarbeit mit Michael Doebeli an der University of British Columbia in Vancouver jetzt eine Erklärung für dieses Paradoxon gefunden. Nach ihren theoretischen Modellstudien, die sie dann durch experimentelle Befunde erhärten konnten, geschieht die Aufteilung in Selbstmörder und Nutznießer rein zufällig, unter Ausnutzung der Unvollkommenheiten in der Verbindung zwischen genetischer Information und ihrer Umsetzung in biologische Realität den sogenannten Phänotyp.

Bei der untersuchten Art, *Salmonella typhimurium*, haben alle Bakterien die genetische Veranlagung (Genotyp), die sie zur Aufopferung führen könnte, doch da die Umsetzung des Genotyps in den selbstmörderischen Phänotyp mit zufälligen Fehlern und »Rauschen« behaftet ist, setzen nur 10 % der Population diese genetische Veranlagung auch um, und die anderen 90 % profitieren davon, indem sie sich in dem Infektionsherd erfolgreich vermehren.

Diese drei nahezu gleichzeitig erschienenen Publikationen zeigen, dass die Welt der scheinbar primitiven Bakterien noch ungeahnte Zusammenhänge und Mechanismen verbirgt. Da der Erfolg von pathogenen Bakterien wie etwa Salmonellen für uns oft fatale Konsequenzen hat, liegt es in unserem Interesse, die Geselligkeit und Kooperation der Einzeller besser zu verstehen.

**Literaturhinweise**

K. A. Gibbs et al., *Science*, 2008, **231**, 256.
A. L. Schaefer et al., *Nature*, 2008, **454**, 595.
M. Ackermann et al., *Nature*, 2008, **454**, 987.

# Ypsilon mit Gimmicks

Einer der Schwachpunkte, die unseren Anspruch auf die »Krone der Schöpfung« ad absurdum führen, ist das Geschlechtschromosomenpaar. Insbesondere das Männer-exklusive Y-Chromosom ist alles andere als eine Sternstunde der Evolution. Es ist degeneriert, verkrüppelt, mit genetischem Müll und nutzlosen Mehrfachkopien überladen (Bild 5). Wenn man seine Entwicklung in die Zukunft extrapoliert, ist es eindeutig auf dem Weg ins Aus, und womöglich wird es unsere Species mit in den Abgrund reißen. Wir Männer sollten wirklich aufhören, uns über die äußeren Merkmale unserer Männlichkeit Gedanken zu machen, und uns stattdessen verschärft um unser Y-Chromosom sorgen. Der Genetiker Steve Jones hat ein ganzes Buch darüber geschrieben, doch ich will mich hier kurz fassen und es bei einem einzigen Kapitel belassen.

Mann und Frau unterscheiden sich auf molekularbiologischer Ebene vor allem dadurch, dass männliche Körperzellen ein bisschen weniger DNA abbekommen als weibliche. Statt eines zweiten X-Chromosoms besitzen sie nur ein sehr viel kleineres Y-Chromosom. Zählt man nur die Basen – ohne Rücksicht darauf, ob sie aktive Gene tragen oder nicht – dann fehlen dem Manne etwa 3 % der weiblichen DNA, die mit etwa 1 % typisch männlichem Genmaterial ersetzt sind.

Die molekulargenetische Forschung brachte allerdings nicht viel Positives über dieses eine Prozent Männlichkeit. Zwar fand man dort den geschlechtsbestimmenden Faktor, sowie einige für die Fruchtbarkeit nötige Gene, aber es blieben erstaunlich wenige. Der Großteil des Y-Chromosoms schien aus Evolutionsmüll zu bestehen: endlose Wiederholungen und inaktive Pseudogene. Immerhin konnte der ge-

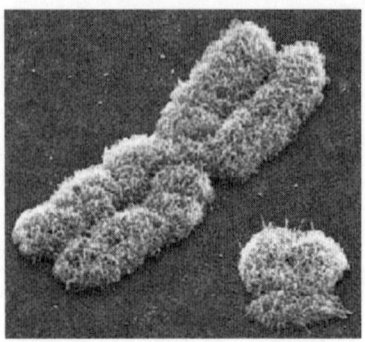

**Bild 5** Elektronenmikroskopische Aufnahme eines
menschlichen X- (links) und Y-Chromosoms.
Vergrößerung ungefähr 10 000-fach.

kränkte Mannesstolz in der Erkenntnis Trost finden, dass von den beiden X-Chromosomen der Frau eines zum größten Teil inaktiviert ist, so dass das Ungleichgewicht an aktivem Genmaterial doch nicht so gravierend ausfällt.

Der hohe Anteil an Sequenzwiederholungen machte das Sequenzieren des Y-Chromosoms schwieriger als das des restlichen menschlichen Genoms. Die ansonsten höchst effiziente Schrotschussmethode, nach der man das Erbmaterial in Zufallsfragmente spaltet, diese sequenziert, und am Ende das Zusammenpuzzeln dem Computer überlässt, gerät ins Schleudern, wenn es zu viele Verwechslungsmöglichkeiten gibt. Auch die traditionelle Methode (Gene erst kartographieren, dann einzeln klonieren und sequenzieren) greift hier nicht.

Deshalb mussten die Forscher aus drei Laboratorien in Amsterdam, St. Louis, und Cambridge (Massachusetts), unter Federführung von David Page am MIT eine neue Strategie entwickeln, um den beim Humangenom-Projekt ausgesparten hochgradig repetitiven Teil des Chromosoms zu sequenzieren. Sie beschränkten sich zunächst auf das Y-Chromosom eines einzelnen Mannes und rückten diesem mit einem iterativen Prozess zuleibe, der aus abwechselndem Kartographieren und Sequenzieren bestand. Entgegen den Befürchtungen vieler, dass dieses Chromosom den Aufwand nicht wert sei, erhielten sie interessante und neuartige Einblicke in die Evolution des kleinen Unterschieds.

Vor langer Zeit, als die Evolution der Säugetiere gerade erst anfing, waren X und Y ein normales, identisches Chromosomenpaar. Wie bei den anderen 22 Chromosomenpaaren (Autosomen) des heutigen menschlichen Genoms auch, konnte es durch den Vorgang des »Crossing-Over« zu Austauschen von DNA-Abschnitten zwischen den beiden Chromosomen kommen. Dieser Vorgang ist wichtig für die Durchmischung des genetischen Materials bei der Fortpflanzung, und für die Konstanz des Inhalts eines gegebenen Chromosoms. Die Struktur des Y-Chromosoms zeigt was passiert, wenn *Crossing-Over* nicht mehr stattfindet.

Heute ist ein kleiner Teil des Y-Chromosoms immer noch an *Crossing-Over* mit dem X-Chromosom beteiligt. (Dieser Bereich heißt auch pseudo-autosomaler Bereich, weil sich dort X und Y wie Autosomen verhalten.) Der schwierig zu sequenzierende, hochgradig repetitive Teil des Chromosoms ist allerdings der andere, der keinen Gen-Austausch mit dem X-Chromosom mehr unterhält. David Page und seine Mitarbeiter schlagen vor, diesen Bereich, der bisher als *Non-Recombining region* (NRY) bekannt war, in *Male Specific region* (MSY) umzutaufen, da ihre Sequenzierung Rekombinationsereignisse anderer Art zutage förderte. Die MSY-Region umfasst 95 % der Gesamtlänge des Y-Chromosoms.

Die Sequenzdaten zeigen, dass der aktive Teil des genetischen Materials in der MSY ein Mosaik aus drei sehr verschiedenen Arten von DNA-Abschnitten ist. Am einfachsten einzuordnen sind die »X-transponierten« Bereiche, die lediglich zwei der insgesamt 76 Gene der MSY-Region enthalten. Diese sind offenbar das Resultat eines einzelnen Gentransfers vom X- auf das Y-Chromosom, der vor etwa vier Millionen Jahren stattgefunden haben muss, also kurz nach der Artentrennung zwischen Hominiden und Schimpansen. Sie sind damit die jüngsten Zuwanderer in der MSY-DNA.

Die »ältesten« Gene, das heißt diejenigen, die schon am längsten »typisch männlich« und vom X-Chromosom abgekoppelt sind, finden sich in der zweiten Gruppe, die Page et al. als »X-degeneriert« bezeichnen. Diese Gruppe enthält 14 funktionierende Gene (darunter den geschlechtsbestimmenden Faktor SRY) sowie 13 offenbar nicht transkribierte Kopien von Genen, sogenannte Pseudogene. Alle 27 DNA-Sequenzen zeigen deutliche Verwandtschaft (60–96 % Identität) mit entsprechenden Abschnitten auf dem X-Chromosom. Diese waren offenbar paarweise auftretende autosomale Gene, und begannen sich auseinander zu entwickeln, sobald in dem betreffenden Bereich das *Crossing-Over* aufhörte. Die Unterschiede zwischen den beiden Versionen dienen als molekulare Uhr, anhand derer man die fortschreitende »Entfremdung« zwischen X und Y nachvollziehen kann.

Die Entdeckung, dass seit Beginn der Säugetier-Evolution knapp die Hälfte der 27 Gene in der zweiten Gruppe ihre Funktionsfähigkeit verloren haben, weist auf ein chronisches Problem hin: Während die Vermischung des Erbguts bei der sexuellen Fortpflanzung mit der Möglichkeit des *Crossing-Over* die genetische Konstanz garantiert, ist der MSY-Bereich des Y-Chromosoms von diesen Mechanismen ausgeschlossen. Ironischerweise pflanzt sich ausgerechnet der geschlechtsbestimmende Teil unseres Genoms ungeschlechtlich fort, von Vater zu Sohn. Damit besteht die Gefahr, dass sich verderbliche Mutationen in diesem Teil des Chromosoms ungehindert anreichern. Die Gegenmaßnahme der Evolution, die einem solchen Verfall vorbeugt, fanden die Forscher in der dritten Gruppe von Sequenzen, den sogenannten ampliconischen DNA-Abschnitten.

Ein Amplicon ist ein DNA-Abschnitt, der amplifiziert, also vervielfältigt wird. Und Vervielfältigung gibt es in der MSY-Region in Unmengen. Mit einer Gesamtlänge von über 10 Megabasen ist die ampliconische DNA die größte der drei Gruppen, und macht fast die Hälfte der Gesamtlänge der MSY-Region aus. Sie enthält 60 aktive Gene, die allesamt ausschließlich oder hauptsächlich in den Hoden exprimiert werden also vermutlich alle in irgendeiner Weise der Fruchtbarkeit dienen. Große Teile dieses Sequenzbereichs treten als Palindrome auf, d. h. auf einen gegebenen DNA-Abschnitt folgt direkt ein spiegelbildlicher Abschnitt mit derselben genetischen Information im Gegenstrang. Das längste Palindrom dieser Art erstreckt sich über 2,9 Megabasen und enthält innerhalb seiner Sequenz zwei kleinere Palindrome – verwirrende Mehrfachspiegelungen der genetischen Information.

Die Herkunft der Gene in diesem genetischen Spiegelkabinett ist bunt gemischt. Bereits in den 90er Jahren fand Page heraus, dass eine Gruppe von Genen namens DAZ, deren Ausfall zur männlichen Unfruchtbarkeit führt, ursprünglich auf dem Chromosom 3 beheimatet war. Im Laufe der Evolution wurden diese und andere mit der männlichen Fortpflanzungsfunktion verbundene Gene in das Y-Chromosom aufgenommen. Dies ist das einzige Beispiel eines Chromosoms, das sich auf eine Funktion spezialisiert und zugehörige Gene »sammelt«. Die Anordnung der Gene in den übrigen Chromosomen ist überwiegend zufällig.

Genauere Untersuchung der vielfachen Spiegelungen und Kopien im ampliconischen Bereich ergab eine überraschende Antwort auf das Problem des fehlenden *Crossing-Over*. Die Spiegelungen dienen offenbar als Sicherheitskopie und Austauschpartner in derselben Weise, wie bei den Autosomen das zweite Chromosom. Anstatt des – aufgrund mangelnder Übereinstimmung unmöglich gewordenen – *Crossing-Over* mit dem X-Chromosom greift das Y-Chromosom zur Selbsthilfe und betreibt Rekombination innerhalb seines eigenen DNA-Strangs. Und dieser Vorgang scheint schon seit vielen Millionen Jahren im Gange zu sein, denn in einer zweiten Arbeit in Nature berichten Page und Mitarbeiter, dass sechs der acht großen Palindrome auch beim Schimpansen vorliegen, also mehr als 5 Millionen Jahre alt sind.

Weitere Vergleichsstudien mit anderen Säugetieren (und mit mehr als einem Vertreter unserer Species!) werden nötig sein, um das über Hunderte von Millionen Jahren hinausgezogene Auseinanderdriften von X und Y genauer zu verstehen. Doch es steht jetzt schon fest: Endlose Wiederholungen, auch wenn sie den Forschern das Leben schwermachen, müssen nicht nutzlos und langweilig sein.

(2003)

**Literaturhinweise**

S. Jones, *Der Mann, ein Irrtum der Natur?*, Rowohlt, 2003.
H. Skaletsky et al., *Nature*, 2003, **423**, 825.
S. Rozen et al., *Nature*, 2003, **423**, 873.


## Was danach geschah

Die Erforschung des Männer-Genoms hat kürzlich einen enormen Schub erhalten, da bereits mindestens zwei Prachtexemplare unseres Geschlechts, nämlich der Doppelhelix-Entdecker James Watson, und der Genomik-Pionier Craig Venter, ihre höchst persönliche Genomsequenz in Empfang nehmen durften. Wie es genau in dem genetischen Spiegelkabinett dieser beiden Herren aussieht, weiß ich allerdings leider nicht.

# DNA als Spielzeug

Molekularbiologen haben etliche Werkzeuge entwickelt (oder von der Natur geborgt), die es ihnen erleichtern, das Erbmaterial zu untersuchen. Als Nebenwirkung dieses Strebens haben Wissenschaftler auch die Fähigkeit erworben, neuartige DNA herzustellen und damit zu spielen. Das Gebiet der DNA-Nanotechnologie begann zunächst als eine leicht exzentrische Übung im Querdenken, und deshalb taucht es auch hier in der »verrückten« Rubrik auf. Nur wenige Jahre später wurden jedoch aus den verrückten DNA-Spielzeugen überaus nützliche DNA-Werkzeuge. Deshalb werden wir diesem Gebiet, in seiner reiferen Form, im letzten Teil des Buchs wieder begegnen.

Proteine sind diejenigen Moleküle der Zelle, die komplizierte Strukturen bilden und chemisch diffizile Funktionen ausführen. DNA ist im Vergleich dazu ein eher eintöniges Molekül, das nur vier verschiedene Bausteine besitzt und dessen höhere Strukturen einzig und allein dem Zweck der platzsparenden Unterbringung des genetischen Materials dienen.

Doch daraus, dass DNA in der Natur »nur« als Informationsspeicher dient, folgt noch nicht, dass man mit diesem Baukasten nicht noch andere Dinge bauen könnte. Ein wesentlicher Vorteil dieses Baumaterials ist der, dass man mit der Polymerase-Kettenreaktion eine Methode zur raschen Vervielfältigung von Unterstrukturen, und mit den Restriktions-Enzymen höchst spezifisches Schneidwerkzeug zu seiner Bearbeitung bereit hat.

Das seien doch ideale Voraussetzungen, fand Nadrian Seeman von der New York University, um aus DNA interessante dreidimensionale Strukturen aufzubauen. Und er machte sich im Jahre 1990 daran, zu-

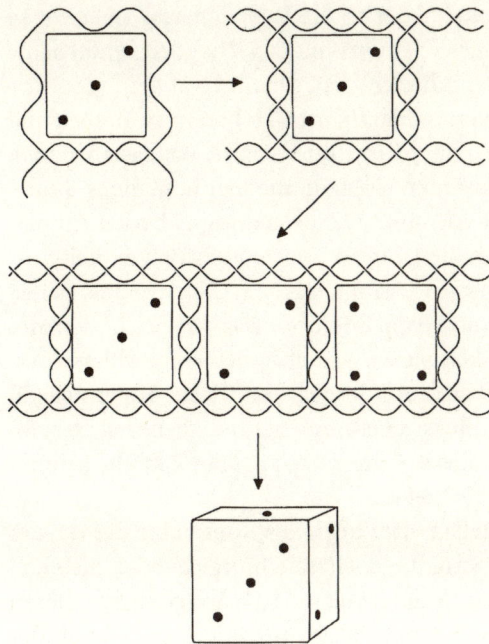

**Bild 6** Wie man aus DNA einen Würfel aufbauen kann. Jede Fläche des Würfels ist durch einen DNA-Ring definiert, jede Kante durch eine Doppelhelix, welche die DNA-Stränge benachbarter Ringe miteinander bilden.

sammen mit J. Shen einen Würfel aus DNA zu entwerfen und zu synthetisieren. (Bild 6) Jede der sechs Flächen des fertigen Würfels wurde von einem ringförmigen DNA-Molekül aus 80 Nucleotiden umschlossen. Jede der zwölf Kanten bestand aus einer Doppelhelix aus 20 Basenpaaren, was genau zwei Windungen der Doppelhelix entspricht. An jeder der acht Ecken trafen sich drei Doppelhelices zum Partnertausch

Ausgehend von zehn offenkettigen DNA-Einzelsträngen benötigten die Forscher insgesamt fünf Schritte der Zyklisierung, Doppelstrangbildung, Verknüpfung und Zwischenreinigung, um das Endprodukt zu erhalten, dessen Würfel-Topologie sie mittels spezifischer Erkennung der Doppelstränge durch Restriktionsenzyme nachwiesen. Topologie bedeutet, dass die sechs Ringe genau in der Weise miteinander verschlungen sind, die nötig ist, um einen Würfel zu bilden. Ob das »Objekt« tatsächlich würfelförmig ist, was man aufgrund von

Modellrechnungen vermutet, oder ob die Doppelhelices vielleicht so gekrümmt sind, dass es sich eher um eine Kugel handelt, konnten die Forscher mangels Masse noch nicht feststellen.

Das hinderte sie jedoch nicht daran, nach Höherem zu streben und noch kompliziertere Strukturen mit ihrem DNA-Baukasten herzustellen. Im Jahre 1994 konnten sie dann die Synthese eines Supramoleküls mit der Geometrie eines Oktaederstumpfs berichten, das, ebenso wie der Würfel, Kanten aus 20 Nucleotid-Paaren enthält. Insgesamt besteht diese neueste Kreation aus 1440 Nucleotiden, bei einem Molekulargewicht von knapp 800 000. Das entspricht den großen natürlichen Proteinkomplexen wie etwa der »molekularen Anstandsdame« GroEL und dem 20S-Proteasom. Dieses Supermolekül enthält sogar freie Anschlussstellen, die sich möglicherweise zum Aufbau eines porösen endlosen Gitters nach Art der Zeolithe (Aluminium-Mineralien) aufbauen ließen.

Sollte es sich herausstellen, dass Seemans Konstrukte die von der Topologie vorgegebene Struktur auch mit hinreichender Stabilität realisieren, so eröffnen die für molekulare Maßstäbe riesigen inneren Hohlräume und die Möglichkeit der chemischen Modifikation der Bausteine eine ganze Reihe von Anwendungsperspektiven, zum Beispiel als Transporter für Pharmaka oder als Baugerüst für andere molekulare »Bauarbeiten«, oder, in Kombination mit angekoppelten Katalysatoren, als Nano-Fabrik.

Doch nicht nur als »mechanisches« Gerüstmaterial ist DNA für Chemiker wieder interessant geworden. Es sieht auch so aus, als ob das Innere der Doppelhelix ein bemerkenswert guter elektrischer Leiter ist. Bereits 1993 fand Jackie Barton am California Institute of Technology (Caltech), dass die Geschwindigkeit der Elektronenübertragung durch die übereinandergestapelten aromatischen Elektronensysteme der Stickstoffbasen im Inneren der Doppelhelix für ein biologisches System extrem schnell ist. Der Nachteil war – die von ihr angegebenen Geschwindigkeiten waren so hoch, dass man ihr Ergebnis nicht glaubte. Anfang 1995 präsentierten Thomas Meade und Faiz Kayyem, die ebenfalls am Caltech arbeiten, neue Beweise für die schnelle Elektronenleitung in DNA, mit etwas kleineren Zahlen, die dann auch Anerkennung und Beachtung fanden.

Metallorganische Komplexe des Schwermetalls Ruthenium dienen in dem Experiment von Meade und Kayyem sowohl als Sender als auch als Empfänger des schnellen Stromstoßes. Der Sender wird durch einen Laser-Lichtblitz aktiviert, und die Ankunft des Elektrons in dem zweiten Ruthenium-Komplex macht sich durch eine Änderung der spektroskopischen Eigenschaften des Moleküls bemerkbar. Möglicherweise ist die komplizierte Architektur des ersten Komplexes, die das Elektron erst durchdringen muss, bevor es zu der »Schnellstraße« durch die gestapelten aromatischen Ringe gelangt, der Grund dafür, dass die Weitergabe etwas langsamer verläuft als in Bartons Experiment. Zumindest Jackie Barton glaubt jedoch daran, dass ihre Untersuchungen, bei denen die Elektronen direkt in dem Inneren der Doppelhelix freigesetzt werden, wirklich die Geschwindigkeit des Elektronentransports in DNA demonstrieren.

Wie dem auch sei, die Tatsache, dass das DNA-„Kabel« nur funktioniert, wenn ein Doppelstrang vorliegt, auch wenn Sender und Empfänger an denselben Strang der Doppelhelix gebunden sind, eröffnet die Möglichkeit, einen spezifischen Biosensor für DNA-Sequenzen zu entwickeln. Man könnte den zu der nachzuweisenden Sequenz komplementären Gegenstrang synthetisieren, mit den beiden Rutheniumkomplexen koppeln, und dann auf die Suche nach DNA-Fragmenten gehen, die per Doppelstrang-Bildung den schnellen Elektronentransport-Effekt hervorrufen. Zwar müssen die Forscher noch nachprüfen, inwieweit die charakteristische Leitfähigkeit des Doppelstrangs durch falsche Basenpaarungen gestört wird. Stellt es sich heraus, dass der Effekt bereits durch eine einzelne Fehlpaarung merklich gestört wird, so könnte die neue DNA-Sonde tatsächlich besser und spezifischer werden als alle bisher verfügbaren Methoden. Praktische Anwendungen in der medizinischen Diagnostik, der Forensik oder der Suche nach Krankheitserregern im Trinkwasser würden dann wahrscheinlich rasch realisiert werden.

Nicht genug damit, dass DNA Elektronen leiten kann, sie kann möglicherweise auch unser liebstes elektronisches Gerät, den Computer, ganz schön alt aussehen lassen. Im November 1994 berichtete Leonard Adleman von der Universität von Südkalifornien, dass er aus DNA eine Art »Chemischen Computer« konstruieren konnte, der immerhin eine einfache Version des klassischen »Handelsreisenden-Problems« lösen konnte, das darin besteht, die kürzeste Route durch eine Anzahl von Städten zu finden. Wie ein elektronischer Computer kann DNA Information in einem Code speichern, man kann die Information mittels molekulargenetischer Methoden lesen, kopieren, vervielfältigen, nach verschiedenen Kriterien sortieren. Jeder einzelne dieser Schritte dauert natürlich in dem chemischen System (insbesondere außerhalb der Zelle) erheblich länger als im Mikrochip. Der Vorteil der DNA gegenüber dem elektronischen Computer ist jedoch der, dass man in einem Reagenzglas leicht $10^{19}$ verschiedene DNA-Stränge, mithin $10^{19}$ verschiedene Datensätze gleichzeitig handhaben kann. Richard Lipton von der Universität Princeton schlug im April 1995 aufgrund theoretischer Überlegungen vor, dass diese enorme Kapazität zur Ausführung paralleler Rechnungen es dem DNA-Computer ermöglichen könnte, Probleme zu lösen, an denen herkömmliche elektronische Rechner scheitern.

Diese Prognose hat die Computerwissenschaftler, die von Adlemans molekularbiologischem Primitivrechner nur mäßig beeindruckt waren, aufhorchen lassen. Möglicherweise entsteht hier, an der Grenze zwischen Informatik und Molekularbiologie ein völlig neues Forschungsgebiet, das noch mit einigen Überraschungen aufwarten könnte.

**Was danach geschah**

Siehe Seite 222.

# Auferstehung nach Milliarden Jahren

Genetiker können heute mit Leichtigkeit aus den Vergleichsuntersuchungen an Genen und Genomen lebender Organismen Rückschlüsse auf deren gemeinsame Vorfahren ziehen. Von diesem Ausgangspunkt ist es nur ein logischer, doch leicht verrückter Schritt, den vor Jahrmillionen verschwundenen gemeinsamen Vorfahren wieder zum Leben zu erwecken. Ein solches Vorgehen wäre im Augenblick vielleicht noch zu schwierig im Bezug auf ganze Organismen, doch es kann bereits auf einzelne Gene und die entsprechenden Proteine angewandt werden, selbst wenn diese zuletzt vor einer Milliarde Jahren auftraten.

Untersuchungen der Evolution und der Verwandtschaft zwischen heutigen Arten bauen hauptsächlich auf dem Vergleich von Genen (und inzwischen auch Genomen) auf. Aus den genetischen Unterschieden zwischen den Arten können Wissenschaftler ableiten, wann der letzte gemeinsame Vorfahre lebte, und sie können bemerkenswert zuverlässige Stammbäume der Evolution zeichnen.

Aber man kann auch einen Schritt weiter gehen, überlegte sich der US-amerikanische Biochemiker Steven Benner, man kann auch die Gene des extrapolierten gemeinsamen Vorfahren synthetisieren, dann die zugehörigen Proteine herstellen, und schließlich die Biologie von Lebewesen studieren, die schon seit vielen Millionen Jahren nicht mehr existieren.

Benner und seine Mitarbeiter an der Universität von Florida in Gainesville probierten diese Idee erst am Beispiel der Wiederkäuer aus. Sie rekonstruierten Verdauungsenzyme aus der Zeit, als die Evolution die Vorfahren unserer Kühe mit zusätzlichen Mägen ausstattete. Im Jahr 2003 drang Benner dann noch viel weiter in die Vergangenheit vor, und versuchte, Proteine wiederzubeleben, die zuletzt im Präkambrium auftraten, also vor mehr als einer Milliarde Jahren.

Benner und seine Kollegen gingen der Frage nach, in welchem Temperaturbereich der letzte gemeinsame Vorfahre aller heute lebenden Bakterien gedieh. Über diese Frage hat es bereits lange Diskussionen gegeben, da einige der tiefsten (also ältesten) Abzweigungen am Stammbaum des Lebens zu heutigen Arten führen, die an extrem hohe Temperaturen angepasst sind. Die Forscher extrapolierten die urzeitliche Sequenz eines Helferproteins aus der Biosynthese der Proteine, nämlich des Elongationsfaktors EF-Tu. Wie der Name schon andeutet (Tu steht für temperature-unstable), ist dieses Protein empfindlich gegenüber Temperaturveränderungen und ist in allen bisher untersuchten Arten sehr präzise an die optimale Wachstumstemperatur des Organismus angepasst.

Benners Gruppe konnte das extrapolierte Uralt-Protein erfolgreich in modernen Bakterien herstellen und seine Stabilität und Funktion bei verschiedenen Temperaturen untersuchen. Sicherheitshalber wiederholten sie auch das ganze Verfahren mehrmals mit verschiedenen Versionen des Stammbaums der Evolution. Alle bei dieser Arbeit erhaltenen mutmaßlich urtümlichen Proteine waren an hohe, aber nicht extrem hohe Temperaturen angepasst. Sie lagen im Bereich von 55 bis 60 Grad Celsius.

Was beweist, dass man auch mit scheinbar verrückten Unterfangen durchaus vernünftige und plausible Ergebnisse erhalten kann. Das Resultat ist umso überzeugender als es gegenüber der zur Kontrolle durchgeführten Variation des Inputs erstaunlich robust ist.

(2003)

**Literaturhinweise**

E. A. Gaucher et al., *Nature*, 2003, **425**, 285.
David A. Liberles (Hrsg.), *Ancestral Sequence Reconstruction*,
    Oxford University Press, 2007.

**Was danach geschah**

Benner und andere haben auch weitere urtümliche Proteine zu neuem Leben erweckt, doch die Wiederbelebung von Dinosauriern steht noch aus.

# Jetzt ist aber Schluss!

Manchmal lese ich in wissenschaftlichen Zeitschriften Dinge, die einfach zu verrückt erscheinen, um wahr zu sein. Dann kneife ich mir in den Arm; ich überprüfe das Titelblatt der Zeitschrift: Ja das scheint wirklich Nature zu sein, und das Heft trägt auch nicht das Datum vom ersten April, und ich träume offenbar nicht. Eine dieser Gelegenheiten war eine Gruppe von drei Publikationen, die im Jahr 2004 erschienen und ein höchst kompliziertes biologisches System beschrieben, das es den Molekülen der Zelle ermöglicht, einem übers Ziel hinausgeschossenen Kopierenzym hinterherzurennen und es mit Gewalt zum Anhalten zu zwingen. Wie im Wilden Westen, mit Lasso und wildem Hufgetrappel. Für mich bieten diese verrückten Geschichten natürlich einen willkommenen Anlass, selbst ein wenig über die Stränge zu schlagen...

Es ist gut zu wissen, wann man aufhören muss. Wenn ich zum Beispiel diesen Satz, obwohl ich meine Aussage schon formuliert habe, immer weiter schreiben würde, und weiter und weiter und weiter und es käme nur noch Blödsinn dabei heraus und Sie würden mich langsam für verrückt erklären und denken warum hört er denn nicht endlich auf ... Und so weiter. Es wäre die reinste Verschwendung von Zeit und Druckerschwärze. Genauso ergeht es aber offenbar jenem Enzym, das von unseren Genen die Umschrift in Boten-RNA erstellt, der RNA-Polymerase II. Obwohl es in jedem Gen klare Anzeichen des bevorstehenden Endes gibt, nämlich zuerst das Stopp-Codon, das die Proteinbiosynthese beendet, und dann die genau markierte Stelle, wo die fertige Boten-RNA mit einem Poly-A-Schwanz markiert wird, fährt die Polymerase einfach weiter und synthetisiert nutzlose RNA, wenn die eigentliche Boten-RNA schon längst abgeschnitten und ihrer weiteren Verarbeitung zugeführt worden ist. Bisher konnte kein DNA-Abschnitt identifiziert werden, der dieses Enzym zum Anhalten bringt.

Mehrere Arbeitsgruppen haben jetzt sowohl bei der Hefe als auch beim Menschen herausgefunden, wie die Zelle die übers Ziel hinausgelaufene Polymerase zur Vernunft bringt. Sie fanden Beweise für den sogenannten Torpedo-Mechanismus, der bisher lediglich als exotische Hypothese galt. Demnach erkennt ein RNA-verdauendes Enzym, eine Exonuclease, das freie Ende der im Überschuss produzierten RNA und macht sich im Eiltempo daran, diese wieder in ihre Bausteine zu zerlegen. Da die Exonuclease schneller vorankommt als die Polymerase, holt sie diese schließlich ein und bringt sie auf noch ungeklärte Weise zum Anhalten.

Die Arbeitsgruppe von Stephen Buratkowski in Harvard untersuchte dieses Phänomen bei der Bäckerhefe *Saccharomyces cerevisiae*. Die US-Forscher identifizierten die zuständige Exonuclease, Rat1 und zwei assoziierte Hilfsproteine, welche Rat1 mit der Polymerase verbinden, wo diese dann auf das verräterische freie RNA-Ende wartet (im Gegensatz zu Endonucleasen kann eine Exonuclease die Nucleinsäure nur vom Strangende her abbauen). Hefekulturen ohne Rat1 sind zwar überlebensfähig, weisen aber erhebliche Mengen sinnloser RNA-Transkripte auf, die auf ein ungebremstes Weiterlaufen der RNA-Polymerase hinweisen. Selbst wenn das Protein Rat1 strukturell intakt vorhanden, aber seine Nuclease-Funktion durch Austausch einer einzigen Aminosäure blockiert ist, tritt dasselbe Problem auf. Damit kann es als gesichert gelten, dass Rat1 hinter der Polymerase herläuft, obwohl es noch nicht klar ist, was genau passiert, wenn sich die beiden Proteine begegnen.

Beim Menschen scheint ein ähnlicher Mechanismus zu existieren, doch fanden die Arbeitsgruppen von Nick Proudfoot und Alexandre Akoulitchev an der Sir William Dunn School of Pathology in Oxford eine zusätzliche Komplikation. Zumindest bei dem von den Oxforder Forschern untersuchten menschlichen Globin-Gen bildet nämlich die hinter dem eigentlichen Ende der Boten-RNA gelegene RNA-Abschrift ein selbstspleißendes Ribozym, also einen nur aus RNA bestehenden Katalysator, welcher das Herausschneiden seiner selbst aus dem unnötigerweise weiterwachsenden RNA-Strang katalysiert (Bild 7).

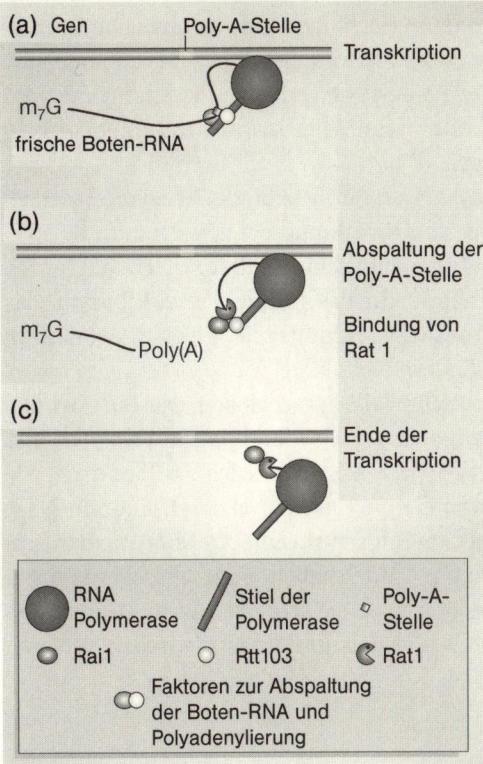

**(a)** Gen — Poly-A-Stelle — Transkription
m₇G — frische Boten-RNA

**(b)** — Abspaltung der Poly-A-Stelle
m₇G — Poly(A) — Bindung von Rat 1

**(c)** — Ende der Transkription

| | | |
|---|---|---|
| RNA Polymerase | Stiel der Polymerase | Poly-A-Stelle |
| Rai1 | Rtt103 | Rat1 |
| | Faktoren zur Abspaltung der Boten-RNA und Polyadenylierung | |

**Bild 7** Die Endphase der Transkription (Herstellung von Boten-RNA) in der Hefe *S. cerevisiae*.
(a) Die Transkription hat das Ende der Boten-RNA erreicht, eine bestimmte Basenabfolge, die als Ankopplungsstelle für den Poly-A-Schwanz dient. Der lange dünne »Stiel« der Polymerase (die C-terminale Domäne des Proteins) trägt die Enzyme (grün und gelb), welche an dieser Stelle die RNA aufschneiden und das Ende der eigentlichen Botschaft mit poly-A koppeln.
(b) Die Exonuclease Rat1 kann sich mit Hilfe der Proteine Rtt103 und Rai1 an den freigewordenen Stiel der Polymerase binden, wo sie mit hoher Wahrscheinlichkeit über kurz oder lang das freie Ende der überflüssigerweise weitersynthetisierten RNA zu fassen kriegt und diese schrittweise abbaut.
(c) Die Exonuclease hat die Polymerase eingeholt und beendet (auf unbekannte Weise) die Transkription. Da das Ergebnis des Wettlaufs Schwankungen unterworfen ist, liegt die Endstation der Polymerase nicht immer an derselben Stelle.

*Homo sapiens* besitzt eine dem Rat1 der Hefe entsprechende Exonuclease, die auf den Namen Xrn2 hört. Alexandre Akoulitchev und seine Mitarbeiter untersuchten das Zusammenwirken des Ribozyms mit der Nuclease. Durch umfassende Mutationsexperimente kreisten sie den kleinsten für die Ribozym-Aktivität hinreichenden Sequenzabschnitt ein und wiesen dann nach, dass eine erfolgreiche Beendigung der Transkription von der Aktivität des Ribozyms abhängig ist. Das nach Abtrennung der Boten-RNA verbleibende Strangende, das von dem Hefe-Enzym Rat1 erkannt wird, ist für Xrn2 offenbar kein geeigneter Anfangspunkt.

Es ist auch nicht so, dass man ein beliebiges Ribozym einsetzen könnte. Die Arbeitsgruppe von Nick Proudfoot ersetzte zum Beispiel den DNA-Abschnitt der für das menschliche Ribozym codiert, durch den entsprechenden Abschnitt für das Hammerhead-Ribozym, das eine chemisch unterschiedliche Schnittstelle erzeugt, woraufhin Xrn2 das freigewordene Ende verschmähte.

Jetzt habe ich eigentlich schon alles geschrieben, was Sie über dieses Thema wissen wollten, aber wo ich schon mal in Fahrt bin und mir das Schreiben doch so Spaß macht, denke ich darüber nach, wie es wäre, wenn mein Computer eine elektronische Rat1-Endonuclease hätte, dann käme jetzt auf dem Bildschirm eine Art Mini-Pacman hinter meinen völlig überflüssigen Buchstaben hergeschossen, und fräße sie alle auf, viel schneller, als ich sie schreiben kann, und irgendwann würde er mich einholen und dann wäre jetzt wirklich und endgültig Schluss.

(2005)

**Literaturhinweise**

M. Kim et al., *Nature*, 2004, **432**, 517.
S. West et al., *Nature*, 2004, **432**, 522.
A. Ramadass et al., *Nature*, 2004, **432**, 526.

## Was danach geschah

Seit diese Arbeiten für Aufregung sorgten, habe ich nicht mehr viel über dieses Thema gehört. Vielleicht habe ich die ganze Geschichte doch nur geträumt? Aber vermutlich dauert es einfach etwas länger, die Einzelheiten eines so komplizierten Mechanismus genau zu erforschen, und überdies herauszufinden, bei welchen Arten er auftritt.

# Der Zellstrahldrucker

Eine der faszinierendsten Erfindungen unserer Zeit ist ohne Zweifel der Tintenstrahldrucker. Bedenken Sie nur dass ein solches Gerät – nagelneu, mit einem Paar Tintenpatronen, sowie eingebautem Scanner und Fotokopierer – heutzutage oft billiger zu kaufen ist als die beiden Patronen ohne den Drucker. Angesichts dieser Verrücktheit erscheint es geradezu vernünftig, zum Drucken etwas Erschwinglicheres zu verwenden als Druckertinte, zum Beispiel lebende Zellen. Oder wird der neu erfundene Zellstrahldrucker die Forscher mit zahllosen Fehlermeldungen in den Wahnsinn treiben?

Handelsübliche Tintenstrahldrucker haben sich in jüngster Zeit auch im Labor nützlich gemacht, etwa bei der Herstellung von sogenannten DNA-Arrays, wo verschiedene Moleküle des Erbmaterials mit mikroskopischer Genauigkeit an definierten Stellen einer Unterlage verankert werden. Wenn man mit empfindlichen Biomolekülen drucken kann, würden vielleicht sogar ganze Zellen den Weg durch die Druckerdüse überstehen? Das Team von Thomas Boland an der Clemson-Universität im US-Bundesstaat South Carolina ging der Frage nach und druckte zuerst mit Bakterien, dann sogar mit Säugerzellen.

Obwohl das Drucken mit Biomolekülen statt Tinte inzwischen bereits Routine ist, stellte die Verwendung von Zellen die Forscher vor ganz neue Herausforderungen. Je nach Art des gewählten Tintenstrahldruckers können die Zellen Vibrationen, Hitze oder Druck in tödlichem Ausmaß ausgesetzt werden. Bolands Gruppe zog sowohl piezoelektrische als auch die mit Hitze arbeitenden sogenannten Bubble-Jet-Drucker in Erwägung, mussten aber feststellen, dass die Vibrationen bei dem ersteren Typ zu stark waren. In Bubble-Jet-Druckern kann die Temperatur bis zu 300 Grad Celsius ansteigen, doch die Forscher hofften, dass die Fließgeschwindigkeit der Flüssigkeit dafür sorgen werde, dass die Zellen nicht zu lange in der Gefahrenzone verweilen.

Nachdem sie bereits gezeigt hatten, dass Bakterien den Druckvorgang überleben, haben Boland und Mitarbeiter jetzt die größere Herausforderung angenommen, ihren Drucker mit Zellen von Säugetieren zu beladen. Sie wählten Zellarten die bereits routinemäßig in Kultur gehalten und vermehrt werden (sodass keine Tiere zu Schaden kamen), nämlich CHO-Zellen (die sich von den Eierstöcken von chinesischen Hamstern ableiten), sowie Motoneuron-Zellen von Ratten.

Um den Zellen eine sanfte Landung zu ermöglichen, ersetzten sie auch das Druckerpapier durch ein speziell für diesen Zweck entwickeltes Gel. Als die Forscher dann ihren Drucker mit biologischer »Tinte« und passendem »Papier« in Betrieb nahmen, stellten sie fest, dass 90 % der Zellen den Vorgang überlebten. Darüber hinaus kultivierten sie die gedruckten Zellen auf den Gelen für einige Wochen und konnten für jede Art von Zellen das jeweils normale Verhalten beobachten. So stellten zum Beispiel die Nervenzellen neue Verbindungen zueinander her.

Bisher haben die Forscher die Zellen lediglich in einer ringförmigen Anordnung gedruckt. Die nächste Herausforderung besteht darin, die Anwendung der neuen Methode auf biologisch sinnvolle Muster auszuweiten, etwa Anordnungen wie sie in Geweben und Organen auftreten, sowie Kombinationen von mehreren Arten von Zellen. Mit einer umgebauten Vier-Farben-Tintenpatrone und einem farbcodierten Schema auf dem Bildschirm wird man womöglich schon bald lebensfähige Gewebe ausdrucken können. Vielleicht wird man eines Tages sogar ganze Organe als Ersatzteile für Patienten auf ähnliche Weise erzeugen können.

(2005)

**Literaturhinweise**

E. A. Roth et al., *Biomaterials*, 2004, **25**, 3707.
T. Xu et al., *Biomaterials*, 2005, **26**, 93.

**Was danach geschah**

Künstlich erzeugte Gewebe sind ein wichtiges Fernziel in der heutigen biomedizinischen Forschung. Ein Knackpunkt ist die Entwicklung geeigneter biokompatibler Unterlagen, auf die man lebensechte Muster drucken kann. Also werfen Sie Ihren alten Tintenstrahldrucker nicht weg – warten Sie einfach bis das richtige Papier auf den Markt kommt.

# Überraschungen aus dem Fress-Sack

Röhrenwürmer sind sozusagen das Maskottchen der Extrembiotope und faszinieren Experten und Laien gleichermaßen. Da es extrem schwierig ist, sie im Labor zu züchten, ist die Erforschung ihres ungewöhnlichen Lebensstils nur sehr langsam vorangekommen, was für mich den Vorteil hat, dass es auch heute noch zu dicken Überraschungen kommen kann.

Röhrenwürmer (*Riftia pachyptila*) sind die auffälligsten Bewohner der Tiefsee-Biotope rund um warme Quellen und Schwarze Raucher, deren Nahrungsketten nicht auf die Photosynthese sondern auf die Oxidation von Schwefelwasserstoff und Sulfiden zurückgehen. Die Würmer umgeben sich mit einer weißen Kalkröhre, aus deren oberem Ende ein Paar leuchtend roter Kiemen herausragt (Bild 8).

Sie besitzen keines der im Tierreich üblichen Instrumente der Nahrungsaufnahme und -verarbeitung, weder Mund noch Magen noch Darm. Ihre Energie und Nährstoffe beziehen sie von Schwefelbakterien, mit denen sie in Symbiose leben. Diesen Bakterien bieten sie in einer Art Sack am Fuß der Röhre, dem Trophosom (wörtlich: »Fress-Sack«), Herberge und eine geregelte Versorgung mit Schwefelwasserstoff, Sauerstoff und weiteren Rohstoffen.

Wie nun die Ernährung dieser ungewöhnlichen Lebensgemeinschaft genau vonstatten gehen soll, blieb weitgehend unklar, da die Röhrenwürmer nur schwer in Gefangenschaft zu halten sind, und die Schwefelbakterien bis heute nicht kultiviert werden konnten.

Im Jahr 2005 löste die Arbeitsgruppe von Jason Flores an der Pennsylvania State University einen Teilaspekt der Ernährungsfrage innerhalb der Lebensgemeinschaft. Durch Aufklärung der molekularen Struktur des Hämoglobins aus *Riftia pachyptila* konnten die Forscher

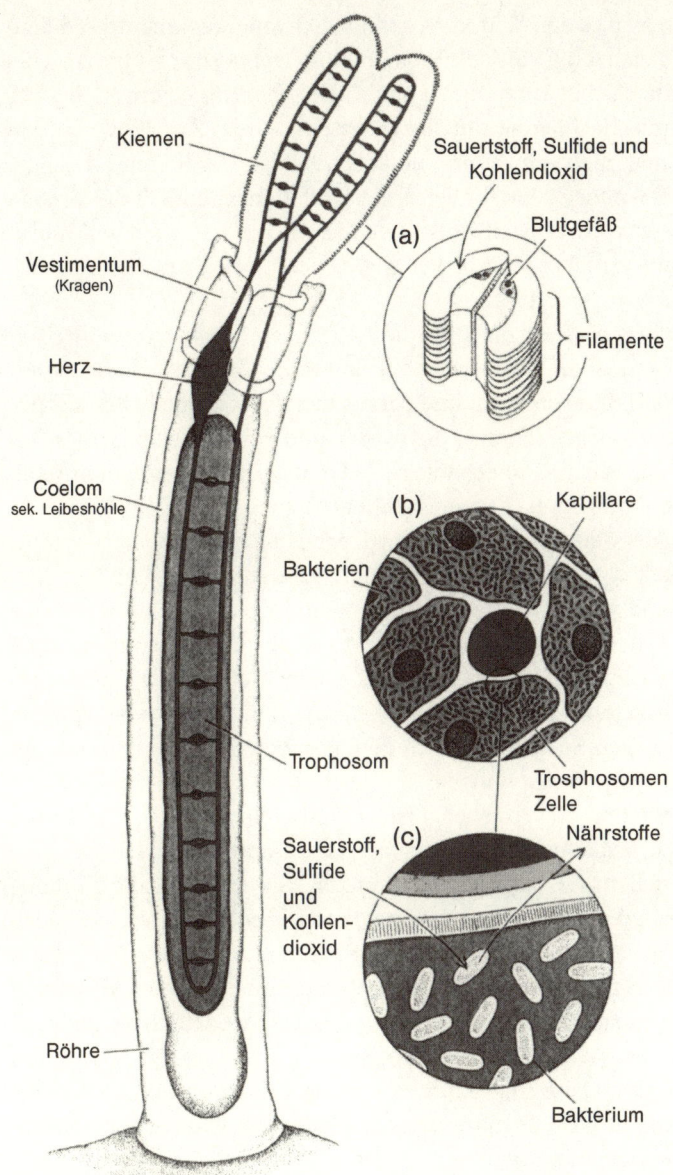

**Bild 8** Schematischer Aufbau eines Röhrenwurms (*Riftia pachyptila*) mit dem Trophosom, einem Kompartiment, in dem symbiontische Bakterien leben (aus *Exzentriker des Lebens*, Spektrum Akademischer Verlag, Heidelberg, 1997).

erklären, wie es den Würmern gelingt, Schwefelwasserstoff und Sauerstoff gleichzeitig von den Kiemen zum Trophosom zu transportieren, ohne dass es vorzeitig zu einer »Verbrennung« kommt, bei der die chemische Energie nutzlos verpuffen würde. Zusätzlich zu den Eisenionen, die in unserem und allen anderen bekannten Hämoglobinen als Andockstelle für den Sauerstoff dienen, enthält die Version des Röhrenwurms zwölf Zinkionen die einen großen Teil der Sulfidfracht binden (aber womöglich gibt es noch einen zusätzlichen, bisher unerkannten Bindungsort).

Doch was passiert am Ende dieses Transportweges, wenn die Bakterien ihren Chemiebaukasten aus Schwefel, Kohlenstoff und Sauerstoff geliefert bekommen, und daraus dann etwas Nützliches zusammenbauen sollen? Thomas Schweder und seine Arbeitsgruppe am Institut für Marine Biotechnologie in Greifswald, zusammen mit Kollegen in Kalifornien, haben jetzt einen ersten Einblick in den Stoffwechsel der Schwefelbakterien im Trophosom erhalten.

Da die Kultivierung der Bakterien in Reinkultur noch nicht gelungen ist und womöglich nie gelingen wird, mussten die Forscher sich an das Material halten, das sie direkt aus dem Trophosom der Röhrenwürmer gewinnen konnten. Zum Glück erwies sich dieses als hochgradig rein – es enthielt nachweisbare Biomoleküle von lediglich einer einzigen Spezies, nämlich dem gesuchten, bisher namenlosen Symbiosepartner des Wurms.

Um genauer zu verstehen welche Stoffwechselwege die Bakterien benutzen, untersuchten die Forscher die Gesamtheit der Proteine, die sie herstellen, das sogenannte Proteom. Sie trennten die Proteine durch zweidimensionale Gelelektrophorese auf, einem Verfahren bei dem zwei verschiedene Kriterien der Auftrennung (etwa: Masse und Ladung) nacheinander angewandt werden und zu einer Verteilung über die gesamte Fläche des benutzten Gels führen. Unterschiedliche Proteine erscheinen dann als getrennte Punkte in der Fläche und können durch Färbung sichtbar gemacht werden und/oder einer Sequenzanalyse (also Bestimmung der Abfolge der Aminosäurebausteine) unterworfen werden.

Mehr als 220 der so aufgetrennten Proteine konnten die Forscher bereits durch Sequenzvergleich identifizieren. Sie fanden zahlreiche Stoffwechselenzyme, von denen einige erwartet wurden, andere aber für Überraschung sorgten.

Eine naheliegende Vermutung besagt, dass die Bakterien, die ja in der Tiefsee sozusagen die Pflanzen als Primärproduzenten vertreten, ebenso wie die Pflanzen den Calvin-Zyklus zum Aufbau von Kohlenstoffverbindungen aus $CO_2$ benutzen – nur mit dem kleinen Unterschied dass sie die Energie nicht aus der Photosynthese sondern aus der Oxidation von Schwefelverbindungen beziehen. Im Einklang mit dieser Vermutung fanden die Greifswalder Forscher tatsächlich auch die nötigen Enzyme des Calvin-Zyklus.

Doch das Enzym Rubisco (Ribulose-1,5-bisphosphat-Carboxylase), das im Calvin-Zyklus den Schritt katalysiert, in dem das Kohlendioxid an ein Zuckermolekül gebunden wird, war nur spärlich vorhanden. Während es in Pflanzen mit einem Anteil von bis zu 50 % das häufigste Protein überhaupt ist, und somit auch die größte Eiweißmenge auf der Erde ausmacht, stellt es in den Bakterien des Trophosoms nur einen recht geringen Anteil des Gesamtproteins, den die Forscher auf etwa 1 % schätzen.

Mit so wenig Rubisco kann der Calvin-Zyklus nicht der einzige Weg zu Biomolekülen sein. Aber wie sonst sollen die Bakterien Kohlendioxid in Zucker und Aminosäuren verwandeln? Die Analyse der 2D-Gele förderte einen kompletten Enzymbaukasten für einen weiteren prominenten Stoffwechsel-Zyklus zutage, nämlich den Zitronensäurezyklus, der nach seinem Entdecker auch als Krebs-Zyklus bekannt ist. Dieser dient normalerweise, etwa in unseren Mitochondrien, dem Abbau von Kohlenstoffverbindungen.

Allerdings lässt sich der Zyklus bei geeigneten Konzentrationsverhältnissen auch rückwärts fahren, also zum Aufbau von Biomolekülen verwenden. Ein solcher inverser Krebs-Zyklus würde sogar weniger Energie verbrauchen als der Calvin-Zyklus, und würde gleichzeitig das Mengenverhältnis der stabilen Kohlenstoff-Isotope erklären, das von dem der Pflanzen abweicht.

Doch warum leisten sich die Bakterien zwei Stoffwechselwege zum Aufbau von Biomolekülen, wo einer genügen würde? Schweder und seine Mitarbeiter vermuten, dass diese Doppelgleisigkeit es den Bakterien ermöglicht, ihren Stoffwechsel an verschiedene Umweltbedingungen anzupassen. Wenn viel Schwefel als Brennstoff zur Verfügung steht, wird offenbar der weniger energiesparende Calvin-Zyklus bevorzugt. In Notzeiten wird hingegen der inverse Krebs-Zyklus stärker beansprucht. Erste Experimente scheinen diese Hypothese zu bestätigen.

Natürlich ist mit dieser Untersuchung die exzentrische Lebensweise der Röhrenwürmer und ihrer Bakterien noch nicht restlos aufgeklärt. Es zeigt sich jedoch einmal mehr, dass sich die Erforschung ungewöhnlicher ökologischer Nischen lohnt, da sie auch ungewöhnliche Ergebnisse bringt.

(2005, 2007)

**Literaturhinweise**

M. Groß, *Exzentriker des Lebens*, Spektrum Akademischer Verlag, Heidelberg, 1997.

J. F.Flores et al., *Proc. Natl. Acad. Sci. USA*, 2005, **102**, 2713.

S. Markert et al., *Science*, 2007, **315**, 248.

# Schwimmende Sternbilder

In den vergangenen Jahren habe ich mehrere Artikel über Forschungsprojekte geschrieben, die sich der Unterstützung von Earthwatch erfreuen. Diese gemeinnützige Organisation wurde 1971 in Boston gegründet und hat praktischerweise eine Zweigstelle an meinem Wohnort. Earthwatch rekrutiert freiwillige Helfer für arbeitsaufwendige Projekte im Naturschutz, die ohne solche Hilfe nicht durchgeführt werden könnten. Inzwischen können Earthwatch-HelferInnen an weit über hundert verschiedenen Projekten rund um die Welt teilnehmen, die alle ihre Attraktionen haben. Kaum eins mutet allerdings auf den ersten Blick so verrückt an wie die Unterwasser-Astronomie, um die es hier geht.

Der Walhai (*Rhincodon typus*), mit einer Länge von bis zu 15 Metern die größte lebende Fischart, zeichnet sich durch ein charakteristisches Muster von kleinen hellen Flecken auf dunklem Untergrund aus – fast wie der Sternenhimmel in einer klaren Nacht, nur etwas regelmäßiger (Bild 9). Diese Ähnlichkeit hat jetzt Forscher dazu animiert, Methoden aus der Astronomie zur Identifizierung einzelner Walhaie zu verwenden.

Der australische Meeresbiologe Brad Norman von der Murdoch University, der amerikanische Software-Experte Jason Holmberg und der NASA-Astronom Zaven Arzoumanian taten sich zusammen und modifizierten den Groth-Algorithmus – eine unter Astronomen weit verbreitete Rechenvorschrift zur Mustererkennung in Photographien des Sternenhimmels – dergestalt, dass er sich zur Identifizierung einzelner Walhaie eignete. Sie bauten den neuen Algorithmus dann in eine Foto-Datenbank ein, mit der jetzt Forscher aus aller Welt ihre Walhai-Beobachtungen abgleichen können.

**Bild 9** Walhaie sind harmlose Tiere. Die charakteristischen Muster von hellen Flecken auf einem dunklen Untergrund er- möglichen es, einzelne Tiere zu identifizieren. (Brad Norman/Earthwatch)

Die Unterscheidung von Individuen ist ein überaus wichtiger, aber oft auch schwieriger Prozess bei vielen Forschungsaufgaben im Bereich der Ökologie. Ein wichtiger Vorteil des neuen Algorithmus gegenüber früheren Methoden, etwa Fangen, Markieren und Freilassen einzelner Fische, liegt darin, dass man jetzt eine sehr viel größere Anzahl von Individuen auf schonende Weise beobachten und ihre Lebensweise erforschen kann. Allerdings braucht man zur Beobachtung von vielen Walhaien auch viele Augen.

Die Augen stellt jetzt die internationale gemeinnützige Forschungsorganisation Earthwatch zur Verfügung, die seit ihrer Gründung im Jahre 1971 die Beteiligung von zahlenden freiwilligen Helfern an Forschungsprojekten vorangetrieben hat. Was zunächst als Notlösung in Zeiten knapper Forschungsgelder ersonnen wurde, ist heute eine weltumspannende Organisation, die Jahr für Jahr rund 3500 Freiwillige in über 140 Projekten einsetzt. Dabei handelt es sich vor allem um Projekte im Bereich Ökologie / Artenschutz, aber im geringeren Umfang werden auch Archäologie, Paläontologie und Klimaforschung unterstützt.

Seit 2006 ist auch Brad Norman mit seinen Walhaien im Earthwatch-Projektkatalog vertreten. Zwischen April und Juni dürfen acht Gruppen von sechs bis acht Freiwilligen im Naturschutzgebiet

Ningaloo Marine Park, vor der Westküste Australiens, die Riesenfische beobachten und fotografieren, um die online-Datenbank und den Sternen-Algorithmus mit weiteren Daten zu füttern. Man braucht übrigens keine Angst vor den Tieren zu haben – Walhaie ernähren sich durch Filtrieren des Meerwassers und sind trotz ihren bis zu 15 Tonnen Lebendgewicht ausgesprochen harmlos.

In Australien ist die Beobachtung von Walhaien und anderen Meeresbewohnern (Wale, Delphine) inzwischen eine wirtschaftlich relevante Touristenattraktion. Normans Projekt beschäftigt sich unter anderem mit der Frage, wie der Tourismus und andere Veränderungen in den Umweltbedingungen die als bedroht eingestuften Walhaie beeinflussen. Einzelheiten zur Teilnahme an dem Projekt findet man auf der Earthwatch-Website unter dem Projekttitel »Whale Sharks of Ningaloo Reef«.

Trotz der auffallenden Ähnlichkeit der Walhaie mit dem Sternenhimmel versichern die Forscher, dass die astronomische Methode auch auf andere gefleckte Tiere anwendbar ist. Wenn Sie also bei der nächsten Safari die Geparde einzeln mit Vornamen ansprechen wollen, oder wenn Sie zuhause bei Ihren 101 Dalmatinern den Überblick verloren haben, sollten Sie das Fleckenprogramm in Betracht ziehen.

**Literaturhinweise**

Z. Arzoumanian et al., *J. Appl. Ecol.*, 2005, **42**, 999.
http://photoid.whaleshark.org
http://www.earthwatch.org/europe

## Was danach geschah

Die Benutzung von Software zur Mustererkennung und Identifizierung von Individuen hat sich in den vergangenen Jahren in vielen Bereichen der Naturschutzforschung bewährt. Zum Beispiel förderte im Jahr 2007 die britische Behörde zur Verringerung von Tierversuchen ein Projekt, bei dem auf ähnliche Weise einzelne Frösche identifiziert werden können. Durch nichtinvasive Identifizierung kann man die Lebensqualität von Fröschen in der Forschung verbessern, da die Tiere am liebsten in großen Gruppen leben, und man sie bisher einzeln herausgreifen und markieren musste. Auch für Löwen und Pinguine sind Mustererkennungsprogramme in Vorbereitung.

# Die Sprache der Proteine

Im Jahre 1996 publizierte ich eine theoretische Studie über »Linguistische Analyse der Proteinfaltung«. Bei der Vorbereitung der Publikation konnte ich keine andere Überschrift finden, welche die Stichwörter Protein und Linguistik vereinte (obwohl es bereits »linguistische Untersuchungen von DNA« gab). Später fand ich allerdings heraus, dass ein weiterer Artikel zu diesem Thema etwa einen Monat vor meinem erschienen war. Danach blieb dieses verrückt interdisziplinäre Gebiet jahrelang unerforscht, doch zehn Jahre später interessierten sich andere Wissenschaftler dafür, was mir die Gelegenheit gibt, für meinen uralten Artikel zu werben, der seiner Zeit offenbar zehn Jahre voraus war.

Buchstaben, überall Buchstaben. Ständig werden neue Genom-Sequenzen publiziert, und Forscher leiten daraus Tausende von neuen Protein-Sequenzen ab. Deshalb benötigt die Wissenschaft dringend neue Methoden, um diesen Informationsschwall auszuwerten und zu interpretieren. Der italienische Proteinforscher Mario Gimona hat vorgeschlagen, dass Methoden aus der Linguistik die Analyse und Annotation der Genomdaten und ihre Umsetzung in Proteindaten revolutionieren könnte.

Obwohl die linguistische Analyse von Genen bereits seit langem etabliert ist, wurden ähnliche Vorgehensweisen für Proteine erst 1996 vorgeschlagen. Die Analogie ist eigentlich naheliegend, da Proteinsequenzen ebenso wie Sätze, z. B. der deutschen Sprache, üblicherweise durch Buchstaben repräsentiert werden. Im ersteren Fall stehen die Buchstaben für die 20 Aminosäuren, im letzteren für Laute und Lautkombinationen. Die Herausforderung liegt in der Interpretation, also darin, herauszufinden, wie in der Sprache der Proteine die Wörter, Wendungen, und Sätze definiert sind. Dieses Problem ist eng mit dem sogenannten Vorhersageproblem der Proteinfaltung verwandt. Im Idealfall sollten Forscher imstande sein, eine Abfolge von Aminosäuren zu lesen und ihre »Bedeutung« zu erfassen, so wie Sie jetzt diesen Satz lesen.

Zu diesem Zweck müsste man erst die Grammatik von Proteinstruktur und -faltung verstehen lernen. Eine konsistente Grammatik, die alle Ebenen von der einzelnen Aminosäure bis hin zur Wechselwirkung zwischen Proteinen umfasst, ist bis jetzt noch nicht bekannt. Gimona schlägt vor, dass sogenannte Protein-Module, also Bauelemente, die sich unabhängig von ihrer Umgebung zu ihrer dreidimensionalen Struktur auffalten können und im Lauf der Evolution vielfach dupliziert und wiederverwendet wurden, eine Schlüsselrolle bei dem Verständnis der Grammatik der Proteine spielen werden. Er ist optimistisch, dass diese Vorgehensweise bald zu neuen Erkenntnissen führen wird.

(2006)

### Literaturhinweise

M. Groß, FEBS Lett., 1996, **390**, 249.
M. Gimona, Nature Rev. Mol. Cell Biol., 2006, **7**, 68.

### Was danach geschah

Bis jetzt noch nicht viel, aber ich hoffe immer noch, dass die Verwendung von linguistischen Methoden in der Strukturbiologie der Proteine einen großen Durchbruch erlebt, damit auch mein alter Artikel wieder zu Ehren gelangt.

# Urzeitliches Enzym im Auge

Einige Jahre lang war ich als »science writer in residence« mit der Fakultät für Kristallographie des Birkbeck College in London verbunden. Birkbeck entstand im 19. Jahrhundert als Weiterbildungsinstitut für Berufstätige, und bietet auch heute noch Abendkurse und Fernstudium an. Darüber hinaus ist es allerdings auch eine normale Universität, mit dem vollen Programm in Forschung und Lehre. Die Abteilung Kristallographie geht auf den Gründungsdirektor John Desmond Bernal (1901–1971) zurück, der als Universalgenie des 20. Jahrhunderts galt und mehrere seiner Schüler zu Projekten inspiriert hat, die später mit Nobelpreisen ausgezeichnet wurden. Einer der Schwerpunkte der aktuellen Forschung dort sind die Proteine der Augenlinse. Diese sind schon seit langem für ihre ungewöhnliche Stabilität bekannt, doch die folgende verrückte Geschichte aus diesem Bereich kam trotzdem überraschend.

Die Proteine der Augenlinse haben seit langem das Interesse der Forscher geweckt, da dieses Gewebe nicht erneuerbar ist und sich mitsamt seinem Proteingehalt ein Leben lang bewahren muss. Mindestens ebenso verblüffend wie ihre lebenslange Stabilität ist aber auch ihre Evolutionsgeschichte. Forscher kennen bereits mehrere Beispiele von Enzymen, die in der Augenlinse wieder auftauchen, dort aber eine andere Funktion ausüben.

Oft handelt es sich dabei einfach um einen Nebenjob – ein Protein dient demselben Organismus in einem Organ als Enzym, in einem anderen als Strukturbaustein. Die Arbeitsgruppen um Graeme Wistow am National Eye Institute in Bethesda, Maryland und Elena Orlova am Birkbeck College, London, haben jetzt jedoch ein solches

»Nebenerwerbs-Linsenprotein« aufgespürt, das in seiner eigentlichen Funktion schon seit Jahrmilliarden ausgestorben ist, also lange bevor das Auge der Wirbeltiere überhaupt entstand.

Es geht um das Protein Lengsin, welches Wistows Arbeitsgruppe im Rahmen einer systematischen Erfassung aller menschlichen Gene, die mit der Augenlinse im Zusammenhang stehen, entdeckt hatte. Mit genetischen und strukturbiologischen Vergleichsuntersuchungen zeigen die Forscher nun, dass dieses Protein in die Familie der Glutamin-Synthetasen vom Typ GS I einzuordnen ist. Bisher hatte man geglaubt, dass diese Enzyme nur bei Bakterien und Archäen existierten, da bei den Eukaryonten (also allen Lebewesen, deren Zellen einen Zellkern aufweisen; dazu gehören alle Tiere und Pflanzen) diese Funktion von den anders strukturierten Enzymen der Familie GS II übernommen wurde.

Sowohl der Vergleich zahlreicher Gensequenzen von Lengsin-Varianten aus verschiedenen Wirbeltieren mit GS I und GS II Enzymen, als auch die von Elena Orlova am Birkbeck College ermittelte räumliche Struktur des Lengsin-Moleküls der Maus lassen keinen Zweifel daran aufkommen, dass es sich um einen nahen Verwandten des bakteriellen GS I Enzyms handelt. Ebenso wie die Glutaminsynthetasen der Mikroben bildet Lengsin einen sternförmigen Komplex aus 12 identischen Untereinheiten.

An den Einzelheiten der Struktur lässt sich auch bereits die Verschiebung der Funktion ablesen. Die Aminosäuren, die man in der GS I Familie für unabdingbar hält, sind beim Lengsin teilweise abhanden gekommen. Im Einklang damit blieben Tests einer eventuellen enzymatischen Aktivität ohne Erfolg. Was allerdings die genaue – vermutlich strukturelle – Rolle des Lengsin in der Augenlinse ist, muss die Forschung noch herausfinden.

Womöglich hat das Protein in der Vergangenheit sogar noch eine dritte Funktion ausgeübt. Anders wäre es kaum zu erklären, wie das Gen die lange Zeitspanne von der Urzeit der Eukaryonten, als es von GS II aus seiner ursprünglichen Funktion verdrängt wurde, und der erst vor relativ kurzer Zeit einsetzenden Entwicklung des Wirbeltierauges überlebte.

Welche Funktion das Lengsin in einem augenlosen Eukaryonten erfüllt, wird hoffentlich bald durch Untersuchungen an Seeigeln aufgeklärt werden, denn im Genom dieses Wirbellosen fand man inzwischen auch ein Gen, das eng mit dem des Lengsins verwandt ist.

Eine weitere Verwandtschaftsbeziehung zwischen Linsenproteinen und augenlosen Tieren hatten die Londoner erst ein Jahr zuvor entdeckt. Sie fanden eine Version des βγ-Kristallins (eines Hauptbestandteils unserer Augenlinse) in der primitiven Schlauchaszidie (*Ciona intestinalis*), einer Seescheide aus dem Mittelmeer, deren Evolution sich von derjenigen der Wirbeltiere lange vor der Entwicklung von Augen trennte.

All diese Befunde verstärken den Eindruck, dass unsere Augen vor allem durch Recycling existierender Bausteine zustande kamen, denen die Evolution eine zweite oder womöglich dritte Aufgabe zuteilte.

(2006)

### Literaturhinweise

H. Bloemendal et al., *Progr. Biophys. Mol. Biol.*, 2004, **86**, 407.

K. Wyatt et al., *Structure*, 2006, **14**, 1823.

M. Groß, *Nachr. Chem.*, 2006, **54**, 131.

# Neandertaler-Genom in Reichweite

Im Jahr 2001 war das menschliche Genom mehr oder weniger vollständig sequenziert, nach einem massiven international choreographierten Kraftakt, der beinahe ein Jahrzehnt gedauert hatte. Nur fünf Jahre später nahmen Forscher das Genom unseres ausgestorbenen Verwandten, des Neandertalers in Angriff. (Bild 10) Wie wir alle wissen, laufen von unserer Spezies mehr als sechseinhalb Milliarden Exemplare auf unserem Planeten herum, also wird es an DNA-Proben keinen Mangel geben. Das Neandertaler-Projekt stützt sich hingegen auf eine verrottete, zerstückelte, und vom Zahn der Zeit sehr angegriffene DNA-Probe aus einem einzelnen Knochen, die nur 50 Milligramm auf die Waage bringt. Wenn das kein verrücktes Vorhaben ist... Als Bonusmaterial füge ich diesem Kapitel einen bisher unveröffentlichten Bericht über eigene Ausgrabungsarbeiten bei.

Genforschung an ausgestorbenen Arten wurde bisher oft belächelt und ins Reich der Fiktionen a la *Jurassic Park* verwiesen. Nur wenige fossile Knochen sind so gut erhalten, dass sich aus ihnen DNA ihres ursprünglichen Besitzers isolieren ließe. Wenn überhaupt vorhanden, dann ist die urzeitliche Erbsubstanz hochgradig fragmentiert und mit der von anderen Arten, z. B. Bodenbakterien, vermischt.

An diesen fundamentalen Schwierigkeiten hat sich in den letzten Jahren nicht viel geändert. Doch die Methoden der Genomforschung sind jetzt so weit fortgeschritten, dass man mit ihnen fertig werden kann. Fragmentiert wird die DNA bei der modernen Sequenzanalyse sowieso, und die DNA von anderen Organismen, z B. Bodenmikroben, kann man erkennen, wenn genügend Genominformation von Vergleichsorganismen zur Verfügung steht, anhand derer

**Bild 10** Der Neandertaler (*Homo neander-thalensis*) starb vor etwa 30 000 Jahren aus. Sein Genom ist nicht nur für historische Fragestellungen relevant, vielmehr hilft es uns auch, die genetische Vielfalt in der heutigen Bevölkerung zu verstehen. © Neanderthal Museum/M. Pietrek.

man sequenzierte Fragmente einer Organismengruppe zuordnen kann.

Aufgrund dieser Überlegungen machte sich Svante Pääbo am Max-Planck-Institut für Evolutionäre Anthropologie in Leipzig mit seinen Mitarbeitern an die Erforschung der Kern-DNA aus Knochen unseres engsten Verwandten, des Neandertalers. In diesem Fall ist die schlimmste Kontamination natürlich die durch DNA moderner Menschen, etwa von den Fingern der Ausgräber, die sich nicht von vornherein von der gesuchten Hominiden-DNA unterscheiden lässt.

Um Proben mit möglichst geringer Kontamination durch *Homo sapiens* zu finden, griff Pääbo auf die mitochondriale DNA des Neandertalers zurück, deren markante Unterschiede zu unserer eigenen bereits umfassend erforscht sind. Die Leipziger Arbeitsgruppe begann die Suche nach der perfekten Probe mit 70 Knochen und Zähnen von verschiedenen Fundorten, aus denen sie dann aufgrund des Erhaltungsgrads von Aminosäuren die sechs aussichtsreichsten Kandidaten auswählte.

Mit Hilfe der Polymerase-Kettenreaktion untersuchten die Forscher das Mengenverhältnis zwischen der mitochondrialen DNA von Neandertaler und *Homo sapiens* in jeder dieser Proben. Obwohl in den meisten Proben die menschliche Kontamination die überwältigende Mehrheit der vorhandenen DNA darstellte, konnten die Forscher in einem einzigen Knochen – der aus der Vindija-Höhle in Kroatien stammt und als Vi-80 bezeichnet wird – nahezu reine Neandertaler-DNA nachweisen.

Zur genaueren Analyse dieses Glücksknochens kam der Leipziger Arbeitsgruppe dann eine neu entwickelte Sequenziermethode gerade recht, die nicht nur die Sequenziergeschwindigkeit um zwei Größenordnungen erhöht, sondern es auch ermöglicht, die einzelnen Fragmente »im Auge zu behalten« und zum Beispiel jederzeit zu wissen, von welchem der beiden Stränge die untersuchte Sequenz stammt.

Bei dieser neuen Methode, die von Jonathan Rothberg und seinen Mitarbeitern bei der Firma 454 Life Sciences im US-Bundesstaat Connecticut entwickelt wurde, beruht die Sequenziertechnik im Wesentlichen auf dem Einbau einer bestimmten Base bei der Synthese des Gegenstrangs, sowie auf der Freisetzung von Pyrophosphat (deshalb auch als Pyrosequencing bezeichnet). Rothbergs Gruppe entwickelte ein komplettes System, welches diese Art der Sequenzierung anhand von immobilisierten Einzelsträngen in Reaktionsmulden von Picoliter-Volumen ausführt.

Das Verfahren funktioniert am besten mit Fragmenten von etwa 100 Basen Länge. In einem einzigen Durchgang von vier Stunden Dauer kann das 454-System 25 Millionen Basen sequenzieren, wie Rothbergs Gruppe belegte, indem sie kurzerhand das Genom von *Mycoplasma genitalium* – 1995 als zweites Bakteriengenom überhaupt von Venter mit der Schrotschuss-Methode erlegt – kurzerhand noch einmal sequenzierte.

Diese neue Sequenziertechnik kam für Pääbo wie gerufen. Unterm Strich kann sie hundertmal schneller und sogar genauer sequenzieren als die klassische Sanger-Methode, die heute mit Fluoreszenzmarkern und Kapillarelektrophorese betrieben wird. Sie zieht aber den Kürzeren, wenn man die Länge der sequenzierbaren DNA-Fragmente vergleicht. Für Urzeit-Forscher wie Pääbo hingegen ist der letztere Vergleich gegenstandslos, da die aus alten Knochen gewonnenen DNA-Fragmente ohnehin selten mehr als 100 Basenpaare umfassen.

Folglich setzten die Leipziger Forscher die neue Technik frohgemut auf ihre alten Knochen an. Sie sequenzierten rund eine Viertelmillion verschiedene DNA-Fragmente, die sie aus dem Vi-80-Material erhalten hatten, und versuchten, diese durch Sequenzvergleich jeweils einer Organismengruppe zuzuordnen. Für vier Fünftel (200 000) blieb dieser Versuch erfolglos. Von den rund 50 000 DNA-Sequenzen, welche die Forscher zuordnen konnten, wurden rund 17 000

(6,8 % der Gesamtzahl) den Bakterien der Klasse Actinomycales zugeordnet, die sich offenbar auf dem vermodernden Knochen breitgemacht hatten.

Doch bereits an zweiter Stelle in der Trefferstatistik treten Sequenzen auf, die sich den Primaten, also unserer weiteren Verwandtschaft zuordnen lassen. Unter diesen 15 701 mutmaßlichen Neandertaler-Sequenzen identifizierten die Forscher zunächst einmal die 41 mitochondrialen Abschnitte, um sich erneut zu vergewissern, dass es sich bei dem untersuchten Primaten nicht etwa um einen schnöden *Homo sapiens* handelt. Alle 41 bestanden den Test. Zusätzlich dienten diese Sequenzen dazu, die bereits vorhandenen Kenntnisse über die mitochondriale DNA der Neandertaler zu vervollständigen, sowie einen Schätzwert für den Zeitpunkt zu erhalten, als sich die Populationen von *Homo sapiens* und *Homo neanderthalensis* trennten. Demnach muss die Aufspaltung der Arten vor 461 000 bis 825 000 Jahren stattgefunden haben.

Nach erfolgreicher Analyse der Mitochondrien-DNA wandten die Forscher sich dem eigentlichen Ziel ihrer Untersuchungen zu, der bisher noch unerforschten Kern-DNA des Neandertalers. Die in der Nature-Publikation berichtete Sequenzinformation von einer Million Basenpaaren entspricht etwa 0,036 % des Genoms, mit etwas geringerer Ausbeute bei den Geschlechtschromosomen. (Da sowohl X- als auch Y-Fragmente gefunden wurden, gehörte der Knochen Vi-80 offenbar einem Neandertal-Mann.) Inzwischen haben die Leipziger bereits ein Vielfaches dieser Basenzahl sequenziert.

Diese erste Million unterwarfen die Forscher einer eingehenden Vergleichsuntersuchung mit den vorliegenden Genomen von *Homo sapiens* und dem gewöhnlichen Schimpansen, *Pan paniscus* (siehe Seite 155). Die überwiegende Mehrheit der DNA-Buchstaben stimmte natürlich zwischen allen drei Vettern überein.

Mit Hilfe des Schimpansengenoms als Vergleichspunkt lassen sich viele Unterschiede zwischen unserem eigenen Genom und dem des Neandertalers der evolutiven Veränderung einer der beiden Arten zuordnen. Zum Beispiel weicht unsere Erbinformation in 434 Positionen von dem Konsens zwischen Neandertaler und Schimpanse ab. Umgekehrt sollte der Neandertaler, dessen Mutationsrate sich vermutlich nicht drastisch von unserer unterschied, eine ähnliche Zahl von Abweichungen gegenüber der Konsensversion von Schimpanse und Mensch haben.

Entgegen dieser Annahme fanden die Forscher jedoch rund achtmal so viele Neandertal-spezifische Mutationen wie Menschen-spezifische. Sie folgerten daraus, dass ein großer Teil der beim Neandertaler gefundenen Abweichungen vom Konsens unter den anderen Primaten durch Schäden an der urzeitlichen DNA ausgelöst sein muss. Deshalb verwarfen sie diese Abweichungen fürs erste und konzentrierten sich bei der weiteren Analyse lediglich auf die in unserem eigenen Genom gefundenen Abweichungen gegenüber den anderen Primaten. Es bleibt allerdings zu hoffen, dass spätere Untersuchungen mit umfangreicheren Proben von Neandertaler-DNA dieses Problem lösen werden.

Aufgrund dieser Sequenzvergleiche datieren Pääbo und seine Mitarbeiter nun die Trennung von *Homo sapiens* und Neandertaler auf ca. 516 000 Jahre vor unserer Zeit. Sie weisen ausdrücklich darauf hin, dass diese Zahl empfindlich von der Richtigkeit des angenommenen Trennungsdatums zwischen Mensch und Schimpanse abhängt (6,5 Millionen Jahre).

Weitere Ergebnisse aus der vorläufigen Untersuchung des Neandertaler-Genoms betreffen die effektive Größe der Gründer-Population – Neandertaler und *Homo sapiens* scheinen im Gegensatz zu anderen Primaten von relativ kleinen Gruppen mit rund 10 000 Mitgliedern abzustammen. Auch über die Ursprünge menschlicher SNPs (*single nucleotide polymorphisms*, also Positionen, in denen sich die vorhandene Base von Mensch zu Mensch unterscheidet) können die vorhandenen Neandertaler-Daten bereits neue Erkenntnisse liefern.

Nahezu gleichzeitig erschien eine zweite Publikation über das Neandertaler-Genom in Science. Edward Rubin und seine Mitarbeiter an verschiedenen Forschungseinrichtungen der USA haben DNA-Proben aus demselben Knochen auf etwas andere Weise untersucht. Sie haben zwar nur 62 500 Basen sequenziert, doch diese sind zielstrebiger ausgewählt und enthalten womöglich eine vergleichbare Menge relevanter Informationen wie die vom Zufall zusammengewürfelten DNA-Fragmente der Leipziger Studie.

Aufgrund dieser vorläufigen Ergebnisse und der demonstrierten Machbarkeit der Genomuntersuchung an urzeitlichen Knochen argumentieren Pääbo und Mitarbeiter vehement für die Sequenzierung des gesamten Neandertaler-Genoms. Eine das gesamte Genom umfassende Vergleichsstudie zwischen modernen Menschen, Neandertalern und Schimpansen würde massive Fortschritte in unserem Verständnis der menschlichen Evolution und genetischen Vielfalt bringen.

Vergleichsmöglichkeiten würden sich nicht nur auf SNPs sondern auch auf andere Arten der genetischen Vielfalt, etwa die *Copy Number Variation* (also Unterschiede darin, wie oft ein repetitives genetisches Element wiederholt wird) beziehen.

Die heiß diskutierte Frage ob die Neandertaler nach der langen Phase der Isolation und Aufspaltung der Arten nicht doch wieder mit *Homo sapiens* in Kontakt kamen und vielleicht auch ein wenig Genaustausch betrieben (siehe Kasten), kann mit einer Genomsequenz besser untersucht werden. Zu guter Letzt wird das Neandertaler-Genom uns einen bisher nicht möglichen Einblick in die Biologie unseres nächsten Verwandten erlauben. Bis 2008, so schätzt Pääbo, könnte dieser noch vor kurzem unmöglich erscheinende Traum Realität werden.

(2006)

### Literaturhinweise

M. Krings et al., *Nature Genet.*, 2000, 26, 144.
R.E. Green et al., *Nature*, 2006, 444, 330.
M. Margulies et al., *Nature*, 2005, 437, 376.
J. P. Noonan et al., *Science*, 2006, 314, 1113.
R. Redon et al., *Nature*, 2006, 444, 444.

### Wer ist's? Der Neandertaler

*Homo neanderthalensis* war unser nächster Verwandter im Stammbaum der Hominiden. Vor rund einer halben Million Jahren trennte sich diese Spezies von unserer, als sie Europa besiedelte und sich dort an unwirtlich kalte Bedingungen anpasste, während unsere Vorfahren vorerst in Afrika blieben. Damit beträgt der evolutionsgeschichtliche Abstand zwischen diesen beiden Hominiden-Arten nur weniger als ein Zehntel der Entfernung zum Schimpansen.

Der namensgebende Fund wurde vor 150 Jahren im Neandertal in der Nähe von Düsseldorf gemacht. Unglücklicherweise wurde dieser Ur-Neandertaler allerdings nicht ordentlich ausgegraben. Seine ehemalige Wohnhöhle fiel einem großflächigen Steinbruch zum Opfer und die ersten Knochen wurden im Abraum gefunden. In den 1990er Jahren gelang es dann, den Verbleib dieses Abraums zu klären und weitere Knochen zu bergen.

Einige Jahre nach ihrer Entdeckung wurden die Knochen aus dem Neandertal aufgrund der vom *Homo sapiens* deutlich abweichenden Schädelform mit den Augenbrauenwülsten und der fliehenden Stirn als neue Art klassifiziert. Ausgrabungen in ganz Europa und im Nahen Osten haben seitdem zahlreiche weitere Knochenfunde zutage gebracht. Neandertaler-Skelette treten oft in Verbindung mit einer bestimmten Art von Steinwerkzeugen zusammen auf, welche die Kulturstufe des Moustérien (nach der Fundstelle in Le Moustier in der Dordogne) definieren.

Vor rund 40 000 Jahren kam der moderne Mensch von Afrika nach Europa. Vor etwa 30 000 Jahren starb der Neandertaler aus. Die große Herausforderung der Hominiden-Forschung liegt darin, herauszufinden, was in jenen 10 000 Jahren geschah. Zogen sich die Neandertaler angesichts der technisch überlegenen Konkurrenz immer weiter zurück? Oder haben unsere Vorfahren sie gar gewaltsam ausgerottet? Wie lange dauerte die Ko-Existenz zweier Hominiden-Arten in Europa, gab es Begegnungen, oder gar Vermischung?

Die jüngste spektakuläre Entdeckung in diesem Gebiet – Moustérien-Werkzeuge aus einer Höhle in Gibraltar, die auf ein Alter von 28 000 Jahren datiert wurden – zeigt, dass sich die letzten Überlebenden der Art offenbar in den Bergen Südspaniens vor unseren Vorfahren Zuflucht fanden, und dass die Zeitspanne der Ko-Existenz womöglich noch länger war als man bisher für möglich hielt.

Selbst die von vielen Experten bereits verworfene Vermutung, dass es sich bei dem 24 500 Jahre alten Skelett eines Kindes aus Lagar Velho (Portugal) um einen Mischling zwischen Neandertaler und modernem Menschen handeln könne, erscheint plötzlich nicht mehr ganz ausgeschlossen. Die Erforschung unseres nächsten Verwandten bleibt spannend.

R. W. Schmitz, J. Thissen, *Neandertal – die Geschichte geht weiter* Spektrum Akademischer Verlag, Heidelberg, 2000.

C. Finlayson et al., *Nature* 2006, **443**, 850.

C. Duarte et al., *Proc. Natl. Acad. Sci. USA*, 1999, **96**, 7604.

## Der Zahn des Neandertalers

Es war ein heißer Julinachmittag, als Ihr ergebenster Kolumnist und seine 12-jährige Tochter irgendwo in Südspanien aus dem klimatisierten Zug stiegen, um sich auf die Suche nach den sterblichen Überresten der Neandertaler zu machen. Mit rund einem Dutzend weiterer Freiwilliger und fünf AssistentInnen durften wir unter der Aufsicht eines Professors der Paläoanthropologie in einer Höhle herumkratzen, die in den letzten zehn Jahren schon immerhin an die hundert Knochen und Zähne unserer Vettern mit den knochigen Augenbrauenwülsten hervorgebracht hat.

Da uns beide ein bisschen Felsenkletterei nicht erschreckt (anders als einige der Archäologiestudis) kommen wir gleich am ersten richtigen Arbeitstag zu dem Vergnügen, an der Knochen-Quelle zu arbeiten – zwei jeweils einen Quadratmeter große Ausgrabungsfelder, welche unterhalb des oberen Höhlenausgangs gelegen sind und von jeweils bis zu drei Personen (für mehr ist nicht Platz) zentimeterweise abgetragen werden. Das lockere Sediment ist ein regelrechter Kuchen der mit zahlreichen Knochen durchsetzt ist. Schade nur, dass 99 Prozent der Knochen von Hasen und ähnlichem Kleingetier stammen. Was gleich als Knochen erkannt wird, kommt in den Kasten für Fundstücke, der gesamte Rest kommt in Säcke, deren weiteren Werdegang wir später kennen lernen.

Nach 14 Uhr kann in der Höhle wegen der Hitze nicht mehr gearbeitet werden, deshalb gibt es eine ausgedehnte Mittagspause, mit Essen, Schwimmbad und Siesta, und dann geht es zum nächsten Arbeitsschritt. Der in den Säcken gesammelte Abraum (mit Datum und Koordinaten versehen) wird zu einem Marmorsteinbruch auf der anderen Seite des Bergs geschafft, wo es einen Wasserschlauch mit besonders hohem Druck gibt. Das Material wird aufgeschlämmt und durch einen Satz von drei Sieben getrieben, von etwa 8 mm bis 2 mm Porengröße. Und in jedem der Siebe gibt es dann wieder Unmengen an Hasenknochen, die von den uninteressanten Steinen getrennt und – vorläufig unsortiert – in Kästen gelegt werden.

An Sonn- und Feiertagen entfällt das Nasssieben, da der Steinbruch geschlossen bleibt. Stattdessen bauen wir ein großes Schaukelsieb auf und sieben ein Paar Zentner des Schutts durch, welchen Bergleute vor dem unteren Ende der Höhle aufgeschüttet haben. Dieses Material ist zwar nicht wissenschaftlich exakt einzuordnen, aber dafür ist die Ausbeute an größeren Stücken, etwa Knochen und Geweihstücken von Hirschen erheblich besser.

Abends beginnt dann der letzte Schritt der Prozedur – die Funde aus den ersten Nasssieben werden nach rund zehn verschiedenen Kriterien sortiert (Kleinvieh, Großvieh, verbrannte versus unverbrannte Knochen, Zähne, Steine ... ) Die Hunderte von nicht klassifizierbaren Kleintierknochen (z. B. Fragmente eines Knochenschafts ohne Gelenk) landen letztendlich alle in einer Tüte, die vermutlich nie wieder jemand anschaut. Jeder prinzipiell identifizierbare Knochen bekommt eine eigene Tüte und ein eigenes Schildchen. Ein Biologe wird viele Monate zu tun haben, herauszufinden, welche Kleintiere in der Höhle des Neandertalers aus und eingingen, oder womöglich gar in seinem Kochtopf landeten. Andererseits ist es gut möglich, dass auch Füchse und Eulen einen Teil der Hasen auf dem Gewissen haben. Es zeichnet sich schon bald ab, dass die Verteilung der Knochen nicht der Proportionalität ihres Vorkommens im Säugetier entspricht, so finden wir zum Beispiel viel zu wenig Wirbel. Daraus werden die Biologen womöglich ableiten können, wer den größten Teil des Hasenbratens angeschleppt hat.

Am dritten Abend trägt der Professor über seine bisherige Arbeit vor und zeigt den Faustkeil herum, der vor einigen Wochen in der anderen Höhle gefunden wurde. Es ist ein Schock, zu sehen, dass der Keil nur relativ wenige Bearbeitungsspuren hat, nur entlang der scharfen Kante sieht man die Abschlagstellen. Ich befürchte, dass ich möglicherweise bereits fünf solche Faustkeile beim Trockensieben weggeworfen habe.

Montag ist bereits unser letzter Arbeitstag, da wir nur für eine der insgesamt drei Wochen dabei sind. Am Morgen sind wir mit einem neu angekommenen Helfer an der Ausgrabungsfläche, und der Glückspilz findet sofort die Kugel eines Hüftgelenks. Kann von einem Neandertaler sein, kann aber ebenso gut von jedem anderen größeren landlebenden Säugetier stammen. Das müssen die Biologen noch ausknobeln. Am Nachmittag geht's wieder zum Nasssieben in die Marmorfabrik. Als wir uns das allerletzte Sieb vornehmen, greift meine Tochter hinein und streckt mir etwas entgegen: »Das könnte doch ein menschlicher Zahn sein, oder nicht?« Für mich als absoluten Laien in Zahnfragen sieht es aus wie ein seit vielen Jahren nicht geputzter menschlicher Zahn, also stelle ich dem Assistenten dieselbe Frage. Er schaut mich an, als hätte ich einen dummen Witz gemacht. Dann schaut er den Zahn an und überlegt es sich anders. Ja, es ist der Zahn eines Neandertalers, verkündet er der ganzen Gruppe.

Den Rest des Glückssiebs haben wir – in der Hoffnung auf den Rest des Gebisses – besonders gründlich durchgekämmt, aber dieser Zahn bleibt bis zum Ende der Woche der einzige eindeutig menschliche Überrest aus der diesjährigen Ausgrabungsaktion. Wir haben uns am Dienstag in Richtung Strand abgesetzt, aber der Rest der Mannschaft hat noch zwei Wochen Zeit den Rest von »unserem« Neandertaler zu finden.

## Was danach geschah

Im Herbst 2007 gab es Streit um die Qualität von Pääbos Proben. Weitere Kontrollexperimente werden erforderlich sein, um zu klären, welche Daten als hundertprozentig dem Neandertaler zugeordnet werden können. Die ursprünglich für 2008 angepeilte Vollendung des gesamten Neandertaler-Genoms dürfte sich dadurch etwas verzögern. Immerhin konnten die Leipziger bereits im Frühjahr 2008 die vollständige Sequenz der Mitochondrien des Neandertalers publizieren.

Unabhängig davon benutzten andere Forscher die Kohlenstoffdatierung, um mögliche Zeitpunkte des Aussterbens der Neandertaler direkt mit Klimaveränderungen abzugleichen (anstatt beide Ereignisse mit einem Kalender zu vergleichen, was die Ungewissheiten verdoppelt). Nach dieser Untersuchung gibt es keine klare Verbindung zwischen Klimawandel und dem Verschwinden der Neandertaler.

Im November 2008 schlug das Mammut (*Mammuthus primigenius*) unseren Vettern im Rennen um die erste Genomsequenz einer ausgestorbenen Art. Webb Miller und Stephan C. Schuster an der Pennsylvania State University veröffentlichten einen zu 80 % vollständigen Entwurf der Genomsequenz des haarigen Dickhäuters. In einem Kommentar zu der Mammut-Publikation gab sich Pääbos Institutskollege Michael Hofreiter optimistisch, dass das Genom des Neandertalers immerhin das zweite einer ausgestorbenen Art sein wird. Im Februar 2009 kündigte Pääbo an, seine Arbeitsgruppe habe den Neandertaler vollständig sequenziert und werde die vorläufigen Ergebnisse vor Jahresende veröffentlichen. Dinosaurier müssen noch etwas länger warten.

Und zum Schluss bleibt nur noch anzumerken, dass die oben erläuterte Sequenziermethode, welche dem Neandertaler-Projekt hervorragende Dienste erwies, inzwischen auch dazu verwendet wurde, das »persönliche« Genom von James Watson zu entziffern. Ich bin mir sicher, dass man dazu eine witzige Bemerkung machen könnte, aber ich halte mich ausnahmsweise heldenhaft zurück.

**Literaturhinweise**

R. Green et al., *Cell*, 2008, 134, 416.
W. Miller et al., *Nature*, 2008, 456, 387.

# Chemie des Jungbrunnens

Gelegentlich kommt es vor, dass spannende Geschichten mich finden, und nicht andersherum. Der Urheber der im Folgenden beschriebenen Idee kam auf mich zu und überredete mich, etwas darüber zu schreiben. Ich zögerte zunächst, da ich es nicht für besonders sinnvoll halte, reichen Leuten ein noch längeres Leben zu schenken, während die Armen dieser Welt immer noch in jungen Jahren an vermeidbaren oder heilbaren Krankheiten sterben. Doch da die wissenschaftliche Grundlage dieser Geschichte solide und interessant war, und das Thema eindeutig den Interessen eines breiteren Publikums entsprach, nahm ich mich letztendlich der Sache an und verfasste für Chemistry World einen ausgewogenen Artikel über Vor- und Nachteile der vorgeschlagenen Methode. Eine Kollegin bei einer anderen Zeitschrift bekam Wind von der Geschichte und brachte nahezu gleichzeitig eine hemmungslos optimistische Darstellung heraus, mit Presseerklärung und großem Tamtam, die dann von den Medien rund um den Globus aufgenommen und weiterverbreitet wurde. Bei so etwas bleibt zwar die Wissenschaft meist auf der Strecke, aber es macht Spaß, dabei zuzusehen, wie die von einem einzelnen Steinchen ausgelösten Wellen rund um die Erde ziehen. Hier folgt die humoristische Version der Geschichte, die ich für meine Kolumne in den »Nachrichten aus der Chemie« verfasste.

Lukas Cranach der Ältere hat das Experiment mit seinen malerischen Methoden sehr deutlich beschrieben: Alte, gebrechliche Frauen steigen links in den Brunnen hinein, und nach einem erfrischenden Bad kommen sie rechts als jugendfrische Mädchen wieder heraus, wo die edlen Ritter schon auf sie warten. Doch eine Frage hat die Forschung in den letzten 461 Jahren noch nicht klären können. Was war in dem Wasser des berühmten Jungbrunnens? Welche Wundermittel können den Altersvorgang umkehren, oder zumindest stoppen?

Linus Pauling glaubte, dass Megadosen von Vitamin C dem Verfall Einhalt gebieten könnten, doch sein eigener Tod widerlegte seine Hypothese. Verschiedene andere Mittel von grünem Tee über Rotwein bis hin zum Tofu können sich nur auf wackelige wissenschaftliche Erklärungen stützen und fügen der Lebenserwartung bestenfalls ein paar Jahre hinzu.

Ein russischer Chemiker hat jetzt vorgeschlagen, das Übel des Alterns mit fundamentaler Chemie bei der Wurzel zu packen. Und diese Wurzel ist die Oxidation von Biomolekülen durch Sauerstoffradikale, darüber sind sich die Forscher in diesem Gebiet inzwischen nahezu einig. Misha Shchepinov glaubt, dass der kinetische Isotopen-Effekt, also die Verlangsamung von Reaktionen, wenn eines der beteiligten Atome durch ein schwereres Isotop ersetzt wird, die bösen Oxidationsreaktionen des molekularen Alterns so stark bremst, dass sie praktisch nicht mehr stattfinden.

Er hat es genauestens durchexerziert, die Stellen identifiziert, an denen die geschwindigkeitsbestimmenden Schritte der Alterungsreaktionen ansetzten, und welche Wasserstoffatome man demzufolge durch Deuterium ersetzen müsste. Bei den Proteinen steht ihm das Glück zur Seite, denn die empfindlichsten Aminosäuren sind essentielle Nahrungsbestandteile. Will sagen, wenn man die an der richtigen Stelle deuterierten Aminosäuren isst, hat man am Ende perfekt isotopen-geschützte Proteine im Körper. Bei den Nucleinsäuren ist die Situation ein bisschen komplizierter, aber damit wollen wir uns jetzt gar nicht aufhalten.

Die Chemie an der Geschichte scheint, soweit ich das beurteilen kann, zu stimmen. Doch was passiert, wenn die Methode tatsächlich funktioniert und bis zu einer marktreifen Produktpalette entwickelt wird, die komplett synthetische Ernährung, rundum alterungssicher?

Man kann sich leicht ausrechnen, dass eine solche Ernährungsweise um mindestens zwei bis drei Größenordnungen teurer sein wird als die traditionelle. Das bedeutet hinwiederum, dass die Käufergruppe sich auf Millionäre und Milliardäre beschränken wird, die ein Problem mit dem Konzept der Sterblichkeit haben und/oder von ihrer Unentbehrlichkeit so überzeugt sind, dass sie sich geradezu verpflichtet fühlen, uns noch für ein paar Jahrhunderte länger zur Verfügung zu stehen.

Aber wir Normalsterblichen sollten uns fragen: Ist es wirklich zum Wohle der Menschheit, wenn Dieter Bohlen, Rupert Murdoch und Madonna noch einige Jahrhunderte lang am Leben bleiben? Insbesondere solange mehr als die Hälfte der Weltbevölkerung sowieso kaum eine Chance hat, Phänomene wie Altersschwäche kennenzulernen, weil diese Menschen bereits Jahrzehnte vorher an vermeidbaren Infektionen sterben oder schlicht verhungern?

Zu bezweifeln ist auch, ob diejenigen, die sich die Isotopen-Kur leisten könnten, in ihrem besten Interesse handeln, wenn sie ihr Leben drastisch verlängern. Von den griechischen Göttern, die ihre Finger nicht von Sterblichen lassen konnten, bis hin zur modernen Populärkultur sind die Probleme der Unsterblichkeit immer wieder aufgezeigt worden. Bei Simone de Beauvoir findet sich zum Beispiel, in »Alle Menschen sind sterblich«, eine aufgrund ihrer Unsterblichkeit zutiefst deprimierte Romanfigur.

In der amerikanischen Variation zu diesem Thema, *Tuck Everlasting* von Natalie Babbit (1975; deutscher Titel: Die Unsterblichen; 2002 verfilmt), schlägt die weibliche Hauptfigur, obwohl sie sich in den ewig jungen Jesse Tuck sozusagen unsterblich verliebt hat, die Möglichkeit aus, von dem Wasser zu trinken, das auch sie unsterblich machen würde (diesmal eine Quelle im Wald, kein Jungbrunnen). In ihrer Entscheidung mischt sich ein »Normaleinwollen« mit biologischer Vernunft. Wir sind letztendlich darauf programmiert, unsere Art durch Fortpflanzung zu erhalten, nicht durch Nichtsterben.

(2007)

**Literaturhinweise**

M. Shchepinov, *Rejuvenation Research*, 2007, 10, 47.

# Virulenz aus der Tiefsee

Mein zweites Buch, *Exzentriker des Lebens*, handelt vom Leben unter extremen Bedingungen und enthält unter anderem auch einen Abschnitt über das Bakterium *Helicobacter pylori*, das beim Menschen Magengeschwüre auslösen kann. Damals dachte ich, dass ich mit diesem Ausflug in die Medizin mindestens bis zum äußersten Rand meines Themas vorgedrungen war. Natürlich bewohnt *H. pylori* einen extrem unwirtlichen Lebensraum, nämlich den von Säuren durchfluteten menschlichen Magen. Doch da dieser Lebensraum mit den anderen im Buch diskutierten Habitaten (z. B. Tiefsee, Antarktis) rein gar nichts zu tun hat, müssen diese verschiedenen Arten der Extremophilie doch wohl unabhängig voneinander entstanden sein, oder etwa nicht? Zehn Jahre später stellte es sich heraus, dass es eine überraschende Verbindung zwischen den Mikroben in menschlichen Mägen und jenen am Meeresboden gibt.

Die Tiere in der Umgebung der »Schwarzen Raucher« und anderer heißer Quellen in der Tiefsee leben nicht vom Sonnenlicht wie unsereiner. Stattdessen werden sie von chemosynthetischen Bakterien ernährt, die oft in Symbiose mit Tieren wie Muscheln oder Röhrenwürmern leben (siehe Seite 64). Bei Genomuntersuchungen an zwei Arten von Symbionten sind nun überraschende Ähnlichkeiten mit gewissen Krankheitserregern aufgetaucht, nämlich mit dem Auslöser von Magengeschwüren (*Helicobacter*) sowie einem häufigen Verursacher von Lebensmittelvergiftung (*Campylobacter*).

Um bisher unbekannte Mikrobenarten zu charakterisieren, gehen Mikrobiologen normalerweise so vor, dass sie diese zunächst einmal im Labor in Reinkultur züchten. Allerdings widerstanden die Symbionten aus der Tiefsee viele Jahre lang allen Versuchen der Kultivierung. Alles was man über sie in Erfahrung bringen konnte, beruhte auf Proben, die man direkt aus ihrem natürlichen Lebensraum, etwa dem Trophosom der Röhrenwürmer gewonnen hatte (siehe auch Seite 66).

Der Arbeitsgruppe von Satoshi Nakagawa am Extremobiosphere Research Center im japanischen Yokosuka ist es erstmals gelungen, Reinkulturen von mehreren Stämmen von Epsilon-Proteobakterien zu züchten, die aus dem Biotop eines Hydrothermalschlots stammen. Die Forscher sind davon überzeugt, dass es sich um Symbionten handelt, obwohl sie bei der ferngesteuerten Probennahme nicht genau ermitteln konnten, wo die Bakterien angesiedelt waren. Die Arbeitsgruppe hat nun die Genome von zweien dieser Stämme vollständig sequenziert und die Stämme als neue Arten in den Gattungen *Sulfurovum* und *Nitratiruptor* identifiziert.

Die Analyse der Genome, im Vergleich mit denen von zahlreichen anderen, nahe oder nicht ganz so nahe verwandten Arten, erbrachte zahlreiche interessante Einblicke in die Anpassungsmechanismen, die es diesen Bakterien ermöglichen unter Extrembedingungen und in Abwesenheit von Photosynthese zu gedeihen. Ebenso wie die Bakterien aus Röhrenwürmern, deren Genom im Frühjahr 2007 publiziert wurde, haben auch diese Bakterien die genetischen Voraussetzungen um den Krebs-Zyklus (Citratzyklus) rückwärts zu betreiben (siehe Seite 66). Diesen fundamentalen Stoffwechselzyklus benutzen wir dazu, organische Moleküle abzubauen und ihre Energie in ATP zu speichern (und natürlich, um StudentInnen zu quälen). Bei den Bakterien dient der Zyklus umgekehrt dazu, organische Moleküle aufzubauen (so wie bei der Photosynthese der Calvin-Zyklus).

Überraschenderweise erhielten die Forscher auch Einblick in die Anpassung von Bakterien an ein ganz anderes Extrembiotop, nämlich den menschlichen Magen. Sie entdeckten gleich mehrere Gene, die bereits aus den Krankheitserregern *Helicobacter* und *Campylobacter* bekannt waren, und dort als wichtige Virulenzfaktoren gelten, was einfach bedeutet, dass ihre Aktivität eine Mikrobe, die ohne dieses Gen harmlos wäre, zu einem Krankheitskeim macht.

Es kommt recht häufig vor, dass Bakterien solche Gene von anderen Arten übernehmen. Man nennt diesen Vorgang horizontalen Gentransfer (im Gegensatz zur »vertikalen« Vererbung der Gene von einer Generation zur nächsten). So ist zum Beispiel der in Krankenhäusern verbreitete Bakterienstamm MRSA (Methicillin-resistenter *Staphylococcus aureus*) nichts weiter als ein *Staphylococcus*, der ein zusätzliches Gen aufgeschnappt hat, das ihn gegen Antibiotika wie Methicillin resistent macht. Solche genetischen Merkmale finden sich oft auf sogenannten Plasmiden, das sind ringförmige DNA-Stränge, die leicht zwischen Bakterien verschiedener Arten ausgetauscht werden können. Selbst wenn die Übertragung eines bestimmten Merkmals (z. B. der Methicillin-Resistenz) nur selten vorkommt, kann der Evolutionsdruck durch entsprechende Umweltbedingungen, etwa die Verwendung von Methicillin in Krankenhäusern, die Empfänger so begünstigen, dass sich die Resistenz schnell verbreitet.

Die Virulenzfaktoren, die sowohl bei unseren Krankheitserregern als auch in Tiefseebakterien gefunden wurden, sind vermutlich auf ähnliche Weise von einer Art auf die andere übertragen worden, doch das setzt voraus, dass ihre Vorfahren etwas näher beieinander gelebt haben. Wann und wo die Arten sich begegneten und ihre Gene vermischten bleibt vorerst unklar.

(2007)

### Literaturhinweise

M. Groß, *Exzentriker des Lebens*, Spektrum Akademischer Verlag, Heidelberg, 1997.
S. Nakagawa et al., *Proc. Natl. Acad. Sci. USA*, 2007, **104**, 12146.

# Schlumpfblaues Protein schützt Froschlaich

Als langjähriger Fan der frankophonen »*Bandes dessinées*« kann ich mir natürlich eine Proteingeschichte nicht entgehen lassen, in der die Schlümpfe vorkommen, wenn auch nur als Taufpaten für ein blaues Protein. Verrückt ist an dieser Geschichte vieles, von der Stabilität des aufgeschäumten Proteins über seine wilde Strukturchemie bis hin zu seiner schlumpfigen Farbe.

Die malaysische Froschart *Polypedates leucomystax* schützt ihren Laich, indem das Weibchen eine proteinreiche Flüssigkeit abscheidet, welche das Männchen dann mit schnellen Bewegungen seiner Beine zu einem Schaum schlägt. Dieser sogenannte Bioschaum ist mehrere Tage lang stabil und nimmt mit der Zeit eine im Tierreich seltene blaue Farbe an. Forscher in Schottland haben jetzt herausgefunden, dass diese Färbung auf ein ungewöhnliches Protein zurückgeht, welches sie nach den ähnlich gefärbten Schlümpfen und dem lateinischen Wort für Frosch »Ranasmurfin« genannt haben – auf Deutsch sollten wir es also Ranaschlumpfin nennen.

Die Arbeitsgruppen von Alan Cooper in Glasgow und James Naismith in St. Andrews reinigten schaumbildende Proteine (Ranaspumine) aus den natürlichen Schaumnestern der Frösche (unter Berücksichtigung von Artenschutzerwägungen). Durch chromatographische Auftrennungen wiesen sie nach, dass die blaue Farbe des Schaums von *Polypedates leucomystax* von dem intensiv gefärbten Ranaschlumpfin ausgeht, und machten sich an die Untersuchung seiner Molekülstruktur.

Das Protein erwies sich als der Traum aller Kristallographen. Es bildete mit Leichtigkeit Kristalle von so hervorragender Qualität, dass die Forscher nicht einmal die Sequenz des Gens oder des Proteins analysieren mussten. Sie konnten die meisten Aminosäuren direkt aus der Kristallstruktur identifizieren und einige Zweifelsfälle mit Hilfe der Massenspektrometrie klären.

Sie fanden in der Struktur ein neuartiges Faltungsmuster, was heutzutage, trotz der exponentiell wachsenden Zahl neuer Strukturen, nur noch selten vorkommt. Zusätzlich fanden sie auch eine neuartige chemische Quervernetzung zwischen den beiden Untereinheiten des Proteins. Innerhalb einer Untereinheit hatten sich zwei Lysinreste mit je einem nicht benachbarten Tyrosinrest unter Ausbildung je eines Orthochinons verknüpft. Je eine Chinongruppe von beiden Untereinheiten bildete dann eine Indophenol-Brücke als kovalente Verbindung zwischen den beiden Ketten. Eine solche Bindung war zuvor noch nicht in Proteinen beobachtet worden.

Diese Indophenolgruppe trägt zur Koordination eines Zinkions bei und ist offenbar für die charakteristische blaue Farbe des Proteins verantwortlich, wie Cooper und Kollegen anhand spektroskopischer Vergleichsuntersuchungen mit Modellsubstanzen zeigen konnten. Sie kommt auch in synthetischen Farbstoffen vor.

Ähnlich wie beim Chromophor des grün fluoreszierenden Proteins GFP handelt es sich hier um eine chemische Veränderung der Proteinstruktur, die erst nach Abschluss der Synthese einsetzt und vermutlich von dem Protein selbst katalysiert wird. Solche Phänomene kann man natürlich nicht aus der Gensequenz ableiten – neben den Genen und Genomen muss sich die Forschung auch weiterhin um Proteine und andere Biomoleküle kümmern.

Chemisch ist das Rätsel der schlumpfigen Farbe damit gelöst. Einen biologischen Grund dafür, dass das Protein und damit der Schaum blau werden, konnten die Nachforschungen aber bisher nicht dingfest machen. Dass ein Protein stabil bleibt, wenn man es zu einem Schaum schlägt, ist mindestens ebenso ungewöhnlich wie die blaue Farbe. Normale Proteine mögen eine schäumende Umgebung ganz und gar nicht. Es wäre deshalb denkbar, dass die Indophenol-Quervernetzung vor allem eine ungewöhnlich drastische Maßnahme zur Stabilisierung dieses Proteins darstellt, und dass sich die Farbe als zufällige Begleiterscheinung ergeben hat. Sie könnte allerdings auch der Filtrierung von Sonnenlicht oder der Abschreckung von Fressfeinden dienen. Vermutlich wird kein vernünftiges Tier im tro-

pischen Urwald einen schlumpfblauen klebrigen Schaum fressen wollen.
(2008)

**Literaturhinweise**

M. Oke et al., *Angew. Chem.* 2008, **120**, 7971.

# 2
## Sexy! – Verführerische Forschung

Ich schreibe öfter über Moleküle als über Menschen, was rein finanziell betrachtet etwas unvorteilhaft ist, da sich sehr viel mehr LeserInnen für die Reaktionen zwischen Personen interessieren als für die zwischen Molekülen. Wenn ich dann doch einmal über Menschliches schreibe, muss natürlich auch was Wissenschaftliches dabei sein, wie etwa die Chemie, die zu zwischenmenschlichen Bindungen führt, oder die Genetik die jeden einzelnen zu einem Individuum macht.

Die Verbindung zwischen Chemie und Genetik ist natürlich der Sex. Chemie ist seine Voraussetzung, und Genetik seine Folge. Dies ist also meine wackelige Begründung dafür, dass ich eine bunte Mischung von Geschichten von der Chemie der gegenseitigen Anziehung bis hin zur Genetik ganzer Völker unter dem Sammelbegriff »sexy« vereint habe. Nur um jegliche Vorhersagbarkeit auszuschließen, habe ich außerdem noch ein paar Geschichten eingestreut, die ich ohne besonderen Grund einfach sexy fand.

# Heiße Liebe

Jetzt bin ich mal ganz unsubtil und beginne den zweiten Teil des Buchs mit siedend heißem Sex. Voyeure benötigen allerdings ein Mikroskop, denn es handelt sich um Geschlechtsverkehr zwischen Mikroben.

»Plaisir d'amour ne dure qu'un moment,
chagrin d'amour dure toute la vie.«

Die Freuden der Liebe währen nur einen Augenblick, doch der Liebeskummer dauert ein ganzes Leben lang an, wie uns das alte französische Lied von Jean-Pierre Claris de Florian warnt. Liebesfreud und -leid hin oder her, es gibt jedoch einen handfesten biologischen Vorteil, wenn man sich geschlechtlich fortpflanzt. Die Durchmischung von Genen beider Elternteile erlaubt eine größere genetische Variation, wobei gleichzeitig aber die Konstanz des gesamten Genpools einer Art besser zusammengehalten wird als bei einfacher Zellteilung und Zufallsmutationen. Nun tun wir höheren Lebewesen uns damit leicht – unser Erbmaterial ist in zahlreichen paarweise auftretenden Chromosomen organisiert, und wir bekommen von jedem Elternteil eines von jeder Sorte. Welches der jeweils zwei Exemplare wir dabei erwischen, das ist die Lotterie des Lebens.

Das Spermium, welches das Rennen gegen Millionen andere gewinnt, mag Gene für Omas Musikalität oder Opas große Ohren enthalten. Diese Erbanlagen können sich gegen die der mütterlichen Seite durchsetzen oder aber für eine Generation verstummen und vielleicht in der nächsten wieder zum Vorschein kommen.

Bakterien haben es da schon etwas schwerer, da ihr Genom normalerweise aus einem einzigen Doppelstrang des Erbsubstanz-Moleküls DNA besteht. Genübertragung funktioniert nur mittels Herausschneiden einzelner DNA-Stücke aus dem Genom, die dann mit Hilfe von Viren oder von beweglichen DNA-Ringen, den Plasmiden, ausgetauscht werden können. Und bei den hitzeliebenden (hyperthermophilen) Vertretern des Urreichs der Archaebakterien war Sex bisher ein Tabuthema.

Doch Dennis Grogan an der Universität von Cincinnati fand die richtige Versuchung, um die hitze- und säureliebenden Einzeller der Spezies *Sulfolobus Acidocaldarius* einander näherzubringen. Er züchtete zahlreiche Mutanten des Archaebakteriums an, die jeweils zusätzlich zu den Minimal-Nährstoffen eine Aminosäure oder ein Coenzym als Zusatz im Medium benötigten, um gedeihen zu können. (Zum Beispiel würde eine Mutante, welcher die Fähigkeit, die Aminosäure Histidin herzustellen, abhanden gekommen ist, ein histidinhaltiges Nährmedium benötigen.) Dann mischte er zwei dieser defizienten Mutanten und inkubierte sie in einem Medium, das keinen Zusatznährstoff enthielt – im Wesentlichen bestand es aus Glutamat (bekannt als Geschmacksverstärker) und verdünnter Schwefelsäure. Nur durch Übertragung von Genen kann eine neue Mutante zustandekommen, die auf dem zusatzfreien Medium wachsen kann. Und tatsächlich fand Grogan solche von ihrer Defizienz geheilten Bakterienkolonien in zahlreichen Fällen, während in unvermischten Kulturen unter sonst gleichen Bedingungen nur extrem selten Rückmutationen auftraten. Die Genübertragung funktioniert offenbar bei Temperaturen bis 84 °C.

Der hiermit erstmals bei derart hohen Temperaturen und erstmals bei thermophilen Archaebakterien nachgewiesene Genaustausch eröffnet interessante Möglichkeiten und neue Fragen. Grogan glaubt, dass Sulfolobus Bakterien möglicherweise den Transfer als Reparaturmechanismus benötigen, falls ihre DNA hitzebedingte Schädigung erleidet. In ähnlicher Weise könnten primitivere Einzeller in der Urzeit des Lebens auf der Erde Genschäden durch die sehr viel stärkere UV-Strahlung behoben haben. Archaebakterien gelten als diejenigen Lebewesen, die sich seit der Urzeit am wenigsten verändert haben – ihre Lebens- und Liebesgewohnheiten könnten also ein Fenster zur Vergangenheit sein.

(1996)

**Literaturhinweise**

M. Groß, *Exzentriker des Lebens*, Spektrum Akademischer Verlag, Heidelberg, 1997.
D. W. Grogan, *Journal of Bacteriology*, 1996, **178**, 3207.

## Was danach geschah

Das Liebesleben der Mikroben hat uns in den vergangenen Jahren einige Sorgen bereitet. Allerdings ist es weniger die heiße Liebe der exzentrischen Archäen, sondern der moderatere Gentransfer unter gemäßigten Bedingungen, etwa in wohlklimatisierten Krankenhäusern, der Probleme bereitet. Wo Antibiotika und Bakterien in großer Zahl vorhanden sind, ist es geradezu unvermeidlich, dass die Mikroben Resistenzgene untereinander austauschen, und damit zur Verbreitung von resistenten Stämmen wie etwa MRSA beitragen.

# Genomische Prägung – der kleine Unterschied zwischen väterlichen und mütterlichen Genen

Ich habe in meiner höchst sachlichen und nüchternen Arbeit nur selten Gelegenheit, Lyrik zu zitieren. Die Goethe-Verse, die so schön zu der folgenden Geschichte passen, gehörten zum Standardrepertoire meiner Familie so lange ich mich erinnern kann, deshalb konnte ich mir die Chance, einen Artikel mit ihnen zu eröffnen, natürlich nicht entgehen lassen.

»Vom Vater hab ich die Statur,
des Lebens ernstes Führen,
vom Mütterchen die Frohnatur
und Lust zu fabulieren.«

*(J. W. von Goethe)*

Nicht nur Goethe machte sich so seine Gedanken über die wundersamen Wege der Vererbung – das Suchen nach Ähnlichkeiten mit Eltern und Großeltern ist ja ein beliebtes Gesellschaftsspiel in großen und kleinen Familien. Die mathematischen Grundregeln für das Spiel kennen wir seit Mendel und die zellbiologischen Grundlagen seit Mitte des 20. Jahrhunderts. Unser Erbgut ist in Chromosomen organisiert, die jeweils paarweise auftreten, eines von jedem Elternteil. Diese Aufteilung ist unverrückbar. Die Lostrommel der Vererbung wird allerdings gerührt, bevor die Befruchtung, also die Verschmelzung von Eizelle und Spermium erfolgt. Diese Zellen enthalten nur ein Chromosom von jeder Sorte, eine Eizelle kann also von einer bestimmten Erbanlage nur die großmütterliche oder die großväterliche Version enthalten. Nach der Befruchtung, während der Embryonalentwicklung stellt sich dann nur noch die Frage, ob sich das mütterliche oder das väterliche Gen durchsetzt. Schon seit der Urzeit der Genetik kennt man dominante und rezessive Eigenschaften. Erstere setzen sich auch durch, wenn sie nur von einem Elternteil ererbt werden – braune Augen kann man zum Beispiel haben, wenn nur eine der beiden Versionen des Gens »braun« ist. Rezessive Erbanlagen setzen sich nur durch, wenn zwei gleichlautende Botschaften zusammentreffen – viele schwere Erbkrankheiten können sich so im menschlichen Erbgut halten, da die Existenz eines einzelnen Exemplars harmlos ist; die Krankheit tritt erst auf, wenn durch Zufall oder Inzucht zwei »krankhafte« Gene zusammentreffen.

Soweit die klassischen Vererbungsregeln, die im Wesentlichen eine Art Glücksspiel definieren. Es zeichnet sich jetzt jedoch ab, dass die Erbanlagen nicht nur von dem Zufall der Befruchtung und dem Aufeinandertreffen dominanter und rezessiver Gene abhängen, sondern in manchen Fällen auch von der Vorgeschichte der Gene, die eine »Prägung« mitbringen können. Die neuen Vererbungsregeln gehen auf eine überraschende Entdeckung zurück, die Azim Surani im Jahre 1984 am Institut für Tierphysiologie in Cambridge machte. Auf der Suche nach den Gründen, warum manipulierte Mäuseembryonen, die aus einer unbefruchteten Eizelle hervorgingen, nicht einmal bis zum normalen Geburtstermin überlebensfähig waren, tauschte er in gerade erst befruchteten Mäuse-Eizellen einen der zwei noch nicht verschmolzenen Vorkerne, die jeweils einen einfachen Chromosomensatz von einem Elternteil enthalten, mit mikrochirurgischen Methoden aus. Eine normale Entwicklung der manipulierten Eier fand nur statt, wenn bei dem Austausch ein männlicher und ein weiblicher Chromosomensatz erhalten blieben. Embryonen mit zwei männlichen oder zwei weiblichen Chromosomensätzen überlebten meist nur wenige Teilungsschritte und niemals bis zur Geburtsreife. Surani stellte die Hypothese auf, dass manche Gene offenbar eine Markierung tragen, die anzeigt, ob sie aus einer Eizelle oder aus einem Spermium stammen. Demnach sehe das Programm der Embryonalentwicklung vor, dass in bestimmten Situationen nur das väterliche, in anderen nur das mütterliche Gen aktiv sein soll. (Die Markierung, deren genauer chemischer Mechanismus noch nicht sicher geklärt ist, muss jedenfalls reversibel sein, da ein mütterliches Gen ja in der nächsten Generation in einem Spermium landen kann und umgekehrt ein väterliches in einer Eizelle.) Bei manipulierten Embryonen, die nur eine von beiden Sorten enthalten, fallen demnach wichtige Schritte in der Entwicklung aus und der Embryo stirbt an den Folgen.

Suranis Hypothese erwies sich als richtig, Genetiker fanden tatsächlich in der Folgezeit heraus, dass bestimmte Gene ausschließlich in der Eizelle, andere hingegen nur im Spermium einen Aus-Schalter verpasst bekommen, der in bestimmten Phasen der Embryonalentwicklung dafür sorgt, dass nur das unmarkierte Gen, also das des jeweils anderen Elternteils, abgelesen wird. Von 1990 bis heute haben Genetiker insgesamt 15 Gene mit einer solchen Prägung in Mäusen identifizieren und dann auch im menschlichen Genom aufspüren können, doch das ist vermutlich nur die Spitze des Eisbergs. Völliges Fehlen dieser Gene hat zumeist schwere Folgen bis hin zu unausweichlichen Krebserkrankungen, doch was die Prägung im Einzelfall bedeutet und warum diese Unterscheidung existiert, ist schwer zu sagen. Da eine spezifische Manipulation der Prägung einzelner Gene noch nicht möglich ist, konnten die Genetiker diesem subtilen Problem nur mit einer verfeinerten Version der oben erwähnten Radikalmethode (der völligen Ausschaltung des Erbguts eines Elternteils) zu Leibe rücken.

Da Embryonen mit nur mütterlichem oder nur väterlichem Erbgut nicht lange genug überleben, als dass man die Auswirkungen der Genprägung untersuchen könnte, erzeugten Barry Keverne und seine Mitarbeiter am zoologischen Institut der Universität Cambridge gemischte Embryonen, in denen ein Teil der Zellen normale Chromosomenpaare von beiden Elternteilen enthält, ein anderer Teil die doppelte Ausfertigung des Erbguts eines Elternteils. Solche Hybridembryonen ließen sich tatsächlich zu voll entwickelten Föten heranziehen, vorausgesetzt, mindestens die Hälfte der Embryonenzellen im anfänglichen Gemisch hatten die normale Chromosomenzusammensetzung. Allerdings wiesen diese Föten schwere Missbildungen auf, die in bemerkenswerter Weise von der Dosierung und Herkunft der nicht normalen Zellen abhingen. Mäuse mit einer Überdosis mütterlicher Chromosomen hatten übermäßig große Köpfe und zu kleine Körper, bei solchen mit zu vielen väterlichen Chromosomen war es gerade umgekehrt.

Die auffallenden Unterschiede in der Kopf- und Gehirngröße brachten Surani und Keverne auf die Idee, nachzuforschen, in welchen Teilen des Gehirns sich die Zellen mit dem rein mütterlichen beziehungsweise rein väterlichen Erbgut angesiedelt hatten. Zu diesem Zweck versahen sie die manipulierten Embryonalzellen mit genetischen Markern, anhand derer sie später in Hirnschnitten die

Nachkommen der manipulierten Zellen identifizieren konnten. Bereits die Zellverteilung in den »großkopferten« Föten mit einer Überdosis mütterlicher Chromosomen überraschte die Forscher. Unabhängig davon, wie groß der Anteil manipulierter Zellen in dem ursprünglichen Mischembryo war, ihre Nachkommen fanden sich stets in denselben Hirnbereichen in großer Übermacht wieder, nämlich (bei der erwachsenen Maus) in denjenigen Teilen des Großhirns, die für »fortgeschrittenere« Funktionen wie Lernen und Gedächtnis zuständig sind. Aus bestimmten Hirnbereichen, die einfache Instinkte wie Futtertrieb oder Sexualtrieb steuern, waren die nur mütterlichen Zellen hingegen praktisch ausgeschlossen. Die exakt entgegengesetzte Verteilung fanden die Wissenschaftler bei den nur väterlichen Zellen.

Nun ist man leicht versucht, dieses Ergebnis von Mäusen auf Menschen zu übertragen und zu spekulieren, dass mütterlich geprägte Gene für die höheren kognitiven Fähigkeiten (etwa Goethes Fabulierlust) und die väterlich geprägten Gene für die niederen Instinkte zuständig sind. Keverne ist zum Beispiel nicht eigentlich an Nagetieren interessiert, sondern an der Evolution kognitiver Fähigkeiten in Primaten. Er bezeichnet die Gehirnbereiche, die mit mütterlich geprägten Entwicklungsgenen in Zusammenhang zu stehen scheinen und komplexe kognitive Aufgaben erfüllen, als das »geschäftsführende Gehirn« und weist darauf hin, dass dieses sich in der Evolution des Menschen am stärksten ausgedehnt und weiterentwickelt hat. Dem stellt er das »emotionale Gehirn« gegenüber, das mit väterlich geprägten Genen in Zusammenhang gebracht wird, überwiegend für von Hormonen gesteuerte Instinkthandlungen zuständig ist, und sich in der Evolution des Menschen eher zurückgebildet hat.

Legt man diese durch die Entwicklungsgenetik der geprägten Gene definierte Aufteilung des Gehirns einer Vergleichsuntersuchung verschiedener sozialer Charakteristika von Primatengruppen zugrunde, so ergeben sich bemerkenswerte Zusammenhänge. Die typische Gruppengröße ist zum Beispiel umgekehrt proportional der Größe des emotionalen Gehirns. Merke: Zuviel Instinktverhalten ist schlecht für die Politik. Die den Instinkten entzogene Kontrolle wird dann dem geschäftsführenden Gehirn übertragen, dessen Größe mit wachsender Gruppengröße zunimmt. Auch das Liebesleben ist im Laufe der Evolution zu »vernünftigeren« Lebewesen teilweise der Kontrolle der Hormone entzogen und dem bewussten Denken unterstellt worden. Das lässt sich daran ablesen, dass die Größe des geschäftsführenden Gehirns mit der Zeitspanne der Paarungsbereitschaft korreliert. Diesen Entwicklungen verdanken wir es, dass wir unsere Triebe (im Normalfall) bewusst kontrollieren und in bestimmte Bahnen lenken können.

Ob allerdings, wie die Journalistin Gail Vines im *New Scientist* behauptete, Väter bei der Vererbung »den kürzeren ziehen«, ob also die genomische Prägung nicht nur die Entwicklungsmuster in der Evolution, sondern auch die Vererbung konkreter intellektueller Fähigkeiten von einer Generation zur nächsten merklich beeinflusst, steht noch lange nicht fest. »Typisch menschliche« Kognitionsleistungen wie Sprache, Vorausplanung, Kreativität hängen von einem noch lange nicht durchschaubaren Netzwerk von Genen ab, von denen nur eine Minderheit elterliche Prägung aufweist. Vor allem aber lässt sich keine zwingende logische Verbindung herstellen zwischen der Lokalisierung von Zellen, die eine abnorme doppelte Dosis *aller* (das heißt wahrscheinlich: hunderter) mütterlich beziehungsweise väterlich geprägten Gene enthalten, und der Funktion der einzelnen geprägten Gene in normalen Gehirnzellen.

Zwar kennt man zwei Krankheitsbilder beim Menschen, die auf eine Chromosomenfehlverteilung zurückgehen und vermutlich auf Auswirkungen der genetischen Prägung zurückzuführen sind. Das mit schweren Behinderungen verbundene Prader-Willi-Syndrom tritt auf, wenn bestimmte Teile des Chromosoms 15 in doppelter Ausfertigung von der Mutter erhalten werden und/oder die väterliche Variante fehlt. Der für das Krankheitsbild verantwortliche Bereich des Chromosoms konnte grob kartiert werden, und es wurden vier geprägte Gene darin gefunden. Das genetisch spiegelbildliche Phänomen, das Fehlen der mütterlichen Allele und/oder Verdoppelung der väterlichen, führt zu ebenso schweren, teils überlappenden und teils unterschiedlichen Symptomen, die als Angelman-Syndrom bekannt sind. Aus den Erscheinungsbildern der genetisch spiegelbildlichen Chromosomenfehlverteilungen lassen sich jedoch nicht ohne weiteres Schlussfolgerungen der Art »vom Vater dies, von der Mutter das« ziehen.

Wüsste man mehr über die molekularen Mechanismen der Prägung im Spermium oder in der Eizelle, so ließe sich vielleicht im Prägungsschritt ein Marker einschleusen, anhand dessen man die Aktivität des geprägten Gens während der Embryonalentwicklung und/oder im Gehirn ausgewachsener *normaler* Tiere beobachten könnte. Solange geprägte Gene nur in »Alles-oder-nichts-Experimenten« (mit meist katastrophalen Folgen für die Versuchstiere) beobachtet werden können, kann frau sich jedenfalls noch nicht darauf verlassen, dass ihre Fabulierlust tatsächlich weitervererbt wird.

Ein jüngst im X-Chromosom entdecktes geprägtes Gen scheint zum Beispiel den obigen Verallgemeinerungen zu widersprechen. D. H. Skuse und neun andere Wissenschaftler von vier verschiedenen britischen Instituten untersuchten die sozial-kognitiven Fähigkeiten von Mädchen und Frauen (sechs bis 25 Jahre alt) mit einem X-Chromosom als einzigem Geschlechtschromosom. (Menschen mit dieser Chromosomenfehlverteilung, dem sogenannten Turner-Syndrom, sind weiblich, da für die Geschlechtsdifferenzierung beim Menschen Gene auf dem Y-Chromosom ausschlaggebend sind. Eine Drosophila-Fliege mit nur einem X-Chromosom ist hingegen männlich.) Die Wissenschaftler fanden heraus, dass diejenigen Turner-Patientinnen, deren einziges X-Chromosom vom Vater stammt, in sehr viel geringerem Maße von den mit dem Turner-Syndrom verbundenen Beeinträchtigungen der sozial-kognitiven Fähigkeiten betroffen sind. Während die Mädchen mit dem väterlichen Chromosom meist zuerst durch ihre Kleinwüchsigkeit auffällig wurden, waren viele der Mädchen mit dem mütterlichen Chromosom als Schülerinnen mit »special needs« eingestuft worden. Skuse et al. schließen aus den Ergebnissen ihrer umfassenden neuropsychologischen Untersuchungen der beiden Gruppen, dass an der Entwicklung dieser Fähigkeiten ein Gen beteiligt ist, dessen mütterliches Allel durch Prägung inaktiviert ist. Durch weitere Untersuchungen an Turner-Patientinnen, denen das zweite X-Chromosom nur teilweise fehlt, konnten sie dieses Gen bereits grob lokalisieren. Dieser Befund könnte zudem eine Erklärung der höheren Anfälligkeit von Jungen für Entwicklungsstörungen wie etwa Autismus liefern, da auch sie – ebenso wie die stärker beeinträchtigten Turner-Patientinnen – lediglich ein mütterliches X-Chromosom tragen.

(1997)

**Literaturhinweise**

W. Reik, J. Walter, *Nat. Rev. Genet*, 2001, **2**, 21.

## Was danach geschah

Heute, in der Postgenom-Ära, versuchen Wissenschaftler zu verstehen, wie das in seiner Buchstabenfolge nun bekannte menschliche Genom genau funktioniert, und dazu gehören auch die Mechanismen, durch die Gene an- und ausgeschaltet werden. Genomische Prägung ist deshalb wieder sexy geworden, doch bis ins Letzte geklärt sind die damit zusammenhängenden Fragen noch nicht. Ein im März 2006 erschienenes Paper enthielt eine Liste von 600 menschlichen Genen, die vermutlich von genomischer Prägung betroffen sind. Irgendjemand arbeitet vermutlich gerade diese Liste ab und überprüft jedes Gen einzeln.

# Das Grüne Leuchten

Gewisse Arten von Licht können natürlich sexy sein, sonst gäbe es keine Kerzenscheinromantik und keinen Rotlichtbezirk. Für MolekularbiologInnen hat sich eine molekulare Glühbirne, die grünes Licht ausstrahlt, als überaus attraktiv erwiesen. Hier geht es zunächst um den Sex-Appeal der Entdeckung und Grundlagenforschung. Coole Weiterentwicklungen und Anwendungen der Technologie werden auf Seite 206 vorgestellt.

Biolumineszenz – das Phänomen, dass Lebewesen aus Stoffwechselenergie Licht erzeugen können – ist nicht nur in Glühwürmchen anzutreffen. Auch manche Quallen- und Fisch-Arten haben unabhängig voneinander ihr eigenes Beleuchtungssystem entwickelt. Und das charakteristische grüne Leuchten der Qualle *Aequorea victoria* erstrahlt in letzter Zeit immer häufiger in molekularbiologisch ausgerichteten Labors.

Dass gerade das Lumineszenz-System dieser glibberigen Tiere so nützlich ist, hängt damit zusammen, dass hier die Aufnahme des chemischen Signals und die Abgabe des grünen Lichts von verschiedenen Bestandteilen des Systems ausgeführt werden. Für den ersten Schritt ist ein Protein namens Aequorin zuständig, das auf ein durch Calcium-Ionen übertragenes Signal hin Licht aussendet. Dieses Licht ist allerdings im Reagenzglas-Versuch blau. In der Qualle wird das blaue Licht von einem weiteren Protein absorbiert, welches dann grünes Licht emittiert – das Grünfluoreszierende Protein, GFP (Bild 11). Letzteres benötigt für seine Lichtemission nichts weiter als die Einstrahlung von blauem oder ultraviolettem Licht. Es funktioniert deshalb auch außerhalb der Quallenzellen, ja sogar dann, wenn es auf

**Bild 11** Molekülstruktur des grün fluoreszierenden Protein GFP, die aus röntgenkristallographischen Untersuchungen ermittelt wurde. Die Pfeile stellen β-Faltblätter dar, welche die Fass-artige äußere Hülle der Struktur bilden. Die Atome innerhalb des Fasses, die als kleine Kugeln dargestellt sind, gehören zu der Licht erzeugenden Struktur, dem Chromophor. (Abbildung aus der RSCB Protein Data Bank).

gentechnischem Wege in anderen Zellen hergestellt wurde und nie eine *Aequorea victoria* von innen gesehen hat.

Aus dieser bemerkenswerten Eigenschaft ergibt sich eine Anwendungsmöglichkeit, die Anfang 1994 vorgeschlagen und schon bald darauf in zahlreichen Labors praktiziert wurde. Will man ein Gen in einen anderen Organismus einschleusen, sodass dieser das darauf codierte Protein herstellt, so kann man einfach das Gen für GFP als Sonde mit dem interessierenden Gen koppeln. Nach der Transferreaktion hält man die Agarplatten mit den kultivierten Zellen unter eine UV-Lampe, die in jedem molekularbiologischen Labor vorhanden ist. Wenn die Zellen grün leuchten, war der Gentransfer erfolgreich. Manche der früheren Verfahren benutzten zwar auch Lichtreaktionen, etwa das Leuchtprotein der Glühwürmchen, Luciferase. Diese waren aber stets auf die Zufuhr von zusätzlichen Substanzen durch die Zellmembran angewiesen, und daher nicht universell anwendbar.

Es ist jedoch nicht ganz klar, warum GFP grün leuchtet. Der für die Fluoreszenz verantwortliche Molekülteil (das Chromophor) wird in einer Abfolge von nur drei Aminosäuren vermutet, zwischen denen sich durch eine ungewöhnliche chemische Reaktion das normalerweise geradlinige Rückgrat der Aminosäurekette zu einem fünfgliedrigen Ring schließt. Da die Fluoreszenz auch auftritt, wenn das Protein in Fremdorganismen exprimiert wurde, müssen die zur Ausbildung des Chromophores benötigten chemischen Reaktionen von dem Protein selbst katalysiert werden. Allenfalls können Substanzen, die in allen Zellen vorhanden sind (etwa energieliefernde Nucleotide, Aminosäuren, etc.) mit dazu beitragen. Da jedoch zumindest ein Teil des Geheimnisses in der Aminosäuresequenz des Proteins verborgen sein muss, können Mutationsstudien hier sicherlich zur Aufklärung dieses Phänomens beitragen.

Mutationen werden allerdings auch mit dem Ziel durchgeführt, GFP noch vielseitiger und nützlicher zu machen. Verschiedene Arbeitsgruppen haben versucht, durch Mutation vor allem der Aminosäuren in der Umgebung des Chromophores die spektroskopischen Eigenschaften des Proteins zu verändern. Zum Beispiel ist das natürliche Protein im Licht nicht beliebig lange stabil. Insbesondere die energiereiche Nah-UV-Strahlung, die es in großem Maße absorbiert und die vergleichsweise wirksamer in der Auslösung des Fluoreszenzlichts ist, wird ihm auf die Dauer zum Verhängnis. Ein verändertes Anregungsspektrum könnte deshalb die Lebensdauer und Anwendbarkeit des Proteins verbessern.

Zwei kalifornische Teams konnten Ende 1994 erste Erfolge vermelden. Die Gruppe von Douglas C. Youvan am Palo Alto Institut für molekulare Medizin präsentiert in der Fachzeitschrift *Biotechnology* Varianten des Proteins, deren Anregungswellenlänge nach Rot verschoben ist. Roger Tsien und seine Mitarbeiter an der Universität von Kalifornien in San Diego fanden ebenfalls Mutanten, die bevorzugt von langwelligerem Licht angeregt werden. In einer weiteren Arbeit konnten sie zeigen, dass auch die Farbe des emittierten Lichts variiert werden kann, etwa von grün nach blau. Diese Varianten des GFP ermöglichen die gleichzeitige Messung der Genexpression verschiedener transferierter Gene mit einem einfachen Fluoreszenz-Spektrometer, das verschiedene Anregungs- und Aussendungs-Wellenlängen nacheinander abfragen kann. Sind die Leuchtmarker einmal mit den eigentlich interessierenden Genen gekoppelt, kann man natürlich auch die Wirkung von Pharmaka, Hormonen oder Giftstoffen auf die Expression der betreffenden Gene untersuchen. Da die GFP-Fluoreszenz auch die Behandlung mit Formaldehyd überlebt, die man zur »Fixierung« von Zellen oder Geweben üblicherweise verwendet, sind diese Methoden auch auf fixiertes Zellmaterial anwendbar. Und schließlich könnte man auch die Energieaufnahme bei der Absorption des blauen Lichts durch GFP dazu benutzen, diejenigen Zellen, in denen das mit GFP gekoppelte Gen aktiv ist, mit einem Laserstrahl der entsprechenden Wellenlänge selektiv abzutöten.

Besonders bemerkenswert ist, dass sich diese noch kaum überschaubare Fülle von Anwendungsmöglichkeiten (siehe auch Seite 206) – die sich sehr wohl auch über den Bereich der Forschung hinaus auch auf Alltagsprodukte erstrecken könnten – aus Untersuchungen ergab, die ursprünglich als reine Grundlagenforschung der Frage nachgingen, wie eine Qualle es fertigbringt, grün zu leuchten. (1993)

**Literaturhinweise**

M. Groß, *Light and Life*, Oxford University Press, 2003.

## Was danach geschah

Rätselhaft blieb zum Zeitpunkt der oben wiedergegebenen GFP-Geschichte der molekulare Aufbau des Proteins. Es scheint nicht mit anderen bekannten Lumineszenz-Proteinen verwandt zu sein und der für das Leuchten verantwortliche Molekülteil (das Chromophor) bildete einen äußerst ungewöhnlichen Ring durch eine Reaktion zwischen benachbarten Aminosäurebausteinen. Als nun zwei Arbeitsgruppen unabhängig voneinander die Röntgenstrukturanalyse des Proteins ausführten, war die resultierende Struktur in der Tat ungewöhnlich und neuartig. Die äußere Hülle des Proteins ist ein vollkommen symmetrisches und ungewöhnlich großes Fass aus elf Strängen einer β-Faltblatt-Struktur, dessen Stirnseiten mit »Deckeln« aus kurzen Helix-Stücken bedeckt sind. Doch in dem Innenraum des Fasses befindet sich eine weitere, längere Helix, deren Achse mit der des äußeren Zylinders zusammenfällt. Und genau in der Mitte dieser inneren Helix befindet sich das Chromophor, wie der Wolframdraht in der Glühbirne.

Die unaufhaltsame Ausbreitung von GFP-Anwendungen (siehe auch Seite 206) hält bis heute an. Im September 2008 ergibt eine Google-Suche nach »green fluorescent protein« 7,7 Millionen Treffer.

**Literaturhinweise**

M. Ormö et al., *Science*, 1996, **273**, 1392.
F. Yang et al., *Nature Biotechnology*, 1996, **14**, 1246.

# Aufs Maul geschaut

Meine Publikationen können verschiedenartigste, oft unerwartete Reaktionen hervorrufen. Ein einziges Mal erhielt ich eine Einladung zu der Premiere einer Theaterproduktion, die von einem meiner Artikel inspiriert war. Leider konnte ich nicht hingehen und werde vermutlich nie erfahren wie bühnentauglich (oder nicht) mein Geschreibsel ist. Das inspirierende Stück war ein Kommentar über den McGurk-Effekt, der auch eine lebhafte Diskussion auf den Leserbriefseiten des *New Scientist* auslöste. Hier erscheint die Geschichte erstmals in deutscher Fassung (deutsche Theaterproduzenten aufgepasst!).

Ohne uns dessen bewusst zu werden, lesen wir im Rahmen normaler Unterhaltungen die Lippenbewegungen unserer Gesprächspartner. Kein Witz. Harry McGurk und John MacDonald haben das bereits 1976 wissenschaftlich bewiesen. Sie konfrontierten Zuhörer verschiedener Altersgruppen entweder nur mit einer auf Band aufgenommenen Stimme, oder mit derselben Stimme zusammen mit einem Video von nicht dazu passenden Lippenbewegungen. Als sie die Probanden baten, das Gehörte zu wiederholen, fanden sie heraus, dass bis zu 92 % der Antworten falsch waren, wenn das irreführende Video gezeigt wurde. Ohne das Video waren praktisch alle Antworten richtig. Wenn die Teilnehmer des Experiments zum Beispiel die Laute »ba-ba« vorgespielt bekamen, aber die gezeigten Lippenbewegungen den Silben »ga-ga« entsprachen, behaupteten sie, »da-da« gehört zu haben, was einer Mischung des akustischen und des visuellen Signals entspricht.

Das Phänomen wurde als der McGurk-Effekt bekannt und vielfach in wissenschaftlichen Zeitschriften zitiert. Nachfolgende Untersuchungen haben sich die verschiedensten Sonderfälle vorgeknöpft, zum Beispiel audiovisuellen Rollentausch (»female faces and male voices in the McGurk effect«), interkulturelle Vergleiche, und Probanden, die auf dem Kopf stehen (»perceiving speech from inverted faces«). Moment, halt, bei dem letzteren Experiment hat man ver- mutlich die Bildschirme umgedreht und nicht die Probanden.

Ein großangelegtes Experiment zu diesem Thema hat allerdings in zahlreichen Ländern nahezu unbeobachtet stattgefunden und meines Wissens hat bisher niemand die Ergebnisse ausgewertet. Millionen von Menschen werden Versuchsbedingungen nach Art McGurks aus- gesetzt, nämlich überall dort, wo fremdsprachige Filme normaler- weise in synchronisierter Fassung im Kino und im Fernsehen er- scheinen, was zum Beispiel in Deutschland und in Frankreich der Fall ist, nicht aber in den Niederlanden und in Großbritannien.

Die Tatsache, dass sich die meisten Zuschauer in Deutschland an den »falschen« Mundbewegungen bei importierten Fernsehserien und Spielfilmen nicht stören, legt nahe, dass der McGurk-Effekt ab- geschaltet werden kann. Jahrelange Gewöhnung stellt das Gehirn da- rauf ein, dass die Lippensignale von Fernsehschirm und Kinolein- wand oft sinnlos sind, und der McGurk-Sensor schaltet sich einfach aus. Dennoch können auch deutsche Zuschauer an der »falschen Stimme« Anstoß nehmen, wenn die Synchronisation der Gewohn- heit widerspricht, und sie zum Beispiel im Urlaub einen bekannten deutschen Schauspieler plötzlich mit französischer Stimme sprechen hören.

Aus meiner eigenen Erfahrung, nach dem Umzug aus einem Land mit Synchronfassungen (D) in eins ohne (GB), kann ich berichten, dass der durch Gewöhnung stillgelegte McGurk-Effekt nach einigen Monaten wiederkehrt, selbst wenn man nicht besonders viel Zeit vor dem Bildschirm verbringt. Seitdem treibt mich Synchronisiertes schier zum Wahnsinn, egal aus welcher Sprache in welche andere es umgewandelt wurde, vorausgesetzt ich kenne mindestens eine der beteiligten Sprachen. Schwedische Kinderfilme wie Pippi Lang- strumpf sind seitdem für mich nicht mehr auszuhalten, obwohl ich in diesem Fall die Originalsprache nicht verstehe und deren Verlust nicht betraure.

Bei Sprachen, von denen ich nur wenige Bruchstücke verstehe, wie Niederländisch oder Italienisch, habe ich oft den Eindruck, dass mir die gesprochene, wenn auch größtenteils unverstandene Sprache, etwas vermittelt, während ich die in Großbritannien üblichen Untertitel lese. Der niederländische Film Antonias Welt war ein Beispiel hierfür.

Die allermeisten Filme werden jedoch aus dem Englischen ins Deutsche (und Französiche, Spanische...) synchronisiert. Da jeder deutsche Kinogänger mindestens genauso viel Englisch versteht wie einige der Action-Stars in Hollywood in ihren Filmen sprechen, und sicherlich mehr als ich vom Niederländischen, sehe ich den Sinn des mit riesigem Aufwand betriebenen Synchronisierens nicht ein. Zuschauer verlieren einen Teil der natürlichen audiovisuellen Kommunikation, gute Filme können völlig entstellt werden, und selbst schlechte Filme können kaum hinzugewinnen (obwohl manche Leute an dieser Stelle auf die Serie Starsky und Hutch verweisen, die angeblich durchs Synchronisieren besser geworden ist).

Für die Wissenschaft hingegen bietet dieses Mega-McGurk-Experiment mit Millionen von menschlichen Versuchskaninchen eine einzigartige Chance. Psychologen sollten untersuchen, wie Zuschauer es schaffen, das natürliche Lippenlesen unbewusst abzuschalten, wobei sie oft nicht einmal bemerken, dass sie etwas verlieren. Aus kulturellen Erwägungen hingegen möchte ich zu einem Verbot aller Synchronfassungen aufrufen. Und wenn es keine Autorität gibt, die ein solches Verbot durchsetzen könnte, rufe ich eben zum Boykott auf.

(1997)

**Literaturhinweise**

H. McGurk, J. MacDonald, *Nature*, 1976, **264**, 746.
Weiteres findet man leicht mit dem Suchbegriff »McGurk«.

### Was danach geschah

Obwohl dies einer meiner erfolgreichsten Artikel im Hinblick auf Wirkung und Leserreaktionen war, habe ich die Forschung in diesem Gebiet nicht weiter verfolgt. Eine rundum positive Entwicklung ist natürlich die Einführung von DVDs, bei denen man sich meist die Sprachfassung und Untertitelung aussuchen kann. Also wer heute in der Flimmerkiste noch synchronisierte Filme anschaut ist sozusagen selber schuld.

# Süße und geschmacksverändernde Proteine

Sex kann das Leben süßer machen, und Süßes kann es sexier machen, also gibt es offenbar eine bedeutungsschwere Verbindung zwischen beiden, und einen guten Grund diese süße kleine Geschichte über Proteine, die – Sie ahnen es schon – süß schmecken, hier einzubauen. Darüber hinaus gibt es sogar Proteine, die unsere Geschmackswahrnehmung so verändern, dass plötzlich andere Dinge süß schmecken. Was uns natürlich sofort an die Liebe erinnert, die bekanntlich blind macht.

Die Beeren der tropischen Schlingpflanze *Dioscoreophyllum cumminsii* Diels werden in Westafrika bereits seit Jahrhunderten zum Süßen verwendet. Sie zeichnen sich dadurch aus, dass der süße Geschmack ihres schleimigen Fruchtfleisches nicht nur sehr intensiv ist, sondern auch ungewöhnlich lange anhält. Wissenschaftler der westlichen Welt wurden auf diese Früchte allerdings erst in den sechziger Jahren aufmerksam, als Diskussionen über eine mögliche krebsfördernde Wirkung des synthetischen Süßstoffs Cyclamat eine hektische Suche nach Ersatzmitteln auslöste. (Inzwischen ist Cyclamat von diesem Verdacht freigesprochen, hat aber seinen Marktanteil weitgehend an das Konkurrenzprodukt Aspartam verloren.) Forscher vom Monell Chemical Senses Center in Philadelphia konnten 1971 den aktiven Bestandteil der Frucht isolieren. Es handelt sich um ein recht kleines (10 700 Da) Protein, das nach dem Institut Monellin genannt wurde. Bezogen auf dieselbe Gewichtsmenge ist es 3000-mal süßer als gewöhnlicher Haushaltszucker. (Für die wirksamsten synthetischen Süßstoffe, Aspartam und Saccharin betragen die Vergleichszahlen 200-mal bzw. 450-mal süßer als Haushaltszucker.)

Inzwischen gibt es eine kleine, aber feine Familie von sechs stark süß schmeckenden Proteinen. Bislang gelten diese Biomoleküle eher als wissenschaftliche Kuriosität – lediglich eines von ihnen, das kurz nach dem Monellin in einer anderen tropischen Frucht entdeckte Thaumatin, hat den Weg in die Anwendung gefunden. Dies könnte sich jedoch in Kürze ändern. Als aussichtsreiche Kandidaten für weitere Anwendungen gelten Monellin, das sich jetzt gentechnisch in größeren Mengen herstellen lässt, sowie Brazzein, das besonders durch seine Hitzestabilität auffällt.

Rätselhaft bleibt aber weiterhin die genaue Wirkungsweise der süßen Proteine. Nachdem die Arbeitsgruppe von John Markley an der University of Wisconsin in Madison die Struktur des Brazzein per NMR-Spektroskopie aufklären konnte, stehen nun von allen drei oben erwähnten Proteinen hochaufgelöste Strukturmodelle zur Verfügung. Überraschenderweise zeigen die drei in ihrer Geschmackswirkung so ähnlichen Proteine nicht die geringste strukturelle Ähnlichkeit – nicht einmal das allerkleinste gemeinsame Bindungsmotiv. Jedes von ihnen ähnelt allerdings anderen, nicht-geschmacksaktiven Proteinen. Im Falle des Brazzein lassen sich Beziehungen zu der Familie der Disulfid-verbrückten α-β-Proteine herstellen, der so verschiedene Moleküle wie Abwehrproteine der Pflanzen (Defensine), stärkeabbauende Enzyme und Serinproteasen angehören.

Aus der Kombination der Struktur mit bereits bekannten Mutationsstudien ergeben sich im Wesentlichen zwei mögliche Bindungsstellen für Brazzein, die an gegenüberliegenden Seiten des Moleküls liegen und demnach nicht gleichzeitig an einen Geschmacksrezeptor binden können. Wie die molekulare Erkennung zwischen Geschmacksrezeptoren und süßen Proteinen aussieht, liegt noch völlig im Dunkeln – was insofern nicht überraschend ist, als der Geschmackssinn auf molekularer Ebene am wenigsten verstanden ist. Tatsächlich ist bis heute kein Rezeptormolekül für süße Geschmackstoffe identifiziert worden, obwohl man aufgrund der chemischen Vielfalt süß wirkender Stoffe annimmt, dass es mehrere verschiedene Rezeptoren gibt. Erst vor wenigen Jahren wurde – lange nach den vergleichbaren Molekülen des Sehvorgangs – das an der Geschmackswahrnehmung beteiligte G-Protein Gustducin identifiziert.

Es gilt jedoch als erwiesen, dass die erstaunlich starke Wirkung dieser Proteine vor allem von ihrer außerordentlich starken Bindungskraft gegenüber ihren Zielmolekülen herrührt. Darauf deutet insbesondere die über Minuten bis Stunden anhaltende Wirkung dieser Proteine hin. Gewöhnlicher Zucker ist im Vergleich dazu ein außergewöhnlich schlechter Signalstoff. Da die Geschmackswahrnehmung für Zucker um etliche Zehnerpotenzen höhere Konzentrationen erfordert als typische Signalübertragungen durch Hormon-Rezeptor-Wechselwirkungen, gilt es als denkbar, dass Zucker überhaupt nicht auf einen Rezeptor wirkt, sondern in recht unspezifischer Weise auf ein nachgeordnetes Element, etwa einen Ionenkanal.

Die starke Bindungskraft und langanhaltende Wirkung teilen die sechs süßen Proteine übrigens mit einer weiteren, noch merkwürdigeren Gruppe von Biomolekülen: den geschmacksverändernden Proteinen. Die Einnahme einer kleinen Menge des Glycoproteins Miraculin, das selbst nicht süß schmeckt obwohl es zuckerartige Molekülteile enthält, lässt über Stunden hinweg saure Substanzen süß schmecken – also etwa eine Zitrone so, dass man sie für eine Apfelsine hielte. Ein weiteres Protein, das Curculin, verbindet die süße mit der geschmacksverändernden Eigenschaft.

Aufgrund ihrer ungeheuren Wirksamkeit sind all diese Substanzen für mögliche Anwendungen in der Lebensmittelherstellung interessant. Die gegenüber Rohrzucker bis zu dreitausendfach stärkere Süßkraft bedeutet, dass der Brennwert (Kaloriengehalt) der Substanzen bezogen auf die zum Süßen notwendige Menge vernachlässigbar klein ist. Entsprechend werden auch die Herstellungskosten, die sich (aufgrund der aufwendigen Extraktion aus nur saisonal verfügbaren tropischen Früchten) in Bezug auf Gewichtsmengen exorbitant ausnehmen würden, konkurrenzfähig, wenn man sie in Relation zur Wirksamkeit setzt.

Thaumatin ist als einziges dieser Proteine seit Ende der achtziger Jahre in Europa und Japan kommerziell erhältlich – zurzeit unter dem Markennamen »Talin«. Es wird zum Beispiel in Getränken, Kaugummis, verarbeiteten Lebensmitteln, sowie auch in Tierfutter verwendet. Es war auch das erste süße Protein, das versuchsweise in eine transgene Pflanze eingeführt wurde – eine Kartoffelstaude.

Monellin hat derzeit gute Chancen auf den zweiten Platz, nachdem 1997 die erfolgreiche Herstellung des Proteins mittels rekombinanter Hefen berichtet wurde. Gentechnisch gewonnenes Monellin könnte überdies leicht in seiner Stabilität verbessert werden. Das natürliche Protein besteht aus zwei Aminosäureketten und verliert seine Wirksamkeit vollständig und unwiderruflich, sobald die beiden Ketten voneinander getrennt werden. Bei gentechnischer Herstellung lässt sich jedoch, wie durch Experimente mit dem Darmbakterium *Escherichia coli* gezeigt wurde, eine Verbindung zwischen den beiden Ketten konstruieren, welche die Süßkraft nicht beeinträchtigt, die Hitzestabilität aber verbessert.

Klassenbester in Sachen Stabilität ist allerdings das oben besprochene Brazzein. Dieses recht kleine und durch vier Disulfidbrücken stabilisierte Protein bewahrt seine Süßkraft auch nach zweistündigem Kochen, was sowohl für den Hausgebrauch als auch für die industrielle Lebensmittelverarbeitung ein erheblicher Vorteil gegenüber den anderen Süßstoffen ist. Obwohl Brazzein das jüngste Kind der Familie ist, könnte es durchaus schon in wenigen Jahren im Supermarkt auftauchen. Es ist zu erwarten, dass die buntgemischte Gruppe süßer Proteine aus tropischen Früchten nicht mehr lange eine exotische biochemische Besonderheit bleiben wird.

(1997)

**Literaturhinweise**

P.A. Temussi, *Cellular and Molecular Life Sciences*, 2006, **63**, 1876.
K. Kondo et al., *Nature Biotechnology*, 1997, **15**, 453.

## Was danach geschah

Im September 2007 berichteten Forscher von der Nagoya City University in Japan Mutationsstudien an Curculin in Verbindung mit Geschmackstests. Die Ergebnisse zeigen, dass verschiedene Teile des Moleküls auf verschiedene Weise mit unseren Rezeptoren für süßen Geschmack wechselwirken, was die unabhängig voneinander auftretenden Phänomene der Süßkraft und der Geschmacksveränderung erklärt.

**Literaturhinweise**

E. Kurimoto et al., *J. Biol. Chem.*, 2007, **282**, 33252.

# Eine Rezeptorfamilie für bitteren Geschmack

In der vorangegangenen Geschichte wurde bereits angedeutet, dass die Wissenschaft bis zum Ende des 20. Jahrhunderts erschreckend wenig über die molekularen Grundlagen der Geruchs- und Geschmackswahrnehmung wusste. Ende der 1990er Jahre gab es eine Reihe von fundamentalen Entdeckungen auf diesem Gebiet, was mir die Gelegenheit bot, einige Geschichten zu schreiben, die womöglich auch ein breiteres Publikum interessierten.

Von den fünf Sinneswahrnehmungen des Menschen ist der Geschmackssinn vermutlich am wenigsten verstanden. Als Indiz hierfür mag die erst kürzlich gemachte Entdeckung eines fünften Grundgeschmacks gelten: außer salzig, sauer, süß und bitter kann unsere Zunge auch spezifisch die fälschlich als »Geschmacksverstärker« bezeichnete Aminosäure Glutamat detektieren. Deren Geschmack wird auch »umami« genannt und ist vor allem in proteinreicher Nahrung wie Fleisch, Sojasauce, usw. vorhanden.

Die Reduzierung auf fünf Grundgeschmäcker macht bereits einen entscheidenden Unterschied zwischen Geschmacks- und Geruchssinn deutlich. Beim Riechen ermöglicht die kombinatorische Verwendung von Hunderten von Erkennungsmolekülen (Rezeptoren) die Unterscheidung von Tausenden von Düften (die auch zu dem Geschmackseindruck einer Speise beitragen – daher der »Geschmacksverlust« bei Schnupfen). Der in spezialisierten Zellen der Zunge und des Gaumens angesiedelte Geschmackssinn kann vermutlich ebenso viele Substanzen erkennen, kanalisiert deren Wahrnehmung aber in die fünf genannten Geschmackskategorien.

Am auffälligsten ist diese Vereinheitlichung bei bitteren Stoffen. Diese können chemisch die verschiedensten Strukturen aufweisen. Cyanide, Chinine, und Cycloheximid schmecken bitter, sind aber chemisch in keiner Weise verwandt. Die Evolution dieses Effekts erklärt man sich so, dass es sich hier um eine höchst empfindliche aber dafür nicht stoffspezifische Warnmeldung vor möglichen Giftstoffen handelt. Die Fähigkeit, zu differenzieren, um welches Gift es sich handelt, war in der Evolutionsgeschichte unwichtig und wurde deshalb zugunsten einer optimalen Sensitivität wegrationalisiert.

Daraus lässt sich schließen, dass vermutlich Dutzende verschiedener Rezeptormoleküle (für jede Molekülart eine) mit einem zentralen Signalüberträger kommunizieren, der auf all diese verschiedenen Eingangssignale mit der Weiterleitung der Information »bitter« reagiert. An solchen Schaltstellen in der Zelle operieren für gewöhnlich Proteine einer großen und wichtigen Familie, die sogenannten G-Proteine. G-Proteine des Sehvorgangs (Transducin) und der Hormonantwort sind genauestens erforscht, und seit 1992 kennt man auch ein Mitglied dieser Familie, das spezifisch in Geschmackszellen vorkommt. In Anlehnung an Transducin wurde dieses G-Protein Gustducin genannt. Doch damit ein G-Protein ein Signal empfangen und weiterleiten kann, braucht es mindestens einen Rezeptor, und im Falle der Geschmackswahrnehmung vermutlich sehr viele Rezeptoren, von denen zunächst einmal keine Spur zu finden war.

Im vergangenen Jahr wurden endlich zwei Geschmacksrezeptoren nachgewiesen, T1R-1 und T1R-2. Man vermutete, dass der erstere für süße, der letztere für bittere Geschmacksstoffe zuständig sei. Doch dummerweise ergaben Studien zur Lokalisierung dieser Rezeptoren, dass sie ausschließlich in Zellen hergestellt wurden, die den Signalüberträger Gustducin nicht herstellten. Das heißt, anstatt eines zusammenpassenden Paars aus Rezeptor und G-Protein stand man nun mit einer kleinen Rezeptorfamilie da, der ein Signalüberträger fehlte, und einem G-Protein, das immer noch keinen passenden Rezeptor hatte.

In dieser scheinbar aussichtslosen Situation gelang der Arbeitsgruppe von Charles Zuker an der University of California in San Diego ein Durchbruch mittels genetischer Methoden und der ersten verfügbaren Ergebnisse des Humangenomprojektes. Die Forscher gingen von der Beobachtung aus, dass die erbliche Fähigkeit, den Bitterstoff 6-n-Propyl-2-thiouracil zu schmecken, offenbar mit charakteristischen Veränderungen eines bestimmten Bereichs im Chromosom 5 einhergeht. Sie musterten diesen Bereich deshalb nach Genen durch, die denen von bekannten G-Protein-Rezeptoren ähneln, und fanden tatsächlich einen Kandidaten, den sie T2R1 (der erste Rezeptor der zweiten Familie von Geschmacksrezeptoren) nannten.

Als sie dann weitere bereits sequenzierte Bereiche des Genoms nach Ähnlichkeiten mit T2R1 absuchten, fanden sie gleich 19 weitere Gene, die möglicherweise ebenfalls für Geschmacksrezeptoren codieren. Auf die Gesamtlänge des menschlichen Genoms extrapoliert bedeutet dies, dass diese Rezeptorenfamilie vermutlich 40 bis 80 Mitglieder hat. Und im Gegensatz zur T1R-Familie, werden diese Rezeptoren genau in den Zellen hergestellt, die auch das G-Protein Gustducin aufweisen.

In einer zweiten Publikation, die in derselben Ausgabe von *Cell* erschien, konnte Zukers Arbeitsgruppe dann direkt nachweisen, dass die T2R-Moleküle nicht nur Kandidaten sondern tatsächlich funktionierende Rezeptoren für bitteren Geschmack sind. Hier half der glückliche Umstand, dass der entsprechende Abschnitt im Genom der Maus bekannt war und dem menschlichen sehr ähnlich ist. Deshalb konnten die entsprechenden Mäusegene identifiziert werden. Ihre Aktivität in Geschmackszellen wurde nachgewiesen. Und schließlich konnten einzelne Rezeptortypen in von Mauszellen abgeleiteten Zellkulturen hergestellt werden, deren Reaktion auf Bitterstoffe dann getestet wurde. Auf diese Weise konnten sie bestimmte Rezeptortypen jeweils einem spezifischen Bitterstoff zuordnen.

Mit den bahnbrechenden Entdeckungen in einem Forschungsgebiet verhält es sich oft wie mit den berühmten roten Doppeldeckerbussen in London: Man wartet eine Ewigkeit, und dann kommen drei direkt hintereinander. So auch im Fall der Geschmacksrezeptoren: Unabhängig von Zukers Arbeitsgruppe fand ein Team an der Harvard-Universität ebenfalls die Familie der Bitterrezeptoren beim Durchmustern von Genomdaten von Mäusen und Menschen. Und nur wenige Wochen vorher hatten John Carlson und seine Mitarbeiter an der Universität Yale eine umfangreiche Familie neuartiger Rezeptoren im Geschmacksorgan der Taufliege *Drosophila*, die sich deutlich von den bereits bekannten Geruchsrezeptoren unterscheiden. Möglicherweise handelt es sich hierbei ebenfalls um Geschmacksrezeptoren. Selbst für den erst vor kurzem entdeckten umami-Geschmack gibt es seit neuestem einen möglichen Rezeptor. Eine

Variante des Moleküls, das im Gehirn auf den Botenstoff Glutamat reagiert, ist offenbar in bestimmten Geschmackszellen anzutreffen. Die Zeit ist offenbar reif für ein molekulares Verständnis der Geschmacksreaktionen. Zeit wäre es ja wirklich. Abgesehen von der Frustration, dass ein so fundamentaler Aspekt des täglichen Lebens so lange gründlich unverstanden bleiben konnte, lassen sich auch zahlreiche Anwendungsperspektiven ausmalen. Bittere Medizin könnte durch Zusatz eines Hemmstoffs für den betreffenden Bitterrezeptor entschärft werden, gesunde Ernährung könnte schmackhafter gemacht werden, sobald wir verstehen, wie unser Geschmackssinn auf molekularer Ebene funktioniert.

(2000)

### Literaturhinweise

J. Chandrashekar et al., *Nature*, 2006, **444**, 288.
E. Adler et al., *Cell*, 2000, **100**, 693.
J. Chandrashekar et al., *Cell*, 2000, **100**, 703.
H. Matsunami et al., *Nature*, 2000, **404**, 601..
N. Chaudhari et al., *Nature Neuroscience*, 2000, **3**, 113.
P. J. Clyne et al., *Science*, 2000, **287**, 1830.

### Was danach geschah

Im Jahr 2002 stellte Zukers Arbeitsgruppe einen Rezeptor für Aminosäuren vor, also den umami-Geschmack. Dieser besteht aus zwei verschiedenen Proteinmolekülen (T1R1 und T1R3), von denen das letztere auch in dem Rezeptor für süßen Geschmack enthalten ist.

### Literaturhinweise

G. Nelson et al., *Nature* 2002, **416**, 199.
X. Li et al., *Proc Natl Acad Sci USA*, 2002, **99**, 4692.

# Macht es wie die Glühwürmchen

Die Entdeckung, dass sexuelle Erregung beim Glühwürmchen von denselben Botenstoffen vermittelt wird wie beim Männchen der Art *Homo sapiens*, war natürlich extrem sexy in jeder erdenklichen Bedeutung des Worts. Ich habe mit viel Mühe einen ernsthaften Artikel darüber zustande gebracht, aber hier folgt die humoristische Version aus meiner Ausgeforscht-Kolumne in den »Nachrichten aus der Chemie«.

Wissenschaftler stellen Beobachtungen an, sind also in einem gewissen Sinne Voyeure. Insbesondere Zoologen gucken ja sehr gern durchs Schlüsselloch der Natur, um Mutation und Selektion sozusagen in flagranti zu erwischen, wie sie sich um die Evolution der Arten bemühen.

Ein besonders interessantes Schauspiel bietet den einschlägig Interessierten das Liebesleben der Leuchtkäfer, von biologischen Laien auch Glühwürmchen genannt, obwohl sie keine Würmer sind. Diese Insekten – der europäische *Lampyris noctiluca* ebenso wie die nordamerikanischen »fireflies« *Photinus* und *Photuris* und rund 2000 andere Arten überwiegend in tropischen Gegenden – besitzen ja ein spezielles Leuchtorgan an ihrem Hinterteil, mit dem sie ihr Nachtleben in Schwung bringen. Bei *Photuris* sieht es dann so aus, dass das Männchen umherfliegt und eine stroboskopartige Serie von Lichtblitzen aussendet, in der Hoffnung, dass aus dem Gebüsch ein paarungswilliges Weibchen zurückfunkt.

Forscher, die außer Sex auch Mord und Totschlag sehen wollen, werden bei dem *Photuris*-Weibchen fündig. Dieses kann nämlich Fremdsprachen erlernen und somit außer dem arteigenen Männchen auch das der Spezies *Photinus* mit einer gelungenen Imitation seiner artspezifischen Lichtblitze anlocken. Fällt Herr *Photinus* auf den Trick herein, so wird er umgehend von Frau *Photuris* verzehrt, die offenbar mehr an einer *Photinus*-spezifischen Abwehrsubstanz gegen Spinnen als an einem die Artengrenzen überschreitenden Techtelmechtel interessiert ist.

Jahrzehntelange Biolumineszenzforschung hat – neben diesen Einblicken in Lust und Leid des Insektenlebens – ein recht klares Bild davon ergeben, wie den Glühwürmchen ein Licht aufgeht. Das Nervensignal ist bekannt, und die Biochemie der Laterne ist bestens erforscht. Man nehme: Ein Enzym (Luciferase), sein Substrat (Luciferin), und etwas Sauerstoff, und schwupps, geht das Licht an, selbst im Reagenzglas. Doch zwischen der Nervenendigung und den lichterzeugenden Zellen klaffte eine Lücke von etwa 17 Mikrometern. Und bis vor kurzem wusste niemand, wie das Signal diesen Abstand überwindet.

Schauen wir uns einmal im Vergleich *Homo sapiens* an. Signalisiert das Gehirn des Männchens sexuelle Erregung (was bekanntlich im Mittel alle fünf Minuten stattfindet), so wird im Sexualorgan Stickstoffmonoxid (NO) ausgeschüttet. Dieser Botenstoff aktiviert die Guanylatcyclase, deren Produkt cGMP hinwiederum einen Muskel entspannt, der normalerweise die Blutzufuhr durch die Arterie drosselt. Da die zugehörige Vene enger ist als die Arterie im entspannten Zustand, kommt es zu einem Blutstau... oder auch nicht. Wenn es nicht so ganz klappt, dann kann das daran liegen, dass cGMP von einem Enzym namens Phosphodiesterase schneller abgebaut wird, als die Guanylatcyclase nachliefern kann. In solchen Fällen hilft ein Phosphodiesterase-Hemmer, allseits bekannt unter dem Handelsnamen Viagra.

Nun sind Glühwürmchen nicht gerade unsere nächsten Verwandten, aber könnte es vielleicht dennoch möglich sein, dass auch sie ihre sexuelle Bereitschaft mit NO signalisieren? Barry Trimmer von der Tufts-Universität (Medford, Massachusetts) ging dieser Frage nach (obwohl er die Anregung aus dem Sexualleben der Raupen, nicht aus dem der Menschen bezog). Und siehe da, wenn man den Tierchen (in diesem Fall *Photuris*) NO zum atmen gibt, leuchten sie auf, selbst dann, wenn die Nervenbahn vom Gehirn unterbrochen ist. Wenn man umgekehrt die Laterne durch Stimulieren des richtigen Nervs anknipst, kann man sie durch NO-*Scavenger* wieder ausschalten.

Das sollte uns *Homo-sapiens*-Männchen doch zu denken geben. Wir haben schon den richtigen Signalstoff, uns fehlt nur eine einzige Art von Zellen, um es den Glühwürmchen gleichzutun. Wäre das nicht eine Herausforderung für die Stammzellenforschung? Der Leuchteffekt sollte sogar bei jenen funktionieren, deren Phosphodiesterase zu schnell arbeitet. Eine schlaffe Leuchtröhre würde in diesem Fall signalisieren: Ich brauche Viagra, aber schnell...

(2001)

**Literaturhinweise**

B. A. Trimmer et al., *Science*, 2001, 292, 2486.
Didaktisch aufgearbeitete Informationen über Glühwürmchen:
http://ase.tufts.edu/biology/firefly/

**Was danach geschah**

NO ist immer wieder für eine Überraschung gut. So haben etwa zwei Arbeiten, die im Oktober 2007 veröffentlicht wurden, gezeigt, dass der Verlust von NO bei der vorschriftsmäßigen Aufbewahrung von Spenderblut gefährlich werden kann. An Hämoglobin gebundenes NO dient offenbar als Signal, das die Blutgefäße erweitert (wie in dem oben erläuterten Fall auch!). Allzu großzügig eingesetzte, NO-arme Blutspenden können deshalb dazu führen, dass sich die Gefäße des Empfängers gefährlich verengen und seine Organe womöglich unterm Strich weniger Sauerstoff erhalten als sie ohne die Spende bekommen hätten. Zum Glück lässt sich das Problem relativ leicht beheben, wenn man Spenderblut vor der Verwendung mit NO-Gas sättigt.

**Literaturhinweise**

J. D. Reynolds et al., *PNAS*, 2007, 104, 17058.
E. Bennett-Guerrero et al., *PNAS*, 2007, 104, 17062.

# Immer der Nase nach

Irgendwie tendieren diese Geschichten rund um die sexuellen Signale dazu, in Glossen zu landen. Hier kommt gleich noch eine durch den Kakao gezogene Version, doch ich freue mich ganz ernsthaft auf den Tag, wenn die Wissenschaft endlich die menschlichen Pheromone und die zugehörigen Rezeptoren in den Griff bekommt.

Wenn die Klatschpresse mal wieder einen ganz besonders unplausiblen Fall von »wer mit wem« aufgedeckt hat, bleibt der naserümpfenden gebildeteren Leserschaft (welche die Klatschpresse natürlich nicht liest, aber die Nachbeben irgendwie doch mitgekriegt hat) oft nur eine Erklärungsmöglichkeit: Es müssen die Pheromone gewesen sein, also jene Signalstoffe, die wir nur unbewusst wahrnehmen, die aber vermutlich unser Sexualverhalten entscheidend beeinflussen.

Dieser Gedanke ist beunruhigend. Männchen und Weibchen unserer ach-so-evolvierten Spezies verbringen einen wesentlichen Teil ihrer Zeit zwischen dem 12. und dem 102. Lebensjahr damit, auf potentielle Sexualpartner einen möglichst guten Eindruck zu machen. Ansonsten mysteriöse Verhaltensweisen wie Körperpflege, Kulturschaffen und Karrieredenken des *Homo sapiens* lassen sich in diesem Denkmodell mühelos erklären. Und dann soll das alles für die Katz gewesen sein, nur weil ein paar Botenstoffe, über deren Aussendung wir keine Kontrolle haben, und die wir noch nicht einmal bewusst riechen können, eine Botschaft vermitteln, die dem vomeronasalen Organ (VNO) des angepeilten Lustobjekts nicht passt? Skandalös.

Kein Wunder, dass die Geschichte dieses Organs eine Geschichte der jahrhundertelangen Kontroversen ist. Das Unheil fing vor dreihundert Jahren mit einem Soldaten an, dem berufsbedingt Teile des

Gesichts abhanden gekommen waren. Ein Militärarzt namens Ruysch soll in dem solcherart freigelegten Nasengewebe das VNO entdeckt haben. Benannt wurde es allerdings erst mehr als ein Jahrhundert später nach einem Herrn Jacobson, der den entsprechenden Körperteil in zahlreichen Tierarten wissenschaftlich exakt beschrieben hatte (Bild 12).

Anatomen des zwanzigsten Jahrhunderts versuchten jahrzehntelang, Jacobsons Organ beim Menschen wegzuleugnen. In den 1940er und 1950er Jahren lautete die Standardweisheit der Lehrbücher, dass es sich lediglich um ein inaktives Überbleibsel der Evolution handele. Doch wenn man bedenkt, dass dieselben Herrschaften offenbar auch wesentliche Teile der Klitoris jahrzehntelang übersehen haben, sollte man ihnen vielleicht nicht alles glauben.

Erst seit Mitte der 1980er ist das VNO wieder gesellschaftsfähig. Jawohl, Sie haben auch eins, und es funktioniert zumindest bei den meisten Menschen. Es sendet Nervensignale aus, wenn es mit bestimmten Stoffen konfrontiert wird, wie man sie zum Beispiel auf der Haut oder in schmutziger Unterwäsche findet. Die Wahl von Waschmitteln, Weichspülern, und Körperpflegeprodukten wird damit zum wissenschaftlichen Problem. Womöglich verstärken oder unterdrü-

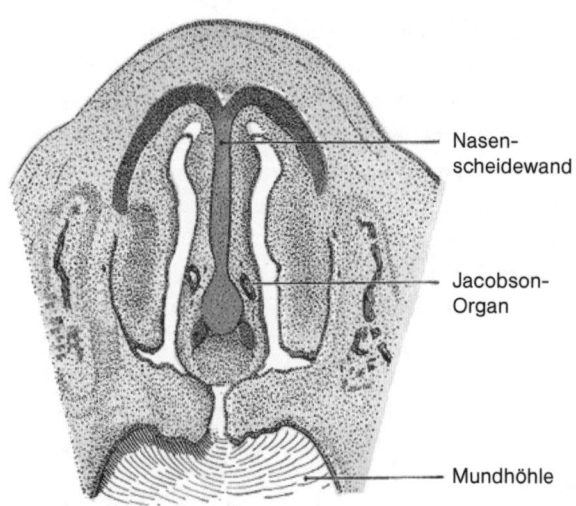

Bild 12 Jacobsons Organ in einem menschlichen Embryo. Aus Gray's Anatomy, 1918.

cken diese Produkte gerade die falschen Botenstoffe? Die Industrie hat sich der Sache schon angenommen: Deos, die angeblich Pheromone enthalten, sind bereits im Handel, obwohl es völlig unklar ist, welche Stoffgemische wie wirken.

Um ein wenig Klarheit zu schaffen, müssen die Pheromonforscher erst einmal klein anfangen. Neuerdings gibt es Knockout-Mäuse, denen bestimmte im VNO aktive Gene fehlen. Höchstqualifizierte ForscherInnen verbringen nun ihre Zeit damit, nachzuzählen wie oft und mit wem diese Mäuse kopulieren (fast wie die Mitarbeiter der oben genannten Presseerzeugnisse). Erste Ergebnisse deuten an, dass die Grundfunktion des Organs möglicherweise darin liegt, Glücksgefühle zu erzeugen. Bei normalen Mäusen nimmt die Lust auf mehr mit wachsender Erfahrung zu. Mäuse, denen das ganze VNO oder ein ganzer Block von VNO-spezifischen Genen fehlt, verlieren hingegen mit der Zeit den Antrieb.

Will sagen, das VNO sendet bei sexueller Aktivität eine unbewusste, aber in Verhaltensänderungen spürbare neuronale Belohnung an das Gehirn. Vielleicht sollten wir also doch dankbar sein, dass es uns nicht in der Evolution abhanden gekommen ist, wie ganze Forschergenerationen einst glaubten. Von dieser Erkenntnis ist es nur noch ein kleiner Schritt zum VNO-Hype. In einigen Jahren werden Ratgeber mit Titeln wie »Die zweite Nase«, »Reaktivieren Sie Ihr VNO«, »Pheromontherapie in zehn einfachen Schritten« die Buchläden und alle anderen Informationskanäle überschwemmen. Selbst die Klatschpresse wird nicht mehr von Sexskandalen, sondern nur noch von Pheromonskandalen berichten.

### Literaturhinweise

G. Froböse, R. Froböse, *Lust und Liebe: alles nur Chemie?*,
    Wiley-VCH, Weinheim, 2004
L. Watson, *Jacobson's organ*, London, Allen Lane, 1999.
B. G. Leypold et al., *Proc. Natl. Acad. Sci. USA*, 2002, **99**, 6376.
K. Del Punta et al., *Nature*, 2002, **419**, 70.

### Was danach geschah

Nicht besonders viel, fürchte ich. Ich warte noch mit Spannung auf die Entdeckung der menschlichen Pheromon-Rezeptoren.

# Die Simpsons als chemisches Experiment betrachtet

Warum diese Geschichte Spaß gemacht hat, brauche ich wohl nicht lange zu erklären. Die Idee lief mir zu, als ich eines Morgens den jüngsten Simpsons-Fan meiner Familie zur Schule brachte.

Da Sie offenbar wissenschaftlich interessiert sind und schon fast bis zur Mitte dieses Buchs vorgedrungen sind, haben Sie bestimmt auch schon mal die Sendung mit der Maus gesehen. Geben Sie es ruhig zu. Ist gar nicht schlimm. Im Zeitalter des Reality-TV ist die Maus ja beinahe die letzte Brücke zwischen dem meistgenutzten Informationsmedium und der wissenschaftlich erforschbaren Realität. Wer aus dem Mausalter herausgewachsen ist und sich nicht rechtzeitig Kinder anschafft, die mitgucken und ihm alles erklären, kann die Flimmerkiste gleich abmelden. Doch halt, da gibt es ja noch die Simpsons.

Die Simpsons? Ja, vielleicht wissen Sie es noch gar nicht, aber diese überaus erfolgreiche Cartoonserie wird offenbar von einem naturwissenschaftlich ausgebildeten Forscherteam nach streng wissenschaftlichen Prinzipien zubereitet. Ausgangspunkt jeder einzelnen Folge ist das komplexe aber in seinen Wechselwirkungen bereits wohl erforschte Gemenge der zahlreichen dem treuen Publikum bereits bekannten Personen (Reaktanden). Dieses befindet sich in einem außerordentlich stabilen chemischen Gleichgewicht. In über 13 Jahren und 300 Folgen sind zum Beispiel die Simpsons-Kinder nicht älter geworden: Bart und Lisa gehen immer noch in dieselben Schulklassen wie am Anfang der Serie, und Maggie nuckelt immer noch am Schnuller.

Die Versuchsvorschrift für eine Simpsons-Folge ist im Prinzip sehr einfach: Man gebe einer der Figuren einen Stups, der sie aus dem

Gleichgewichtszustand herauswirft, und dann beobachtet man einfach, wie sich die Störung durch das System fortpflanzt. Zum Beispiel: Homer Simpson, bekannt für seine rüpelhafte Rücksichtslosigkeit und Dummheit, bricht sich den Kiefer und bekommt ein den Knochen schienendes Gerüst verpasst, das ihn am Sprechen hindert. Um aus der Isolation auszubrechen, lernt er zuzuhören und wird so zum von allen geschätzten »Gesprächspartner«. Oder: Bart und/oder Lisa kommen in andere Schulklassen. Oder: Marge Simpson entdeckt einen verflossenen Verehrer wieder. Die von der anfänglichen Störung ausgelösten Folgereaktionen können zeitweise den ganzen Mikrokosmos der gelben Menschen auf den Kopf stellen, aber verlassen Sie sich drauf: Das System findet wieder zum Anfangsgleichgewicht zurück.

Da das Reaktionsgemisch immer wieder um neue Figuren bereichert wird, ist es inzwischen so komplex, dass man nicht mehr voraussagen kann, welchen Verlauf eine gegebene Störung nimmt. Jede Folge wird somit zum Experiment mit überraschenden Beobachtungen. Nur ganz selten wird eine Komponente auf Dauer aus der Reaktion entfernt (die Nachbarin Maud Flanders musste wohl sterben, weil es ihr an Reaktivität mangelte, oder weil sie ihre Funktion als Hüterin religiöser Werte genauso gut aus dem Jenseits erfüllen kann). Doch an der thermodynamischen Stabilität der Gesamtsituation ändert das rein gar nichts. Die ständige Rückkehr zum unerschütterlichen Gleichgewicht wird übrigens in neueren Folgen auch in selbstironischer Weise thematisiert.

Auch inhaltlich findet sich viel Wissenschaftliches in der Serie, von der Reaktorsicherheit – die vor allem dadurch gefährdet ist, dass Homer S. im Kernkraftwerk arbeitet – bis hin zur Evolution, die natürlich im Zeichentrick ganz andere Möglichkeiten hat als draußen in der Natur. Was die aufgeweckte kleine Lisa S. an wissenschaftlichen Erkenntnissen zum Besten gibt (oder ihrem tumben Vater zu erklären versucht) ist meistens perfekt wie im Lehrbuch. Homer hingegen, der für seinen Beruf eigentlich Physik-Kenntnisse benötigt, befindet sich meistens auf der Grundlinie des wissenschaftlichen Analphabetismus. Beim Scrabble-Spielen mault er zum Beispiel: »Kein Mensch kann aus diesen Buchstaben ein Wort bilden«, doch im nächsten Schnitt sehen wir vor ihm aufgereiht: »O X I D I Z E«. Ganz selten trifft ihn mal ein Geistesblitz oder Erinnerungsfetzen. Als Bart ein Perpetuum Mobile baut, schimpft er ihn aus: »In diesem Haus befolgen wir die Regeln der Thermodynamik!« (Da die Serie in ihrer Gesamtheit die Zeitachse ignoriert, muss wohl jeder Hinweis auf die Gesetze der Thermodynamik auch als Selbstironie gelten.) Ein Erfolgsgeheimnis der Simpsons liegt natürlich darin, dass sie, genauso wie etwa Asterix-Hefte oder die Sendung mit der Maus, auf vielen verschiedenen (nicht nur wissenschaftlichen) Ebenen funktionieren und deshalb ein Publikum von 3 bis 103 Jahren ansprechen. Ist es nicht paradox, dass im Zeitalter der perfekten elektronischen Bildverarbeitung diese Verbindung zwischen Realität und Publikum am Besten mit Hilfe von Strichmännchen funktioniert, wie beim Höhlenmenschen?

(2004)

**Literaturhinweise**

P. Halpern, *Schule ist was für Versager*, rororo, 2008.

## Was danach geschah

Die Simpsons werden weiterhin fortgesetzt, auch wenn meine Familie inzwischen aus der Serie herausgewachsen ist und sie nicht mehr regelmäßig verfolgt. Nach Erscheinen dieses Beitrags (die englische Version stand immerhin in einer großen Tageszeitung, dem Guardian) spielte ich kurz mit dem Gedanken, ein Buch über die Wissenschaft der Simpsons zu verfassen, in der inzwischen fest etablierten Tradition, die Lawrence Krauss mit »Die Physik von Star Trek« begonnen hatte. Ich konnte mich nie dazu aufraffen, doch der in Philadelphia beheimatete Physiker und Autor Paul Halpern hat 2007 ein solches Buch veröffentlicht, das dann 2008 auch in deutscher Übersetzung erschien (siehe oben stehenden Literaturhinweis).

# Gold aus dem Meer

Hier wird die Liste der Bücher, die ich nicht geschrieben habe, gleich fortgesetzt. Eine Zeit lang erwog ich, das monumentale Werk und tragische Leben des Chemikers Fritz Haber auf ein handhabbares Format zu reduzieren und es aus dem Blickwinkel dieser verrückten und zum Scheitern verurteilten Nebenbeschäftigung zu schildern. Doch dann schreckte ich vor dem gigantischen (und wirtschaftlich riskanten) Arbeitsaufwand eines solchen Projekts zurück und beschränkte mich auf diesen kurzen Sketch. Sexy ist die Geschichte vor allem deshalb, weil sie sich um das verführerische Element 79 dreht: Gold.

Nach dem Theorem der kleinen Welt sind wir nur sechs Schritte von jedem anderen Erdenbürger entfernt. Solange man unter Fachkollegen bleibt reduziert sich die Zahl. Zum Beispiel ist der Nobelpreisträger Fritz Haber nur drei Schritte von mir entfernt, da mein Doktorvater, Rainer Jaenicke, ein Sohn von Habers langjährigem Assistent und Beinahe-Biographen Johannes Jaenicke ist. Ich schätze diese akademische Verwandtschaftslinie, da sie ein ungewöhnliches Licht auf diese monumentale Figur der deutschen Chemiegeschichte wirft.

Die vertrauten Abschnitte von Habers Lebenslauf sind allesamt kolossal in ihrer Bedeutung für die Weltgeschichte und lebensverändernd für unzählige Menschen. Als überaus patriotischer Bürger des Kaiserreichs wollte Haber im ersten Weltkrieg zu einem schnellen Sieg beitragen und half bei der Entwicklung von Chemiewaffen und deren erstem Einsatz an der Front. Obwohl er sich des schrecklichen Leidens bewusst war, das diese Waffen verursachten, glaubte er, dass sie den Krieg verkürzen und damit unterm Strich Leiden verringern würden. Seine Frau, die Chemikerin Clara Immerwahr, sah das anders und beging Selbstmord nachdem sie es nicht geschafft hatte, sein Bemühen zu stoppen.

Auf der anderen Seite der Bilanz kann man leicht abschätzen, dass ungefähr die Hälfte der Stickstoffatome, welche die Weltbevölkerung ernähren, aus einer Haber-Bosch-Anlage stammt und somit auf seine Erfindung zurückgeht. Ohne diesen Prozess wäre die Geschichte des 20. Jahrhunderts völlig anders verlaufen und bestimmt nicht besser. Hunger und Kriege um Lebensmittel hätten die Erdbevölkerung zwangsläufig auf einem weitaus niedrigeren Niveau begrenzt.

Zum tragischen Abschluss eines komplexen Lebens musste Haber aus Nazi-Deutschland fliehen und starb in der Schweiz, auf dem Weg nach Rehovot (Israel) wo ihm Chaim Weizmann eine Stelle angeboten hatte.

Habers ehemaliger Assistent Johannes Jaenicke und seine Frau verbrachten Jahrzehnte damit, Materialien für eine Haber-Biographie zu sammeln. Aufgrund seiner Sehschwäche im hohen Alter, konnte Jaenicke die Biographie nicht selbst schreiben, doch die existierenden Werke von Dietrich Stoltzenberg und Daniel Charles beruhen auf dem von ihm zusammengetragenen Material, das als »Sammlung Johannes Jaenicke« jetzt im Archiv für die Geschichte der Max-Planck-Gesellschaft in Berlin lagert. Ein Forschungsprojekt, an dem Johannes Jaenicke zur Zeit der Weimarer Republik beteiligt war, stellt geradezu eine leichtherzige Auflockerung dar, verglichen mit der faustischen Dramatik von Habers Leben.

Im Frühjahr 1920 überraschte Haber Johannes Jaenicke und andere Mitarbeiter mit der Ankündigung, er wolle die Möglichkeit der Gewinnung von Gold aus Meerwasser untersuchen. Er schätzte die Konzentration des Edelmetalls auf 5–10 ppb (0,5–1 Millionstel Prozent). Sollte diese Zahl stimmen, so Haber, könnte die Gewinnung von Gold aus dem Ozean wirtschaftlich lohnend sein, und sie könnte Deutschland helfen, seine erdrückenden Schulden zurückzuzahlen.

Haber beauftragte Jaenicke mit der Leitung einer Arbeitsgruppe von bis zu zwölf Personen, die fünf Jahre lang unter strikter Geheimhaltung an dem Goldprojekt arbeitete. Sponsoren aus der deutschen Industrie, wie Degussa, waren zwar informiert, doch die Behörden der Alliierten durften von der Geschichte nichts wissen. Zunächst lag der Schwerpunkt der Forschung auf der Verbesserung der Analyse- und Trennungsmethoden. Es gab zunächst nur eine begrenzte Zahl

**Bild 13** Die Arbeitsgruppe, die versuchte, Gold aus Meerwasser zu gewinnen. Fritz Haber steht vorn in der Mitte, Johannes Jaenicke ganz rechts hinten.

(Aus Stoltzenberg, Dietrich: Fritz Haber. Chemiker, Nobelpreisträger, Deutscher, Jude. Wiley-VCH, Weinheim 1998, S. 481).

von Meerwasserproben, und deren Analyse schien die Annahme zu bestätigen, dass der Goldgehalt im Bereich von einem Millionstel Prozent lag. Jaenicke und seine Mitarbeiter probierten verschiedene Trennmethoden und entschieden sich schließlich dafür, das Gold an kolloidalen Schwefel zu binden und durch Sand zu filtrieren, der ebenfalls mit Schwefel vermischt war.

Im Sommer 1923 waren die Experimente soweit fortgeschritten, dass man sie auf ein Schiff verlegen konnte. Unter weiterhin strenger Geheimhaltung ging eine Gruppe von Forschern, darunter auch Haber selbst, als Besatzungsmitglieder getarnt, im Hamburger Hafen an Bord des Passagierschiffs Hansa mit Kurs auf New York (Bild 13). Es soll Haber sehr amüsiert haben, dass er als »überzähliger Zahlmeister« in der Besatzungsliste erschien. Während die Chemiker hinter verschlossenen Türen an ihren Analysen werkelten, gingen unter den Passagieren die wildesten Gerüchte um. Nach der Ankunft in New York spekulierte eine Zeitung dort: »Deutsche Wissenschaftler entwickeln Schiffsantrieb mit geheimnisvoller Kraft«. Im Herbst desselben Jahres nahmen einige von Habers Mitarbeitern an einer zweiten Goldsuche teil, diesmal auf dem Weg nach Argentinien.

Die Proben von diesen beiden Fahrten ergaben höchst widersprüchliche Ergebnisse, sodass die Forscher noch einmal in ihr Heimatlabor zurückkehren und die analytischen Methoden weiter verbessern mussten, um sowohl Zugewinne (aus anderen Chemikalien, Staub, Schmuck), als auch Verluste (zum Beispiel durch Bindung an Laborgeräte) des Edelmetalls auszuschließen. Tausende von Flaschen wurden dann mit Meerwasserproben aus allen sieben Meeren befüllt, und in eigens für diesen Zweck konstruierten Holzkisten zur Analyse nach Berlin verschifft. Die Ergebnisse waren jedoch enttäuschend: In den meisten Proben war der Goldgehalt um zwei Größenordnungen (also etwa 100-fach) geringer, als man nach den ersten Analysen geglaubt hatte. Damit war jede Hoffnung auf eine wirtschaftlich lohnende Gewinnung des Goldes dahin. Haber publizierte die Ergebnisse und begrub das Projekt.

Obwohl es sein Ziel nicht erreichte, lieferte das Meerwasserprojekt immerhin wertvolle Verbesserungen der Analysemethoden, und es half Haber in schwierigen Zeiten, seine Forschung zu finanzieren. Man kann im Rückblick auch darüber spekulieren, ob der angestrebte Erfolg tatsächlich die Finanzsituation der Weimarer Republik gerettet hätte. Wie die Spanier nach der Ausplünderung der Goldschätze Lateinamerikas feststellen mussten, führt das »Finden« von großen Mengen Gold nicht automatisch zu langanhaltendem Reichtum, ebenso wenig wie das Drucken von Geldscheinen.

Habers Stickstoff aus der Luft glitzerte zwar nicht so verführerisch wie das Gold aus dem Meerwasser, erwies sich aber auf die Dauer als sehr viel wertvoller.

(2003)

### Literaturhinweise

R. Hahn, *Fritz Habers (1868–1934) Forschungen zur Gewinnung von Gold aus Meerwasser*, Magisterarbeit, Technische Universität Berlin, 1995.

D. Stoltzenberg, *Fritz Haber: Chemiker, Nobelpreisträger, Deutscher, Jude*, Wiley-VCH, Weinheim, 1998.

G. von Leitner, *Der Fall Clara Immerwahr: Leben für eine humane Wissenschaft*, C. H. Beck, 1993.

## Was danach geschah

Haber-Biographien gibt es inzwischen mehrere (und insbesondere die in Amerika erschienenen sind meist durch bemerkenswert reißerische Titel verunstaltet), doch die Meerwassergeschichte ist, abgesehen von der oben zitierten Diplomarbeit von Ralf Hahn und einigen Zeitschriftenbeiträgen, noch nicht literarisch verwertet worden.

# Eggs and sperms and rock 'n' roll

Wer wie ich längere Zeit als Ausländer im Vereinigten Königreich residiert wundert sich ja beinahe täglich über die Probleme, welche die veröffentlichte Meinung hier immer noch mit ganz normaler und natürlicher Sexualität hat, und die sich zum Beispiel bei der Vergabe von Alterszertifikaten für Filme äußert. Diese Spätwirkung der viktorianischen Prüderie führt zu messbaren gesellschaftlichen Problemen, etwa dem Europarekord bei Schwangerschaften unter Teenagern. Umso überraschender, dass das gesetzliche Umfeld der ganzen Reproduktionsmedizin hier so fortschrittlich ist. Der folgende Beitrag versucht, dieses Paradoxon zu erklären. Der englische Titel ist ganz und gar nicht übersetzbar und passt so perfekt zum Thema, dass ich ihn auch nicht ersetzen wollte.

Bioethische Fragen rund um die menschliche Fortpflanzung, Embryonen, und Stammzellen, machen ja beinahe täglich neue Schlagzeilen. In rascher Folge können uns Nachrichten etwa über das Klonieren von menschlichen Embryonen zur Gewinnung von Stammzellen (therapeutisches Klonen), die Anonymität von Samenspendern, die Auswahl von Babys eines bevorzugten Geschlechts und zweifelhafte Klon-Fortschritte begegnen.

Diese Themen betreffen die meisten Industrieländer auf die eine oder andere Weise, doch jedes Land hat seine eigene, manchmal explosive, Mischung aus Wissenschaft, Religion, und Politik. In Deutschland zum Beispiel führt die Erinnerung an die Eugenik der Nazis zu einer recht restriktiven Gesetzgebung und lebhaften öffentlichen Debatten. In Israel hingegen gelten die frühen Embryonen, aus denen man Stammzellen gewinnt, als ebenso wenig schützenswert wie etwa ein Spermium.

Großbritannien hat bei dieser Geschichte insofern Glück gehabt, als es bereits eine Aufsichtsbehörde und eine umfassende Gesetzgebung besaß, bevor die ganze Klon-Debatte richtig in Schwung kam. Die Human Fertilisation and Embryology Authority (HFEA) existiert bereits seit 1991, und die gesetzlichen Grundlagen, mit denen sie arbeitet, seit 1990. Sie verdankt ihre Entstehung einfach der Pionierrolle britischer Forscher bei der Erzeugung des ersten Retortenbabys, das 1990 geboren wurde. Die öffentliche Reaktion auf die IVF-Behandlung (in-vitro-Fertilisation) nahm vieles vorweg, was andernorts erst im Zusammenhang mit Klonen und Stammzellen aufkochte, und der Gesetzgeber sah sich schon frühzeitig zum Handeln gezwungen.

Die Hauptaufgaben der Behörde sind laut dem Gesetz von 1990:

- die Lizenzvergabe und Überwachung von IVF-Kliniken,
- Lizenzvergabe und Überwachung jeglicher Forschung mit menschlichen Embryonen,
- Regulierung der Lagerung von Keimzellen und Embryonen.

Zusätzlich hat die Behörde auch beratende Funktion gegenüber der Regierung und für PatientInnen. Dieser Auftrag mag 1991 noch überschaubar ausgesehen haben, doch inzwischen hängt an den Embryonen eine ganze Reihe von höchst kitzligen bioethischen Problemen.

Die HFEA, mit Sitz im Osten Londons, ist sowohl ein Beratergremium, dessen Mitglieder sich einmal im Monat treffen, also auch eine Regierungsbehörde mit eigenen Beamten und einem Jahresbudget von rund zwei Millionen Pfund. Dabei dient das Beratergremium sozusagen als Aufsichtsrat für die permanent arbeitende Behördenstruktur. Ruth Deech, eine Juraprofessorin am St. Anne's College in Oxford hatte den Vorsitz des Gremiums von der Gründung bis zum Frühjahr 2002 inne. Ihre Nachfolgerin ist Suzi Leather, die vorher stellvertretende Vorsitzende der Lebensmittelbehörde Food Standards Agency war.

Eine der größten bioethischen Debatten, mit denen die Behörde im Lauf der Jahre konfrontiert wurde, betraf die Genehmigung der Implantierung von ausgewählten Embryonen, die als Lebensretter für Geschwister mit Erbkrankheiten dienen könnten (wobei sie selbst nicht zu Schaden kommen würden, da die Mediziner aus ihrer Nabelschnur genügend Stammzellen gewinnen können). Trotz massiver Falschinformationen von Teilen der Presse, wo der irreführende Begriff »Designer-Baby« zur Standardvokabel wurde, kam die HFEA zu einer ausgewogenen Entscheidung. Die Auswahl eines Embryos auf Grundlage der Präimplantationsdiagnostik sollte im Prinzip zulässig sein, wenn diese Diagnostik auch dem gesundheitlichen Interesse des resultierenden Kindes dient, d. h. wenn sie sicherstellt dass dieses Kind nicht von der Erbkrankheit seiner Geschwister betroffen ist. Wenn das so entstandene Kind zusätzlich mit seiner Nabelschnur ein Lebensretter für ein anderes Kind der Familie sein kann, umso besser. Andererseits verweigerte die Behörde die Genehmigung in solchen Fällen, wo der potentielle Lebensretter von der Präimplantationsdiagnose selbst keinen Vorteil hätte.

Letzteres traf auf die Familie von Charlie Whittaker zu, die dann allerdings kurzerhand in die USA ging und die Prozedur dort ausführen ließ. Der Präzedenzfall für die erst genannte Situation war die Familie von Zain Hashmi, der an einer erblichen Blutkrankheit, der β-Thalassämie leidet, und dessen Geschwister ebenfalls riskieren, diese Krankheit zu erben.

Die Autorität der Behörde wurde allerdings kurzzeitig untergraben, als ein Gericht entschied, dass die HFEA kein Recht habe, den Hashmis diese Behandlung zu erlauben. Im April 2003 verwarf ein Berufungsgericht diese Entscheidung und stellte klar, dass die Hashmis ungeachtet aller juristischen Rangeleien mit ihrem Bemühen fortfahren können. Derzeit müssen alle Fälle dieser Art von einer Kommission der HFEA einzeln begutachtet werden, wobei die oben erläuterte Differenzierung ausschlaggebend ist.

In ihrer Rolle als Überwacherin der Embryonenforschung in Großbritannien entscheidet die HFEA auch, wer dort menschliche embryonale Stammzellen (ES-Zellen) erzeugen darf. Sie hat bis dato (2004) nur drei Genehmigungen für neue Stammzelllinien vergeben, darunter eine an Stephen Minger am Kings College London, der die ersten britischen ES-Zellen erzeugte, sowie eine an das Roslin-Institut in der Nähe von Edinburgh, wo das Klonschaf Dolly entstand.

Dank ihres frühzeitigen Starts hatte die HFEA bereits eine solide Struktur und Reputation«, als die Lage unübersichtlich wurde. Andererseits konnte natürlich der Gesetzgeber im Jahre 1990 nicht alle Probleme vorhersehen, denen die Bioethiker jetzt gegenüberstehen. Im Januar 2004 kündigte Suzi Leather eine Überarbeitung des Gesetzes an, das in mancher Hinsicht anachronistisch geworden sei. Als

Beispiel erwähnte sie, dass das Gesetz den IVF-Arzt verpflichtet, dafür zu sorgen, dass das Kind einen Vater haben wird.

Die Anpassung von Strukturen und Gesetzen an den rasanten Fortschritt in Biowissenschaften und Medizin ist natürlich ein Problem, das die Politiker überall betrifft. In Ermangelung einer perfekten Lösung für alle Fälle erscheint jedoch die HFEA mit ihrer langen Erfahrung und guten Reputation als eine wirklich nützliche Einrichtung.
(2004)

**Literaturhinweise**
www.hfea.gov.uk

## Was danach geschah

Die Novellierung des Gesetzes wurde im Jahr 2005 in Gang gesetzt und befindet sich nun (Herbst 2008) auf dem Weg durch die parlamentarischen Instanzen, wobei der ganze Vorgang bemerkenswert wenig Aufsehen erregt. Erstaunlich ist auch, dass die HFEA den Aktionismus der Blair-Jahre überstand, ohne privatisiert oder bis zur Unkenntlichkeit umorganisiert zu werden. Zwar gab es im Jahr 2007 einen Plan zur Verschmelzung der Behörde mit der für Organspenden und ähnliche Dinge zuständigen HTA (Human Tissue Authority), und beide Organisationen standen in diesem Jahr unter der Führung von Shirley Harrison. Die Regierung von Gordon Brown verwarf dann jedoch diesen Plan, woraufhin Harrison die Leitung der HFEA abgab.

# Die zweite Revolution: Biotechnologie in Kuba

Im April 2004 besuchte ich zum ersten Mal Kuba und konnte dort dank der Hilfe meines Gastgebers, Reynaldo Villalonga, mit mehr als einem Wissenschaftler von den Universitäten und Forschungsinstituten in Havanna und in Matanzas sprechen. Die Erfahrung führte zu mehreren Artikeln, von denen der umfassendste deutschsprachige in den *Nachrichten aus der Chemie* erschien. Wirtschaftliche Not machte Kuba erfinderisch. Die Karibikinsel treibt seit zwei Jahrzehnten die Biotechnologie voran, und zum Zeitpunkt meines Besuchs zeichneten sich erste, teils spektakuläre Erfolge ab. Der Markt für kubanische Pharmazeutika ist (mindestens) die gesamte Dritte Welt.

Die zentrale Kontrollstation würde zu einem Atomkraftwerk passen. Eine riesige Wand voll mit Schaltkreisen, Kontrollleuchten, Reaktoren...halt, das sind Fermenter. 200 Liter, 400 Liter, 500 Liter. Bunte Abgrenzungslinien zeigen die verschiedenen Sicherheits- und Reinheitsstufen an. Dazu ein halbes Dutzend Computer zur Fernsteuerung der Anlagen. Hier werden unter anderem monoklonale Antikörper hergestellt, sowohl für den Eigenbedarf als auch für den Export. Mehrere Kilogramm pro Jahr, und demnächst mehr als ein Kilogramm pro Monat. (Wenn Sie das nicht beeindruckt, schlagen Sie im Chemikalienkatalog nach: Ein Milligramm monoklonale Antikörper kostet in Deutschland um die 500 Euro!)

Das Zentrum für molekulare Immunologie (Centro de Inmunología Molcular, CIM, www.cim.sld.cu), am westlichen Stadtrand von Havanna im Grünen gelegen, wurde im Dezember 1994 gegründet. Forschung, Entwicklung und Produktion sind unter einem Dach angesiedelt; insgesamt 400 Mitarbeiter auf 15 000 Quadratmetern. Büroplatz wird bereits knapp. Das Zentrum produziert unter anderem monoklonale Antikörper zur Behandlung von Abstoßungsreaktionen bei Organtransplantationen, sowie für die Krebsdiagnose und -therapie. Die Kommerzialisierung dieser Produkte über die Firma CIMAB S.A. finanziert bereits einen Großteil der Forschung des Zentrums.

Eines seiner aussichtsreichsten Forschungsprojekte ist der Maus-Antikörper 14F7, der ein krebsspezifisches Glycosphingolipid an der Zelloberfläche erkennt. Klinische Versuche haben bereits seine Wirksamkeit gegen Melanome und Brustkrebs erwiesen. Anfang 2004 präsentierte die Arbeitsgruppe von Ernesto Moreno am CIM, zusammen mit Forschern an der Technischen Hochschule im schwedischen Göteborg, eine Kristallstruktur dieses Antikörpers zusammen mit Modellrechnungen, welche den vermutlichen Mechanismus der Antigenbindung vorhersagen.

Das CIM mag das modernste Forschungszentrum in Havanna sein, aber es steht beileibe nicht allein in der Landschaft. In der unmittelbaren Nachbarschaft in den westlichen Vororten Havannas befinden sich rund 20 Forschungsinstitute, darunter:

- das Centro Nacional de Investigaciones Cientificas von 1965,
- das Centro de Ingenería Genetica y Biotecnología, das 1986 als erstes der »neuen Generation« von Biotech-Zentren gegründet wurde. Es beschäftigt über 400 Mitarbeiter und hat mehrere neue Impfstoffe entwickelt
- sowie das Centro de Quimia Farmaceutica, wo über 60 Forscher sich vor allem mit der Gewinnung von neuartigen Naturstoffen aus Kubas reichhaltiger und einzigartiger Pflanzenwelt befassen.

In der Innenstadt der malerisch verfallenen karibischen Metropole tut sich allerdings auch einiges in Sachen Forschung. Der bisher spektakulärste Erfolg der kubanischen Wissenschaft im neuen Jahrhundert stammt aus dem Labor für synthetische Antigene, auf dem Campus der Universität von Havanna. Hier hat die Arbeitsgruppe von Vicente Verez den ersten vollständig synthetischen Impfstoff entwickelt, der alle klinischen Tests überstanden hat. Der Erfolg wurde im Sommer 2004 in *Science* publiziert.

Es handelt sich um ein Konjugat aus einem Peptid und einem Polysaccharid, welches gegen *Haemophilus influenzae B* (HiB, den Erreger der Hirnhautentzündung) immunisiert. Es gab zwar bereits seit

Ende der 1980er Jahre einen Impfstoff gegen diese Krankheit, doch dieser, so Verez,»ist nur ein Impfstoff für die reichen Länder«. Jedes Kind benötigt davon 4 Dosen, jede Dosis kostet drei bis zehn Dollar. Das ist für Entwicklungsländer um mindestens eine Größenordnung zu teuer. Deshalb ist es nicht verwunderlich, dass heute – nach Angaben der UNICEF – nur zwei Prozent der Kinder weltweit damit geimpft sind. Während die Krankheit in den Industrieländern weitgehend ausgerottet ist, sterben in den ärmeren Ländern rund eine halbe Million Kinder pro Jahr daran.

Die kubanischen Forscher setzten sich das Ziel, einen Impfstoff zu entwickeln, mit dem alle Kinder in Kuba geimpft werden können. Die Trophäe des ersten synthetischen Impfstoffs haben sie mit dem Erfolg der Unternehmung sozusagen als Nebenwirkung dazubekommen, oder dem kolumbianischen Malaria-Forscher Manuel Patarroyo abgeluchst, der bereits seit vielen Jahren synthetische Peptide als preiswerte Impfstoffe gegen die Tropenkrankheit testet, aber deren hundertprozentige Wirksamkeit noch nicht nachweisen konnte.

Wirtschaftlich gesehen haben die Kubaner einen paradoxen Standortvorteil: Wenn sie ein preisgünstiges Medikament oder einen Impfstoff für den Eigenbedarf entwickeln, dann ist das Produkt auch für die gesamte Dritte Welt erschwinglich, also für jene über fünf Milliarden Menschen, die sich die von den Pharmakonzernen angebotenen Medikamente nicht leisten können. Für die HiB-Impfung wird der Bedarf auf 500 Millionen Dosen pro Jahr geschätzt. Die kubanische Biotech-Industrie hat mit der Produktion bereits begonnen. Bis zum Ende 2004 sollen 50 Millionen Dosen produziert sein, was sowohl für den Eigenbedarf (und Nachholbedarf) sowie für einen ersten Einstieg ins Exportgeschäft genügen dürfte. Um dann langfristig den globalen Bedarf zu decken, wird man Produktionsstätten in anderen Erdteilen bauen müssen; Indien ist bereits im Gespräch.

Unterdessen verfolgt Verez ehrgeizige neue Ziele: Impfungen gegen Lungenentzündungen und Krebs stehen auf dem Programm. Sein Labor wird voraussichtlich stark erweitert werden und damit in die Größenklasse der Vorzeigeinstitute am Stadtrand aufsteigen.

Abseits der glamourösen Forschungszentren haben es die Forscher natürlich schwerer. Angesichts des Fehlens nennenswerter Forschungsgelder haben sie ein besonders ausgeprägtes Gespür für Kosten-Nutzen-Rechnung entwickelt. So gibt etwa Roberto Cao, Professor für bioanorganische Chemie an der Universität von Havanna, offen zu, dass er vor allem deshalb mit Cyclodextrinen forscht, weil sie billig sind. Aber was er und sein Kollege Reynaldo Villalonga von der Universität von Matanzas (100 km östlich von Havanna) an nützlichen Dingen aus den Cyclodextrinen herausholen, ist erstaunlich. In Zusammenarbeit mit der Bundesanstalt für Materialforschung in Berlin entwickeln sie zum Beispiel hochempfindliche Biosensoren, welche Dopamin von Ascorbinsäure unterscheiden können. Als weiteres Ziel haben sie einen Sensor für Stickstoffmonoxid ins Auge gefasst, der für die Diagnose und Behandlung von Blutvergiftungen nützlich wäre.

Obwohl die flächendeckende Versorgung mit Schulen und Universitäten zu den stolzen Errungenschaften der kubanischen Revolution zählt, sind die Forschungsgelder an den Provinz-Unis noch dünner gesät als in Havanna. Als Chemiker Reynaldo Villalonga 1999 seine Professur in Matanzas antrat, war sein einziges analytisches Instrument ein einfaches UV/Vis-Spektrometer. Was kann man damit anfangen, dachte er sich. Und kam auch gleich auf eine Antwort: Enzymologie. Dieses Gebiet kombinierte er mit der Cyclodextrinforschung (siehe oben). Inzwischen beschäftigt er 12 Mitarbeiter in einem halben Dutzend Forschungsprojekten, darunter die Stabilisierung von Enzymen mittels künstlicher Zucker-Anhängsel (Neoglycoenzyme) oder Metallbindungsstellen, Konstruktion von Nanoarchitekturen aus verschiedenen Enzymen, die über supramolekulare Bindungselemente wie Cyclodextrin/Adamantan verbunden sind, sowie die Entwicklung essbarer Verpackungsmaterialien. Not macht tatsächlich erfinderisch.

Biotechnologie an den Provinzuniversitäten wie Matanzas wird vor allem von der Frage angetrieben: Welche Rohstoffe sind billig verfügbar, und wie kann man sie optimal nutzen? Carlos Martín untersucht zum Beispiel die Gewinnung von Bioalkohol (als Treibstoff) aus Bagasse, einem Abfallprodukt bei der Gewinnung von Rohrzucker. Die Gruppe von Gerardo Gonzáles Oramas beschäftigt sich mit effizienteren Methoden zur Vermehrung und möglichen Veränderung durch Züchtung oder Genmanipulation der Agave-Pflanze, aus der Sisalfasern gewonnen werden. Maximaler gesellschaftlicher Nutzen bei minimalen Kosten ist hier die Maxime der Forschung.

Zusätzlich zu dem chronischen Geldmangel und all den normalen Sorgen des Forscheralltags müssen die Kubaner noch mit den Schikanen des großen Nachbarstaats im Norden leben. Zu diesem Thema hat jeder eine Geschichte zu erzählen. Man bestellt ein Instrument bei einer europäischen Firma und es scheint alles glatt zu laufen, doch dann bleibt die Lieferung aus und der Kontakt reißt ab. Hartnäckiges Nachbohren fördert dann zu Tage, dass irgendein Einzelteil des Geräts von einer US-Firma patentiert ist und deshalb nicht nach Kuba verkauft werden darf.

Doch die Kubaner lassen sich nicht einschüchtern. Gerade erst ist die Bush-Regierung mit dem Versuch gescheitert, ihnen das Publizieren in internationalen Wissenschaftsjournalen zu verbieten. Die Reaktion der Kubaner ist wie bei Asterix und Co.: Die spinnen, die Römer. Am hinderlichsten ist derzeit das Fehlen einer leistungsstarken Verbindung zum globalen Internet. Laut Internet-Konsortium muss Kuba über Florida ans Netz gehen, Umleitungen über Mexiko werden nicht zugelassen. »Die Leitung nach Florida funktioniert, aber sie ist etwa so dünn wie ein Haar", erläutert Sergio Pastrana von der Kubanischen Akademie der Wissenschaften. Wer Dollars hat kann sich Internetzugang via Satellit kaufen, wer keine hat, muss selbst bei einfachen Websites mit minutenlangen Ladezeiten rechnen.

Daran wird sich auch in den nächsten Jahren nicht viel ändern. Doch die Forscher auf der Insel sind trotz aller Hindernisse von Grund auf gut gelaunt und optimistisch. Wer weiß, in einem weiteren Jahrzehnt, wenn die ganze Welt (außer den US-Bürgern) innovative und preiswerte kubanische Medikamente kaufen kann, werden sich die »Señores Imperialistas« die Sache mit dem Embargo vielleicht doch noch überlegen.

(2004)

### Literaturhinweise

U. Krengel et al., *J. Biol. Chem.*, 2004, **279**, 5597.
V. Verez-Bencomo et al., *Abstr. Am. Chem. Soc.*, 2003, **226**, 012-CARB
R. Cao et al., *Supramol. Chem.*, 2003, **15**, 161.
M. Fernández et al., *Enz. Microb. Technol.*, 2004, **34**, 78.
M. L. Villalonga et al., *Biotech Lett.*, 2004, **26**, 209.
C. Martín, L. J. Jönsson, *Enz. Microb. Technol.*, 2003, **32**, 386.
G. González et al., *Plant Science*, 2003, **165**, 595.

## Die Vorzeige-Institute der kubanischen Biotech-Forschung

In den meisten Forschungsinstituten in Kuba gibt es vor allem veraltete Geräte, bröckelnden Putz, sowie den Einfallsreichtum der ForscherInnen angesichts hoffnungsloser Geldknappheit zu besichtigen. Völlig anders sieht es allerdings in den Spitzeninstituten aus, die schwerpunktmäßig mit Millionenbeträgen gefördert werden. Die meisten dieser Institute sind am westlichen Stadtrand der Hauptstadt Havanna, zwischen Palmen und Villen aus der Kolonialzeit zu finden. Die wichtigsten Institute sind die folgenden:

### Centro de Inmunología Molecular (CIM, www.cim.sld.cu)

Unter Leitung von Agustín Lage befassen sich die mehr als 300 Mitarbeiter dieses hochmodernen, Mitte der 1990er Jahre eingerichteten Forschungszentrums vor allem mit Antikörpern – von der grundlegenden Strukturforschung bis hin zur Produktion im Kilogramm-Maßstab sowohl für die Versorgung des eigenen Gesundheitssystems als auch für den Export.

### Centro de Ingeniería Genética y Biotecnología (CIGB)

Dieses Forschungszentrum wurde 1986 eingerichtet, mit dem Auftrag, die biotechnologische Forschung auf der erfolgreichen Herstellung rekombinanten Interferons aufzubauen. Heute deckt das Institut einen weiten Bereich von Forschungsgebieten ab und entwickelt unter anderem neue Impfstoffe, z. B. gegen Hepatitis und gegen Zeckenstiche.

### Instituto Nacional de Medicina Tropical Pedro Kouri (IPK)

Dieses Institut wurde 1993 aus der medizinischen Fakultät der Universität von Havanna ausgegliedert und in modernen Gebäuden im Westen der Stadt untergebracht. Seine Forschungsschwerpunkte liegen in der Tropenmedizin, medizinischen Mikrobiologie, und Epidemiologie.

### Instituto Finlay

Mit über 900 Beschäftigten ist das Finlay-Institut eines der größten Forschungszentren. Es konzentriert sich vor allem auf die Entwicklung neuer Impfstoffe und Medikamente und betreibt Forschung in den Bereichen Infektionskrankheiten, Immunologie, Epidemiologie, und Impfstoffwirkung.

**Centro de Quimica Farmaceutica (CQF)**
Mit nur rund 60 Mitarbeitern ist dieses in einem ehemaligen Kloster am Stadtrand untergebrachte Institut eine kleine aber feine Einrichtung. Es erforscht neuartige Medikamente sowohl auf der Grundlage von Naturstoffen, als auch auf synthetischer Basis.

**Centro Nacional de Investigaciones Científicas (CENIC)**
Dieses Ur-Institut wurde 1965 gegründet. Seit Gründung der neueren Institute spielt es in der aktuellen Forschung keine führende Rolle mehr, sondern befasst sich vor allem mit der Ausbildung von Wissenschaftlern und technischem Personal. Außerdem stellt es den anderen Instituten analytische Dienstleistungen zur Verfügung, vor allem in den Bereichen Biomedizin, Chemie, Biotechnologie und Elektronik.

**Literaturhinweise**
J. Giles, *Nature*, 2005, **436**, 322.
H. Thorsteinsdóttir et al., *Nature Biotechnology*, 2005, **22** (Supplement) DC19(DC24

## Was danach geschah

Der erwähnte HiB-Impfstoff ist bereits in Produktion, doch die diskutierten Schwierigkeiten sind auch im Jahre 2008 noch unverändert vorhanden.

Ich besuchte die Insel im Jahr 2005 ein zweites Mal und verfasste einige weitere Artikel. Hier ein Auszug zu einem Forschungsgebiet, das im obigen Artikel noch nicht behandelt ist:

Ein weiterer wichtiger Standortvorteil für Biotechnologen auf der Karibikinsel ist die einheimische Artenvielfalt. Mit seiner geradezu fraktalen Geographie – 5000 km Küste, Tausende von Inseln und Halbinseln – bietet Kuba eine Vielfalt von Lebensräumen für unzählige Arten, darunter über 6500 Arten höherer Pflanzen, 86 Vogelarten, die dort brüten, und 153 Reptilien. Experten haben Kuba das »Kronjuwel der karibischen Artenvielfalt« genannt.

Seit den 1980er Jahren hat die Regierung Fidel Castros die Wissenschaftler ermutigt, die reiche Flora und Fauna der Insel systematisch nach verwertbaren Substanzen abzugrasen. Alberto Nuñez, der sowohl der Präsident der Chemischen Gesellschaft Kubas als auch der Direktor des Instituts für Pharmazeutische Chemie (CQF) ist, erinnert sich an die Anfänge dieses Programms: »Zuerst wurde eine Liste mit 54 Substanzen erstellt, die mancherorts bereits als pflanzliche Heilmittel verwendet wurden,« erläutert er. »Diese Substanzen wurden dann systematisch getestet, in Datenbanken erfasst, und letztendlich an einheimische Produktionsstätten vergeben, die jetzt pro Jahr mehr als 40 Millionen Einheiten von Heilmitteln liefern, die sich von einheimischen Arten ableiten.« Zu den Bestsellern gehören *Imefasma*, ein Sirup aus Bananen, Eukalyptus, und Majagua-Extrakten, sowie *Aloe*, ein Aloe-vera-Extrakt der bei Immunschwäche eingesetzt wird.

Eine der jüngsten Entwicklungen aus diesem Bereich ist ein Extrakt aus der Rinde des Mango-Baums, der unter dem Namen *Vimang* gehandelt wird. Dieses Präparat, das in Alberto Nuñez' Arbeitsgruppe am CQF entwickelt wurde, ist in mehreren verschiedenen Darreichungsformen verfügbar und dient als Antioxidans, Entzündungshemmer, und schmerzlinderndes Medikament. Seine Hauptbestandteile sind Polyphenole und Terpenoide; zusätzlich enthält es auch Zucker, Polyalkohole, Fettsäuren und Spurenelemente. Klinische Tests haben erwiesen, dass es bei AIDS-Patienten die Lebensqualität verbessert. Es soll auch gegen Hautkrankheiten und allgemeine Altersgebrechen helfen.

*Abexol* ist ein weiteres Antioxidans aus kubanischer Produktion – wie der Name andeutet, wird es aus Bienenwachs gewonnen. *Escozul*, ein wässriges Präparat das sich von einer einheimischen Skorpionart ableitet, wird zurzeit in der Krebstherapie getestet. »Etwa 30 weitere Naturstoffe sind zurzeit in der Pipeline unserer Forschung und Entwicklung«, verkündet Nuñez.

# Das Liebesleben des Schnabeltiers

In der englischen Fassung dieses Buchs steht an dieser Stelle ein Beitrag über die verwirrende Vielzahl an Geschlechtschromosomen des Schnabeltiers, der dem ganzen Buch seinen Namen gab (The birds, the bees, and the platypuses). Doch inzwischen ist die Forschung vorangekommen und hat uns das ganze Genom des putzigen Ur-Säugers geliefert. Mit 10 Geschlechtschromosomen, Eiern, Milch, und einer Rekordzahl an Pheromonrezeptoren entpuppt sich das Liebesleben des Schnabeltiers als kompliziert und sexy – und aufschlussreich bezüglich der Evolution von Otto Normalsäugetier.

Das Schnabeltier (Bild 14) galt bisher als eine Witzfigur der Zoologie, doch die Untersuchung seines Genoms liefert wertvolle Aufschlüsse über die Evolution der ersten Säugetiere, und deren Trennung von den Vorfahren der Reptilien und Vögel.

*Ornithorhynchus anatinus* lebt in den Binnengewässern entlang der Ostküste Australiens und in Tasmanien. Aufgrund seines entenartigen Schnabels wird es auf Deutsch einfach Schnabeltier genannt, und es legt auch Eier wie ein Vogel. Mit den Reptilien verbindet es die Produktion gewisser Protein-Giftstoffe. Trotz alledem zählt es zu den Säugetieren, mit denen es die Milchproduktion gemeinsam hat, auch wenn Zitzen zur Absonderung derselben fehlen.

Innerhalb der Säuger gehört diese ungewöhnliche Tierart, zusammen mit vier Arten aus der Familie der Ameisenigel, zur Ordnung der Kloakentiere (Monotremata), die sich von den uns vertrauten Säugetieren deutlich früher trennten als zum Beispiel die Beuteltiere. Als Vertreter der ältesten Abzweigung im Stammbaum der Säuger nimmt das Schnabeltier somit eine Schlüsselstellung in unserer Evolution ein, und

**Bild 14** Das Schnabeltier (*Ornithorhynchus anatinus*) lebt in Flüssen an der Ostküste Australiens. Da seine Vorfahren sich in der Evolutionsgeschichte schon sehr früh von denen der meisten Säugetiere trennten, liefert die Erforschung seines Genoms in- teressante Einblicke in die Evolution vieler charakteristischer Eigenschaften der Säugetiere. (Aus Wikipedia: http://en.wikipedia.org/wiki/Image: Platypus.jpg. Foto von Stefan Kraft).

die Untersuchung seines Genoms, die jetzt von einem internationalen Konsortium vorgelegt wurde, ist dementsprechend aufschlussreich.

Einige der brennendsten Fragen, welche die Forscher bei der Analyse des Genoms in Angriff nahmen, betrafen natürlich die Fortpflanzung des Schnabeltiers. Warum braucht eine einzelne Tierart Eier und Milch, und warum hat sie zehn Geschlechtschromosomen?

Die Eier, welche Mutter Schnabeltier etwa 21 Tage nach der Befruchtung legt, sind mit einem Durchmesser von vier Millimetern ungewöhnlich klein, und die Tierchen sind, wenn sie nach 11 Tagen ausschlüpfen, noch lange nicht überlebensfähig. Vier Monate lang sind sie noch von der Muttermilch abhängig, die sie direkt aus der Haut der Mutter saugen.

Trotz dieser auffälligen Unterschiede zu »normalen« Säugetieren ist der Fortpflanzungsapparat im Genombereich in mancher Hinsicht dem unseren ähnlich. So besitzt das menschliche Genom zum Beispiel vier Gene für die Proteine der Zona pellucida (Glashaut), welche die Eizelle umgibt und bei der Befruchtung eine wichtige Rolle spielt. Beim Schnabeltier fanden die Genomforscher dieselben vier Proteine wieder, mit nur geringfügigen Mutationen.

Auch bei der Milchproduktion finden sich – trotz dem Fehlen der Brustwarzen – genetische Ähnlichkeiten. So sind die Gene des Milchproteins Casein bereits im Schnabeltier ähnlich angeordnet wie beim Menschen. Die Befunde bestätigen überdies die bereits vorher vorherrschende Annahme, dass die Sekretion von Muttermilch bereits vor der Evolution der Säugetiere entstand. Möglicherweise entstand sie zunächst als Abscheidung von Feuchtigkeit zum Schutz der Eier vor Austrocknung. Die typischen Milchproteine kamen später hinzu, aber offenbar schon bevor sich die Abstammungslinien der Kloakentiere und unserer Vorfahren trennten.

Über die verwirrende Vielfalt an Geschlechtschromosomen hat die Arbeitsgruppe von Frank Grützner an der Universität von Adelaide, Australien, der auch an der neuen Genomanalyse beteiligt ist, bereits 2004 einen umfassenden Bericht vorgelegt. Das Schnabeltier besitzt fünf X- und fünf Y-Chromosomen, doch bei der Meiose (Reifeteilung) reihen sich die gleichartigen Chromosomen zu einer Kette auf, sodass jedes Spermium entweder fünf X- oder fünf Y-Chromosomen enthält, und es nicht zu gemischtgeschlechtlichem Nachwuchs kommen kann.

Die Genomuntersuchung zeigte jetzt, dass keines der zehn Geschlechtschromosomen mit unserem Geschlechtsbestimmungssystem in Beziehung zu setzen ist. Das menschliche X-Chromosom und das davon abgeleitete stark degenerierte Y-Chromosom waren zu Zeiten der Ursäuger – der gemeinsamen Vorfahren, von denen wir ebenso abstammen wie Kängurus und Schnabeltiere – noch ganz normal gepaarte Chromosomen (die man zur Unterscheidung von Geschlechtschromosomen auch Autosomen nennt). Hingegen konnten die Forscher bei den Geschlechtschromosomen des Schnabeltiers gewisse Ähnlichkeiten mit den Z-Chromosomen der Vögel feststellen.

Es passiert nur selten, doch wenn jemand mit einem männlichen Schnabeltier in Streit gerät und von dessen Hinterpfote eins ausgewischt bekommt, dann sollte er sich zum Arzt begeben, denn die Krallen des Tiers enthalten starkes Gift, das etwa einen kleinen Hund töten würde und für Menschen sehr schmerzhaft ist.

Diese ganz und gar nicht Säuger-typische Art der chemischen Kriegsführung verbindet das Schnabeltier mit gewissen Reptilien – daher stellt sich die Frage, ob es sich um ein urtümliches Merkmal handelt, das bei den anderen Säugerfamilien einfach verloren gegangen ist.

Die vergleichende Analyse des Schnabeltier-Genoms zeigte allerdings, dass die Giftproteine zwar aus derselben Proteinfamilie stammen wie bei den Reptilien, dass aber Kloakentiere und Reptilien unabhängig voneinander diese Proteine als Waffen weiterentwickelten. Es handelt sich offenbar um einen klassischen Fall von konvergenter Evolution, also Ähnlichkeiten, die nicht aus der gemeinsamen Abstammung sondern aus der Verfolgung eines gemeinsamen Zwecks hervorgehen. Auf dieselbe Weise erklären sich auch der Entenschnabel und die Schwimmhäute an den Füßen: Anpassung an das Leben im Wasser, nicht eine besonders enge Verwandtschaft mit den Enten. Chemische Kampfstoffe verwendet das Schnabeltier auch zur Abwehr gegen Bakterien. Obwohl es ein säugertypisches Immunsystem besitzt, hat es außerdem auch in die Aufrüstung mit antibakteriellen Peptiden investiert, die man vor allem aus der Haut von Fröschen und anderen Amphibien kennt. Während wir Primaten nur ein einziges antibakterielles Peptid aus der Familie der Cathelicidine herstellen, hat Ornithorhynchus eine ganze Reihe solcher Peptide, ebenso wie die Beuteltiere. Wissenschaftler vermuten, dass diese chemische Abwehr vor allem für die Neugeborenen nötig ist, die im Vergleich mit Primaten sehr frühzeitig und schutzlos zur Welt kommen, und noch nicht über ein wirkungsvolles Immunsystem verfügen.

Wenn das Schnabeltier unter Wasser nach Beute sucht, hat es die Augen, Ohren, und Nüstern verschlossen. Wie findet es dann seine Beute? Hier zeigt sich, dass der berühmte Schnabel gar nicht so dumm ist wie er aussieht. Er enthält nämlich Spannungssensoren, die es dem Tier ermöglichen, kleine Mollusken und andere Beutetiere anhand der von ihnen ausgehenden elektrischen Felder aufzuspüren.

Allerdings hat diese ungewöhnliche Antenne des Schnabeltiers offenbar keine auffälligen Spuren im Genom hinterlassen. Sie beruht wohl eher auf einer kreativen Nutzung von bereits vorhandenen Schaltelementen in neuartigen Schaltkreisen. Da Nervenenden ja ohnehin auf Spannungssignale reagieren, müsste man nur geeignete Nervenenden auf der Schnabeloberfläche anbringen und sinnvoll verknüpfen. Genetische Grundlagen dieser Mechanismen sind vermutlich höchst subtil und werden erst zugänglich werden, wenn wir die Genregulierung und Embryonalentwicklung von Säugetieren bis ins Detail verstehen lernen.

Anders sieht es mit den Chemorezeptoren aus – die Fähigkeit des Schnabeltiers, chemische Signale zu empfangen, lässt sich haarklein im Genom nachlesen. Obwohl es einen Großteil seiner Zeit unter Wasser verbringt, hat es eine erstaunliche Anzahl von Genen für Geruchsrezeptoren. Es sind etwa 700, immerhin halb so viele wie die normalen, stark geruchsorientierten Säugetiere, wobei die Gliederung in Familien und Unterfamilien in etwa der bei anderen Säugern entspricht.

Noch überraschender ist die Entdeckung von etwa 950 Varianten der Gene des Rezeptors VIR, der bei der Maus auf Pheromone, also Sexuallockstoffe spezialisiert ist. Womöglich sind von diesen Genen nur 270 aktiv, doch auch mit dieser Anzahl bleibt das Schnabeltier Rekordhalter in Sachen chemischer Kommunikation und übertrifft etwa die Maus um 50 %.

Bei Mäusen und anderen Nagern wissen wir (und beim Menschen vermuten wir), dass die Pheromone der Partnersuche und Steuerung des Sexualtriebs dienen. Müssen wir jetzt daraus schließen, dass *Ornithorhynchus* in Wirklichkeit das wildeste Partytier unter allen bekannten Arten ist? Das wäre vielleicht etwas voreilig, denn angesichts der langen Zeitspanne, die es zum Beispiel von den Nagern trennt, wäre es auch denkbar, dass es die Pheromon-Rezeptoren zu anderen Zwecken eingespannt hat als zur Partnersuche. Sie könnten etwa zur Nahrungssuche unter Wasser dienen, doch ihre genaue Funktion bleibt noch zu erforschen.

Abgesehen von den zahlreichen Besonderheiten des Schnabeltiers, die man jetzt genetisch erklären kann, stellt seine Genomsequenz einen wichtigen Bezugspunkt dar, mit dessen Hilfe man den Stammbaum der Säugetiere und ihre gegenwärtige Artenvielfalt besser verstehen kann.

Die Geschichte der Säuger begann demnach vor etwa 315 Millionen Jahren, als sich unsere Vorfahren von denen der Reptilien, Vögel und Dinosaurier abspalteten. Während der Zeit der Dinosaurier spielten Säugetiere bekanntlich nur eine untergeordnete Rolle, doch trennte sich damals schon, vor 166 Millionen Jahren die Abstammungslinie der Kloakentiere von den übrigen Säugern, von denen wiederum vor 148 Millionen Jahren die Beuteltiere abzweigten. Erst im Tertiär, also nach dem Aussterben der Dinosaurier vor etwa 65 Millionen Jahren, entwickelte sich die heute vorherrschende Artenvielfalt der Säuger – doch zu diesem Zeitpunkt war das Schnabeltier schon 100 Millionen Jahre lang seinen eigenen Weg gegangen. Kein Wunder also, dass es etwas anders ist als die anderen.

(2008)

**Literaturhinweise**

W. C. Warren et al., *Nature*, 2008, **453**, 175.
F. Grützner et al., *Nature*, 2004, **432**, 913.

# Schimpansen wie wir

Der gewöhnliche Schimpanse muss immer als unser Vorzeige-Verwandter aus dem Tierreich herhalten. Genau genommen steht uns aber der sexbesessene Zwergschimpanse oder Bonobo genauso nahe. Es mag mit puritanischen Einstellungen in manchen Teilen der Welt zusammenhängen, dass von diesen beiden Arten, die sich voneinander erst viel später trennten als von unseren Vorfahren, der gewöhnliche Schimpanse als vorzeigbarer gilt und auch seine Genomsequenz zuerst erforscht wurde. Dadurch ist die folgende Geschichte nicht ganz so sexy wie sie hätte sein können, aber immer noch sexy genug.

Der Bischof von Oxford wollte es ganz genau wissen, wie es mit den Verwandtschaftsverhältnissen denn aussehe. Während einer Veranstaltung der »British Association for the Advancement of Science« im gerade fertiggestellten »University Museum« in Oxford fragte Bischof Samuel Wilberforce Darwins eifrigsten Mitstreiter, den Biologen Thomas Huxley, ob er denn auf der großmütterlichen oder der großväterlichen Seite von den Affen abstamme. Huxley wurde ausfallend und erklärte, er habe lieber einen Affen zum Großvater als einen Menschen wie Wilberforce.

Heute, 145 Jahre nach jener legendären Debatte, lassen sich solche Fragen ganz sachlich mittels der Genomforschung klären. So steht es ohne wesentliche Zweifel fest, dass der letzte gemeinsame Vorfahre von Thomas Huxley und dem Schimpansen Clint, dessen Genom jetzt sequenziert wurde, vor etwa fünf Millionen Jahren lebte. Doch von Stammbaumfragen einmal abgesehen ist das Schimpansengenom vor allem deshalb extrem nützlich, weil es als Vergleichs- und Referenzpunkt zu dem bereits intensiv erforschten menschlichen Genom uns neue Informationen über unsere eigene Spezies liefert.

Insbesondere ermöglicht uns die äffische Erbinformation Einblicke in die Evolution unseres Genoms in den letzten fünf Millionen Jahren, sowie über die Evolution einzelner Gene und die Selektionskriterien, welche diese antrieben. Am wertvollsten ist die Information aber womöglich als externer Bezugspunkt für die menschliche Populations- und Pharmakogenetik.

Der Vergleich der Genome insgesamt zielt unter anderem auch auf die berühmte Verwandtschaftsfrage ab. Wie ähnlich sind uns unsere lieben Verwandten eigentlich (Bild 15)?

Bereits im Jahre 2003 folgerten Morris Goodman und seine Mitarbeiter aus ihren Untersuchungen anhand der damals verfügbaren Gensequenzen, dass die Trennung der Gattungen *Homo* (moderne Menschen und urzeitliche Hominiden) und *Pan* (Schimpansen) zu Unrecht bestehe und schlugen vor, sowohl den gewöhnlichen Schimpansen *Pan troglodytes* als auch den Zwergschimpansen oder Bonobo, *Pan paniscus*, in die Gattung *Homo* aufzunehmen. Die von 1963 stammende Einteilung, nach der Schimpansen den Gorillas näher stünden als uns, erscheint heute nicht mehr haltbar.

**Bild 15** Der hier gezeigte gewöhnliche Schimpanse (*Pan troglodytes*) und der Zwergschimpanse oder Bonobo (*Pan paniscus*) sind unter den heute lebenden Tierarten unsere nächsten Verwandten. Die Untersuchung des Schimpansengenoms hat wichtige Erkenntnisse über die Evolution und heutige genetische Vielfalt unserer Art geliefert.

Das »Chimpanzee Sequencing and Analysis Consortium« unter Leitung von Richard K. Wilson (Washington University, St. Louis, Missouri), Eric S. Lander (MIT) und Robert H. Waterston (University of Washington, Seattle) hat dann im Jahr 2005 einen zu 94 % vollständigen Entwurf des Schimpansengenoms publiziert und die ersten Vergleichsstudien zum Humangenom gleich mitgeliefert. Die nahezu komplette Genomsequenz des Schimpansen Clint untermauert Goodmans Aussagen mit verlässlicheren Zahlen. Betrachtet man die Unterschiede in einzelnen DNA-Buchstaben, so weichen die Sequenzdaten von Mensch und Schimpanse in 1,23 % der Stellen voneinander ab. Die Forscher schätzen, dass von diesen Abweichungen rund ein siebtel auf der natürlichen Diversität innerhalb der beiden Arten beruhen, sodass lediglich 1,06 % echte Unterschiede übrigbleiben. Diese Angabe bezieht sich auf den 2,4 Milliarden Basen umfassenden Anteil des Schimpansengenoms, der sich mittels der verfügbaren Daten eindeutig dem entsprechenden menschlichen Erbmaterial zuordnen lässt. In absoluten Zahlen ausgedrückt gibt es also in diesem Bereich 25,4 Millionen (und insgesamt knapp 30 Millionen) »kleine Unterschiede« zwischen Schimpansen und Menschen. Zwischen verschiedenen Menschen gibt es 4 Millionen ebensolcher Unterschiede (die innerhalb einer Art als *Single Nucleotide Polymorphisms*, kurz SNPs oder Snips bezeichnet werden); im Schimpansengenom haben die Forscher bereits 1,66 Millionen SNPs gefunden.

Veränderungen einzelner Buchstaben sind natürlich nicht die einzigen Veränderungen, die ein Genom im Laufe der Jahrmillionen erfährt. Es gibt außerdem eine geringere Anzahl von Einfügungen oder Verlusten längerer DNA-Abschnitte (Insertionen und Deletionen, in einem Wort zusammengefasst als »Indels«), sowie Umordnungen. Die Genomforscher schätzen aufgrund ihres gegenwärtigen Kenntnisstands, dass die rund 5 Millionen Indel-Ereignisse jede der beiden Arten mit 40–45 Millionen artspezifischen Basen versehen haben. Zusammengerechnet ergeben diese ein Kontingent von rund 3 % Unterschiedlichkeit zwischen Schimpansen- und Menschengenom.

Die Organisation des Schimpansengenoms in Chromosomen – deren Nummerierung die Forscher jetzt der des menschlichen Chromosomensatzes angepasst haben – hat sich insofern geändert, als die Information des menschlichen Chromosoms 2 im Schimpansen in zwei Chromosomen, 2A und 2B aufgeteilt ist.

„Einst haben die Kerls auf den Bäumen gehockt ...« – soviel wusste schon Erich Kästner über »Die Entwicklung der Menschheit«. Doch Spaß beiseite, macht die biologisch enge Verwandtschaft mit unseren beiden haarigen Vettern uns gleich zum Tier? Vergleichende Genomik aus anderen Bereichen der Tierwelt zeigt, dass die prozentuale Übereinstimmung zwischen den Genomen zwar ein nützlicher Indikator der Evolutionsgeschichte, aber nicht unbedingt ein guter Maßstab für Ähnlichkeit ist. Die Schimpansenforscher zitieren als Beispiel zwei Mäusearten, die genetisch so verschieden sind wie Mensch und Schimpanse, aber im Erscheinungsbild (Phänotyp) kaum unterscheidbar sind. Hunderassen stellen das andere Extrem dar: Mit nur rund 0,15 % genetischer Variabilität produzieren Züchter spektakulär unterschiedliche Phänotypen.

Das Äußerliche hängt nur von relativ wenigen Genen ab – deshalb ist ja das wissenschaftlich zweifelhafte Konzept der »Menschenrassen« ein ganz und gar miserabler Indikator für die genetische Variabilität innerhalb unserer Spezies. Aber auch bei den tieferliegenden Qualitäten, die uns zum *Homo sapiens* machen, können einige wenige Gene oft überproportional viel Einfluss haben. Zum Beispiel im Bereich der Transkriptionsfaktoren, wo eine Mutation, welche die Stabilität eines solchen Faktors beeinflusst, den Stoffwechsel, die Embryonalentwicklung, oder die Wachstumskontrolle der Zellen völlig durcheinander bringen kann. Im letzteren Fall, wenn Transkriptionsfaktoren (etwa p53) den Zellzyklus steuern und die Proliferation der Zellen im Zaum halten, machen sich Mutationen oft auf katastrophale Weise in Form von Krebsgeschwüren bemerkbar.

Deshalb wäre es auch naiv, die Unterschiede zwischen den Affen, die auf Bäumen hocken, und jenen, welche Auto fahren oder populärwissenschaftliche Bücher schreiben, pauschal dem dreiprozentigen Genomunterschied zuschreiben zu wollen. Erst ein detaillierteres Verständnis der Embryonalentwicklung und ihrer molekularen Grundlagen wird es ermöglichen, dem kleinen Unterschied zwischen den so nahe verwandten Arten auf die Spur zu kommen.

Um die Evolution einzelner menschlicher Gene anhand der Schimpansendaten studieren zu können, wählten die Genomforscher 13 454 Gene aus, die sich in beiden Arten problemlos identifizieren und vergleichen lassen. Darüber hinaus erstellten sie einen kleineren Datensatz von 7043 Genen, die sich zwischen Mensch, Schimpanse, Ratte und Maus vergleichen lassen.

Um die Geschwindigkeit, mit der die Evolution förderliche Mutationen selektioniert oder nachteilige Veränderungen blockiert, besser beurteilen zu können, vergleicht man meistens die Häufigkeit der Basenaustausche, die eine Veränderung der codierten Aminosäure nach sich ziehen, mit der Häufigkeit jener, die stumm bleiben. (Bei vielen Basentripletts ist ja die dritte Base ohne Einfluss: Wenn ein Codon zum Beispiel mit GC anfängt, ist die codierte Aminosäure in jedem Fall Alanin, egal wie die dritte Base aussieht.)

Die Idee hinter dieser Analyse ist die, dass die stummen oder synonymen Austausche die vor allem vom Zufall bestimmte Mutationsrate anzeigen, während ausschließlich die sinnverändernden Mutationen dem Ausleseprozess der Evolution unterworfen ist. Man normiert beide Raten, indem man sie durch die Anzahl der für die jeweilige Art von Mutation prinzipiell zur Verfügung stehenden Positionen teilt und vergleicht dann die normierten Ergebnisse. Ist die Häufigkeit der sinnverändernden Mutationen größer als die der stummen, dann lässt das darauf schließen, dass positive Selektion am Werke war. Im umgekehrten Fall liegt der Schluss nahe, dass der untersuchte Abschnitt des Genoms durch negative Selektion von nachteiligen Mutationen »gereinigt« wurde.

Auf diese Weise konnten die Genomforscher ermitteln, dass die Häufigkeit von nicht-synonymen Mutationen in der Abstammungslinie von Menschen und Schimpansen gegenüber den synonymen Mutationen auf 22 % reduziert ist. In anderen Worten: 78 % aller aufgetretenen nicht-synonymen Mutationen waren schädlich genug, um von der Evolution unterdrückt zu werden. Dennoch finden sich natürlich einige der schädlichen Mutationen heute noch in der genetischen Vielfalt der Menschen wieder, z. B. als Erbkrankheiten. Aufgrund des Genomvergleichs schätzen die Forscher den Anteil der schädlichen Mutationen, die dennoch in messbarem Umfang überleben, auf 25 %.

Aus dem Vergleich zwischen vier Arten (Mensch, Schimpanse, Maus und Ratte) ergab sich, dass die Nager einem stärkeren Selektionsdruck unterworfen sind als die Primaten.

Darüber hinaus ist das Schimpansengenom auch für eine Forschungsrichtung nützlich, die mit Affen oder anderen Tierarten rein gar nichts zu tun hat, sondern sich nur mit dem Menschen beschäftigt, nämlich der Populationsgenetik. Nach der Entschlüsselung des menschlichen Genoms haben sich die Sequenzierer der Aufgabe gewidmet, die Unterschiede zwischen einzelnen Menschen und zwischen Bevölkerungsgruppen zu erforschen. Dahinter steht ein massives medizinisches Problem, dass nämlich die Verträglichkeit und Wirksamkeit von Medikamenten oft von den genetischen Voraussetzungen des Patienten abhängt. Die Pharmakogenetik bemüht sich, die genetische Vielfalt des Menschen zumindest soweit zu verstehen, dass man voraussagen kann, welche Patienten welche Medikamente nehmen können. Diese Bemühungen haben bereits zur Identifizierung von mehr als 7 Millionen SNPs geführt. Doch der Befund, dass an diesen Stellen Unterschiede bestehen, erklärt noch nicht, wie sie zustande kommen. Welche Version ist der Wildtyp, welche die Mutante? Und wie hat sich die Mutante ausgebreitet? Solche Fragen lassen sich nur mit Hilfe unserer Verwandten aus der Primatenfamilie beantworten.

Anhand der vorläufigen Genomsequenz des Schimpansen konnten die Forscher bereits bei 80 % der 7,2 Millionen in öffentlichen Datenbanken erfassten SNPs des menschlichen Genoms klären, welche der verschiedenen Versionen die »urtümliche« ist. Bei manchen der noch unklar gebliebenen Fälle dürften weitere Primatengenome für Aufklärung sorgen.

So zeigt sich, dass die Erforschung unseres nächsten Verwandten uns vor allem einen Spiegel vorgehalten hat. Schon die vorläufigen Daten und Analysen haben viel zum Verständnis der menschlichen Evolution und genetischen Vielfalt beigetragen. Detailliertere Studien werden im Laufe der nächsten Jahre diesen Nutzen noch vervielfachen.

(2005)

### Literaturhinweise

The Chimpanzee Sequencing and Analysis Consortium, *Nature*, 2005, **437**, 69.
D. E. Wildman et al., *Proc. Natl. Acad. Sci. USA*, 2003, **100**, 7181.

### Was danach geschah

Wenn ein so umfangreiches Genom wie das des Menschen oder des Schimpansen »fertig« sequenziert ist, dann ist es natürlich noch lange nicht fertig. Viele Forscher sind noch jahrelang damit beschäftigt, herauszufinden, welche Funktionen die einzelnen Gene ausüben, und wie ihre Ablesung reguliert wird. Darüber hinaus eröffnet auch das Hinzukommen weiterer Säugetiergenome weitere Möglichkeiten der vergleichenden Genomik und Evolutionsforschung. Für das Verständnis unseres eigenen Genoms ist die Sequenzierung des Neandertalers (siehe Seite 77) von vergleichbarem Interesse wie die des Schimpansen. Svante Pääbo, der dieses Projekt leitet, hat nun (2008) auch die Sequenzierung des Bonobo in Angriff genommen.

# Liebe ist ...
## ... wenn die Chemie stimmt?

Im Februar 2006 war ich einen Tag lang berühmt und erschien in den Medien rund um den Globus. Das ging auf eine Pressemeldung zurück, welche die *Royal Society of Chemistry* im Vorfeld des Valentinstags herausgegeben hatte, beruhend auf einem Artikel über die Chemie der Liebe, den ich für *Chemistry World* verfasst hatte. Der ganze Rummel war ja ganz amüsant, aber ich war dann doch froh, als der Valentinstag vorbei war und niemand mehr anrief. Hier ist eine nicht ganz ernst gemeinte Version der Geschichte.

Liebe kämpft nicht, Liebe wird nicht, Liebe ist, sagt Nena – aber was ist sie denn eigentlich? Liebe ist Chemie, behaupten Gabriele und Rolf Froböse in ihrem Buch »Lust und Liebe – alles nur Chemie?« (Wiley-VCH, Weinheim, 2004), welches ich ins Englische übersetzen durfte. Mit meinen frisch geschärften Sensoren für Liebes-Chemie entdecke ich nun chemo-erotische Zusammenhänge an allen Ecken und Enden.

Über Jahrzehnte haben die exakten Wissenschaften ja die Liebe an und für sich komplett ignoriert. Ein undefinierbares Gefühl, das geradezu in diametralem Gegensatz zur rationalen Weltsicht der Wissenschaft steht, das konnte kein vernünftiges Untersuchungsobjekt sein. Erst nachdem die Magnetresonanz-Tomographie zeigte, dass sich der romantische Liebeswahn tatsächlich wohldefinierten Funktionszuständen des Gehirns zuordnen lässt, haben sich auch Chemiker verstärkt dafür interessiert, welche Moleküle daran beteiligt sein könnten.

Zunächst einmal kommen als Auslöser des ganzen Phänomens jene schwer fassbaren Sexuallockstoffe, die Pheromone in Betracht. Allerdings habe ich Sie mit diesen schon weiter oben (siehe Seite 127)

**Bild 16** Cupidon (Amor) Gemälde von William Adolphe Bouguereau (1825–1905).

behelligt. Deshalb sei hier nur nachgetragen, dass als Quelle der männlichen Mäusepheromone kürzlich die Tränendrüse dingfest gemacht wurde. Hätten Sie's gedacht? Männertränen bekommen damit eine völlig neue Bedeutung!

Wie viel Unheil Amors chemische Pfeile bei ihrem Opfer anrichten, hängt unter anderem auch von dessen Genen ab (Bild 16). Hier gibt es wiederum jede Menge Erkenntnisse aus der Tierwelt. Am meisten Beachtung fand vor einigen Jahren die Studie, die mittels einer »Gentherapie« eine von Natur aus promiske Wühlmausart zur ehelichen Treue bekehrte. Vielleicht lassen sich auf diese Weise ja auch die Pinguine wieder in Einklang mit den Vorstellungen der christlichen Fundis bringen, die bei dem Dokumentarfilm »Die Reise der Pinguine« wohl einige Dinge falsch verstanden hatten.

Beim Menschen kann man natürlich nicht gleich an den Genen herumdoktern, deshalb suchen die Forscher den Schlüssel wieder einmal unter der Laterne, das heißt in diesem Fall im Blutserum, wo man leicht die Konzentrationsänderungen von Hormonen und anderen Botenstoffen messen kann.

Donatella Marazziti von der Universität Pisa hat in diesem Gebiet zwei bahnbrechende Arbeiten veröffentlicht, in denen sie Veränderungen in der Aktivität eines Serotonin-Transporters sowie in der Blutkonzentration mehrerer Hormone bei frisch (d. h. seit weniger als sechs Monaten) Verliebten nachwies. Interessanter als die genauen Ergebnisse sind jedoch die Auswahlkriterien. Wer Donatellas Liebesprüfung standhalten will, muss pro Tag mindestens vier Stunden lang an die angebetete Person denken. Das schafften die Romeos und Julias in ihrer jüngsten Hormonstudie locker: Der Durchschnittswert der täglichen »Denk-an-mich-Zeit« betrug neun Stunden, mit einer Standardabweichung von drei Stunden.

Nach denselben gnadenlosen Kriterien rekrutierte Enzo Emanuele von der Universität Pavia eine weitere Gruppe von Freiwilligen. Emanuele und Mitarbeiter stellten fest, dass der Nervenwachstumsfaktor NGF aus der Familie der Neurotrophine bei den Liebestollen in sehr viel höherer Konzentration durch die Adern kreist als bei den Kontrollgruppen. Darüber hinaus berichten die Forscher eine positive Korrelation der NGF-Konzentrationen mit der Selbsteinschätzung des Verliebtheitsgrads auf der »Passionate Love Scale« (PLS – kein Witz!), die sich allerdings mit unbewaffnetem Auge in den stark streuenden Daten kaum erkennen lässt. Wie dieser Puzzlestein mit den anderen zusammenpasst ist noch völlig offen.

Die Ernüchterung folgt – in der Wissenschaft wie in der Liebe – dem Rausch auf den Fuß. Als Emanuele die ehemals Frischverliebten nach einer Wartezeit von 12–24 Monaten wieder zur Ader ließ, hatten sich die NGF-Werte wieder normalisiert. Schlimmer noch: Weder die NGF-Werte noch die Leidenschafts-Skala erlaubten eine Prognose des Verliebtheitsgrads bei der zweiten Untersuchung. Merke: Auch wenn am Anfang die Chemie stimmt, kann die Reaktion immer noch schiefgehen.

(2006)

### Literaturhinweise

G. Froböse, R. Froböse, *Lust und Liebe, alles nur Chemie?*
Wiley-VCH, Weinheim, 2004.
H. Fisher, *Why we love: the nature and chemistry of romantic love.*
Henry Holt, New York, 2004.
K.-I. Kimura et al., *Nature*, 2005, **438**, 229.
A. Aron et al., *J. Neurophysiol.*, 2005, **94**, 327.
H. Fisher et al., *J. Comp. Neurol.*, 2005, **493**, 58.

D. Marazziti, D. Canale, *Psychoneuroendocrinology*, 2004, **29**, 931.
E. Emanuele et al., *Psychoneuroendocrinology*, 2005, **30**, 1017.
A. B. Wismer Fries et al., *Proc. Natl. Acad. Sci USA*, 2005, **102**, 17237.
P. Kirsch et al., *J. Neurosci.*, 2005, **25**, 11489.
M. Kosfeld et al., *Nature*, 2005, **435**, 673.
H. Kimoto et al., *Nature*, 2005, **437**, 898.

## Was danach geschah

Seit dieser Geschichte ist mir kein sensationeller Durchbruch in diesem Gebiet begegnet, aber falls es Neues gibt, werden wir es wahrscheinlich erst im Februar erfahren, da zur Saison passende Geschichten immer die größte Verbreitung in den Medien finden.

# Kolumbien nach Kolumbus

Wie auch immer die chemische Formel des Sex-Appeals lautet,
am konzentriertesten findet man diese begehrte Substanz
natürlich in Lateinamerika. Es ist allerdings überraschenderweise noch nicht ganz klar, wie der Schmelztiegel der Gene
nach der Conquista diese Eigenschaften hervorgebracht hat.

Die Bevölkerung Lateinamerikas stellt eine vielfältige Mischung aus
einheimischen, europäischen, und afrikanischen Gen-Kontingenten
dar. Insbesondere in den rohstoffreichen tropischen und subtropischen Ländern etablierte sich ein Wirtschaftssystem, in dem europäische Sklaventreiber die billigen einheimischen und aus Afrika
importierten Arbeitskräfte ausbeuteten, und sich langsam mit
diesen vermischten, anders als in den gemäßigten Breiten, wo europäische Siedlerfamilien die Einheimischen durch Landnahme ver-
drängten.

Wie die farbenfrohe Bevölkerungsmischung in den tropischen und
subtropischen Bereichen der Neuen Welt zustande kam war jedoch
bisher nicht genau bekannt, und erste Aufklärungsversuche ergaben
scheinbar widersprüchliche Ergebnisse. Die Arbeitsgruppe von Andrés Ruiz-Linares vom University College in London hat zum Beispiel
mit genetischen Methoden die Abstammung der heutigen Bevölkerung der Region Antioquia im Westen Kolumbiens (Umgebung von
Medellín) untersucht. Die ersten Studien ergaben, dass die Kolum-
bianer aus jener Gegend, die sich überwiegend als europäisch stäm-
mig verstehen, nach Analyse der Y-Chromosomen tatsächlich zu
94 % europäischer Herkunft sind. Die nur in mütterlicher Linie ver-
erbten mitochondrialen Gene ergaben jedoch ein völlig anderes
Resultat: Demnach stammt die heutige Bevölkerung zu 90 % von den

indianischen Ureinwohnerinnen ab, zu 8 % von Afrikanerinnen, und nur zu 2 % von Europäerinnen.

Um diese überraschend ausgeprägte Ungleichverteilung zwischen mütterlichem und väterlichem Erbgut näher zu erforschen, führten Ruiz-Linares und seine Mitarbeiter weitere, detailliertere Studien in derselben Region durch, in denen sie zusätzlich auch die genetische Variabilität der X-Chromosomen, sowie die Verbreitung häufiger Familiennamen und deren Kopplung mit Eigenheiten der Y-Chromosomen untersuchten.

Diese umfassendere Analyse erlaubt jetzt sehr viel tiefere Einblicke in die Geschichte der Bevölkerungsentwicklung. Zum Beispiel konnten die Forscher nachweisen, dass fünf der heute häufigsten Familiennamen in der Region mit Sicherheit auf jeweils einen, in der Mitte des 17. Jahrhunderts eingewanderten Spanier zurückgehen. Unter den schon seit der Gründerzeit häufigen Nachnamen findet sich übrigens auch derjenige des aus Medellín gebürtigen Rockmusikers Juan Esteban Aristizabal, auch deutschen Musikfreunden bekannt unter dem Künstlernamen Juanes.

Die Ereignisse nach der Ankunft jener Gründergeneration stellen sich nach Erkenntnissen der Forscher jetzt etwa folgendermaßen dar: Die Vermischung der europäischen und einheimischen Gene wurde in Gang gesetzt von europäischen Männern und einheimischen Frauen, die in der Zeit der Eroberung zusammenfanden (wobei die Genforscher natürlich nicht mehr ermitteln können, ob die Frauen dabei freiwillig mitspielten). Sobald jedoch in den folgenden Generationen Mestizinnen zur Verfügung standen, ging der genetische Beitrag der rein indianischen Frauen gegen Null, wie sich an der überwiegend europäischen Prägung der X-Chromosomen und Autosomen (Nicht-Geschlechtschromosomen) ablesen lässt. Die Forscher spekulieren, dass sowohl der drastische Rückgang der einheimischen Bevölkerung, als auch die Präferenzen der neu ankommenden spanischen Männer dabei eine Rolle gespielt haben.

Die Fortsetzung dieses Musters – europäische Zuwanderer nehmen sich Mestizinnen zur Frau – über mehr als drei Jahrhunderte und in relativer Isolation, erklärt auf elegante Weise sowohl die Dominanz der europäischen Gene im Y-Chromosom als auch die Dominanz der indianischen Merkmale im mitochondrialen Erbgut.

Anders herum formuliert: Europäische Frauen spielten keinerlei Rolle, weil die spanischen Abenteurer unbegleitet in die Neue Welt aufbrachen, und indianische Väter verloren an Bedeutung weil ihre Töchter nur der ersten Einwanderergeneration attraktiv erschienen.

Auf welche Weise diese ganz besondere Genmischung dann die Musik eines Juanes oder das Draufgängertum eines Juan Pablo Montoya hervorbringt dürfte etwas schwieriger zu erforschen sein.

(2006)

**Literaturhinweise**

S. Miller, J. Diamond, *Nature*, 2006, **441**, 411.

L. G. Carvajal-Carmona et al., *Hum. Genet,.* 2003, **112**, 534.

G. Bedoya et al., *Proc. Natl. Acad. Sci. USA*, 2006, **103**, 7234.

# Ein Prosit dem Wein-Genom

> Wenn die Gene, die Pheromone, und die romantische Beleuchtung alle im Einklang sind, dann fehlt uns nur noch ein guter Schluck. Wie wär's mit einem Glas Pinot Noir, mit Einblicken in die Evolution der Pflanzen und gesundheitsförderlichen Nebenwirkungen?

Das Sequenzieren vollständiger Genome ist inzwischen so schnell und erschwinglich, dass bereits die ersten Sequenzen einzelner Personen vorliegen und die Forscher die Genomik der Taufliege *Drosophila* inzwischen im Dutzendpack untersuchen. Nicht ganz so schnell mithalten konnte jedoch die Pflanzengenomik. Die Weinrebe *Pinot Noir*, deren Genom im Jahr 2006 entschlüsselt wurde, war erst die vierte Blütenpflanze, der diese Ehre widerfuhr.

Aufgrund der relativen Knappheit an Genomdaten aus dem Pflanzenreich stellte das Erbgut der Weinrebe nicht nur für die Winzer, sondern auch für die Evolution der Pflanzen einen wichtigen Meilenstein dar.

Dass das Genom trotz klaren wirtschaftlichen Interesses an der Weinrebe in Ländern wie Italien und Frankreich, wo die Sequenzierung durchgeführt wurde, erst jetzt vollendet wurde, lag vor allem an technischen Schwierigkeiten. Weinreben weisen einen ungewöhnlich hohen Anteil an heterozygoten Genen auf, was bedeutet, dass die beiden Exemplare eines Gens, die jede Zelle trägt, sich voneinander unterscheiden. Bei der heute üblichen Schrotschuss-Methode der Sequenzanalyse führt diese Vieldeutigkeit innerhalb des Genoms einer Art zu Konfusion, sobald die sequenzierten Zufallsfragmente zusammengesetzt werden sollen.

Deshalb griffen die Forscher erst einmal auf traditionelle Züchtungstechniken zurück, um eine genetisch einheitlichere Variante der *Pinot-Noir-Rebe* zu erzeugen, die sich dann auch einfacher sequenzieren ließ.

Ein Vergleich der so erhaltenen Genomdaten mit den anderen bereits sequenzierten Blütenpflanzen, nämlich der Reispflanze, der Pappel, und der Ackerschmalwand *Arabidopsis thaliana*, hat es den Forschern bereits ermöglicht, die Evolution der Blütenpflanzen in ein neues Licht zu setzen und historische Genomverdopplungen zeitlich einzuordnen. Am nächsten verwandt ist die Weinrebe mit der Pappel, und beide stehen der Ackerschmalwand deutlich näher als dem Reis.

Was die Besonderheiten der Weinrebe selbst angeht, so fanden die Genomforscher umfangreiche Hinweise darauf, warum Wein eine solche Vielfalt an Geschmacksvariationen hervorbringen kann. Terpensynthasen, zum Beispiel, sind für die Herstellung gewisser Terpene zuständig, welche den meisten Pflanzen zur Abwehr von Schädlingen dienen, aber beim Wein auch entscheidend zum Aroma beitragen. Die anderen drei bereits sequenzierten Blütenpflanzen weisen jeweils 30 bis 40 Gene für solche Enzyme auf. Die Weinrebe hat 89 funktionierende Synthasen, und darüber hinaus noch Pseudogene, die ihre Funktion offenbar verloren haben.

Ähnlich ist die Situation auch bei den Polyphenolen, denen wir vermutlich die gesundheitsfördernde Wirkung mäßigen Weingenusses verdanken. (Ich weiß, dass manche Mediziner auf diese Aussage allergisch reagieren, doch selbst wenn der Alkoholgehalt den Effekt neutralisiert, ergibt sich eine gesundheitsfördernde Wirkung für diejenigen, die sich für Wein entscheiden, verglichen mit denen, die vergleichbare Mengen Alkohol in anderer Form zu sich nehmen.) Für Stilbensynthasen, die für die Herstellung von Verbindungen wie Resveratrol erforderlich sind, finden sich im Weingenom 43 Gene, weitaus mehr als bei anderen Pflanzen.

Winzer, die sich über Jahrtausende hinweg bei der Züchtung auf ihre Geschmacksnerven verlassen mussten, können demnächst auch per Gentest erkennen, welche Züchtungen interessante Geschmacksvarianten oder positive »Nebenwirkungen« versprechen. Doch wie in anderen Bereichen auch, haben die Umweltbedingungen, vom Wetter bis hin zur Lagerung des Weins, ein paar Worte mitzureden. Somit werden die Buchstaben in den Genomdatenbanken die lange Erfahrung der Winzer zwar wissenschaftlich untermauern und ergänzen, aber nicht überflüssig machen.

(2007)

**Literaturhinweise**

O. Jaillon et al., *Nature*, 2007, **449**, 463.
J. A. Bauer et al., *Nature*, 2006, **444**, 337.

# 3
## Cool! – Phantastische Erfindungen

Wenn Sie auch Teenager in der Familie haben (oder selbst mal einer waren), dann wissen Sie bestimmt, dass »cool« das komplizierteste aller Adjektive ist. Die Grenzen zwischen coolen und uncoolen Dingen verschieben sich täglich ohne erkennbaren Sinn. Aber eine wichtige Eigenschaft von coolen Leuten ist, dass es ihnen egal ist, was andere von ihrem Geschmack halten. Deshalb präsentiere ich Ihnen hier einige Geschichten, die ich cool finde, aber wenn die coolen Jungs und Mädels sie »nerdy« finden, lässt mich das kalt.

Nur um ganz sicherzugehen, habe ich auch einige Geschichten aufgenommen, die von wirklich kühlen Dingen handeln, wie dem Leben bei frostigen Temperaturen. Als letzte Warnung sei angemerkt, dass dieser Teil des Buchs, im Gegensatz zu den eher grundlagenforscherischen ersten beiden, auch einiges an anwendungsorientierter Forschung vorstellt, die womöglich zu den coolen »gadgets« von übermorgen beitragen kann.

# Frostschutz- und Kälteschock-Proteine

Auch in diesem Teil will ich mit der buchstäblichen Interpretation des Leitbegriffs anfangen, deshalb wenden wir uns jetzt jenen coolen Proteinen zu, welche das Leben im Eis der Antarktis ermöglichen.

Flüssiges Wasser ist vielleicht die wichtigste Grundvoraussetzung für das Leben. Tiefseebakterien können bei 110 °C gedeihen, wenn der Druck der Wassersäule den Siedepunkt des Wassers entsprechend erhöht. Doch während extrem hitzeresistente (thermophile) Organismen am oberen Rand der biologischen Temperaturskala auf solche Hilfe von außen angewiesen sind, können viele Bewohner eisiger Gefilde aktiv dazu beitragen, dass das lebenswichtige Wasser nicht gefriert.

Aus dem Alltag sind uns verschiedene Methoden zur Vorbeugung gegen Frostschäden bekannt. Beispielsweise mischen Autofahrer Gefrierschutzmittel (etwa den seinerzeit durch Weinpanscher in Verruf gekommenen Alkohol Ethylenglykol) in Kühl- und Scheibenwaschwasser. Vereiste Straßen lassen sich durch Salz abtauen. Beide Substanzen sind in Wasser löslich, können aber nicht in Eiskristalle eingebaut werden. Deshalb »ziehen« sie das Gleichgewicht zwischen dem festen und dem flüssigen Aggregatzustand des Wassers in Richtung des flüssigen und senken somit den Gefrierpunkt der Mischung um einige Grad.

Fische arktischer Gewässer können sich nicht wie wir Warmblüter den Luxus einer konstant hohen Körpertemperatur leisten, aber auch die Autofahrermethode, hohe Konzentrationen kleiner Moleküle in ihre vor dem Einfrieren zu schützenden Flüssigkeiten zu mischen, wäre für sie problematisch. Die natürliche Tendenz zum Konzentrationsausgleich mit der Umgebung (Osmose) würde Wasser anziehen. Der durch diesen Effekt aufgebaute osmotische Binnendruck würde die Zellen mindestens ebenso schädigen wie ein Einfrier- und Auftauzyklus.

Fische greifen deshalb auf speziell für diesen Zweck hergestellte Frostschutzproteine (AFP, für englisch *anti-freeze protein*) zurück, die durch gezielte Wechselwirkung mit den Kristallisationskeimen die Eisbildung hemmen und somit den Gefrierpunkt effektiv herabsetzen.

Gewisse Frosch- und Schildkrötenarten hingegen vermeiden Frostschäden, indem sie dem Frost Tür und Tor öffnen und durch eigens hergestellte, als Kristallisationskeime fungierende Proteine ein schnelles und schadloses Gefrieren ihrer Körperflüssigkeiten herbeiführen. Und selbst Bakterien besitzen neben den inzwischen umfassend erforschten Hitzeschockproteinen auch Kälteschockproteine, die ihnen helfen, die Nebenwirkungen eines Temperatursturzes abzumildern.

Spezifische Wechselwirkung mit im Entstehen begriffenen Eiskristallen, um entweder ihr Wachstum völlig zu verhindern oder aber ihre Entstehung zu begünstigen – das hört sich nach einem vertrackten Problem an, dessen Lösung komplizierte Strukturen erfordert. Wie verblüffend einfach jedoch ein Biomolekül aufgebaut sein kann, das eine solche Funktion erfüllt, stellte sich erst heraus, als 1995 die Röntgenstruktur des Frostschutzproteins der Winterflunder (*Pseudopleuronectes americanus*) gelöst wurde. Die ganze aus nur 37 Aminosäurebausteinen bestehende Peptidkette ist schraubenförmig gewunden, das heißt das Protein ist eine einzige α-Helix mit neun Windungen. Die für eine solche »einsame Helix« überraschend hohe Stabilität ist teilweise auf spezielle, aus Wasserstoffbrückenbindungen aufgebaute »Kappen« an beiden Enden der Schraube zurückzuführen.

Die für die Eisbindung verantwortlichen Aminosäurebausteine sind nicht schwer zu identifizieren, da die zu diesem Zweck ungeeignete wassermeidende Aminosäure Alanin mehr als die Hälfte der Positionen einnimmt. Man vermutet, dass alle 14 übrigen Bausteine wichtige Funktionen bei der Stabilisierung der Helix oder der Erkennung der Eiskristalle haben. Als eisbindendes Motiv wurde ein Dreigestirn aus Asparagin, Threonin und Leucin identifiziert, die in jeder dritten Windung der Helix wiederkehren. Sie bilden zusammen eine überraschend flache und feste Oberfläche, aus der die Seitenketten von Asparagin und Threonin nur ein klein wenig herausragen. Diese können durch Wasserstoffbrückenbindungen an die ebenso periodischen Strukturen bestimmter Oberflächen des Eiskristalls binden und diesen so am Wachsen hindern.

Der Gruppe der helicalen Frostschutzproteine (Typ I) mit ihrer verblüffenden Einfachheit steht die ebenfalls in Meeresfischen vorkommende Klasse der Typ III-AFPs gegenüber, wie sie zum Beispiel im Schellfisch (*Melanogrammus aeglefinus*) gefunden werden. Diese weisen trotz ihrer relativ geringen Größe bereits eine kompliziert gefaltete Struktur auf, die keinerlei Periodizität oder sonstige Hinweise auf Eisbindungsmotive enthält. Nachdem man die Struktur eines solchen Proteins mit Hilfe der Kernresonanzspektroskopie (NMR für englisch *nuclear magnetic resonance*) aufgeklärt hatte, waren immer noch aufwendige Untersuchungen mittels ortsgerichteter Mutagenese (Austausch einzelner Aminosäuren durch gezielte Veränderung der Gensequenz) erforderlich, um die für die Wechselwirkung mit Eiskristallen unabdingbaren Aminosäuren zu identifizieren. Inzwischen hat es den Anschein, als ob von den insgesamt acht an β-Faltblättern beteiligten Sequenzabschnitten derjenige, der dem Ende der Sequenz (C-Terminus) am nächsten liegt, die entscheidende Bindungsstelle darstellt.

Völlig im Dunkeln tappt man allerdings in bezug auf die Frostschutzproteine vom Typ II, wie sie zum Beispiel im Hering gefunden werden: Über diese Proteine gibt es bisher keinerlei Strukturinformation, lediglich hypothetische Strukturmodelle, die auf der entfernten Verwandtschaft mit gewissen Pflanzenproteinen (den Lektinen) beruhen.

Nicht viel besser weiß man über eine weitere Klasse von Proteinen Bescheid, die ähnlich wie die Frostschutzproteine mit Wassermolekülen von im Entstehen begriffenen Eiskristallen in Wechselwirkung treten, damit aber eine genau entgegengesetzte Wirkung erzielen, nämlich die erleichterte Keimbildung und schnellere Kristallisation. Sie erlauben den bereits erwähnten Frosch- und Schildkrötenarten, das Einfrieren unbeschadet zu überstehen, wobei bis zu 65 Prozent des Gesamtwassergehalts der Tiere als Eis vorliegen kann. Ähnlich wirkende Proteine werden aber auch von gewissen Mikroorganismen, insbesondere aus den Gattungen *Pseudomonas*, *Xanthomonas* und *Erwinia*, ausgeschieden, um die Frostbildung in ihrer Umgebung glimpflich ablaufen zu lassen. Aufgrund der häufigen Wiederholung gleicher Sequenzabschnitte vermutet man, dass eine regelmäßige Struktur, möglicherweise ein ausgedehntes β-Faltblatt, das Gerüst für die mit ähnlicher Periodizität ausgestatteten Eiskristalle bildet.

Natürlich stellt das winterliche Einfrieren für die betroffenen Organismen eine Belastung dar, und es gibt Hinweise darauf, dass die Frösche auf diesen Stress mit der verstärkten Synthese von Kälteschockproteinen reagieren, ähnlich wie fast alle Lebewesen überhöhte Temperaturen mit Hitzeschockproteinen quittieren.

Näheren Aufschluss über die Natur der Kälteschockproteine erhofft man sich von den Bakterien, bei denen solche Effekte leichter zu untersuchen sind. So wurde das Haupt-Kälteschock-Protein des Darmbakteriums *Escherichia coli*, CspA, zwar erst 1990 aufgefunden und charakterisiert, doch bereits 1994 konnte eine Röntgenstrukturanalyse vorgelegt werden. Die Struktur ist praktisch identisch mit der ein Jahr zuvor bestimmten Kristallstruktur des Kälteschockproteins CspB aus *Bacillus subtilis*. Beide weisen typische Merkmale von Proteinen auf, die mit einzelsträngigen Nukleinsäuren in Wechselwirkung treten können. Vermutlich wirken also Kälteschockproteine nicht direkt den physikalischen Auswirkungen der Kälte entgegen, sondern regulieren die Genexpression in einer Weise, die dem Organismus erlaubt, sich auf die Stressbedingung einzustellen.

Das Ergebnis all dieser Forschungsarbeiten ist nicht nur ein vertiefter Einblick in die Mechanismen der Anpassung an extreme Bedingungen. (In diesem Bereich haben die Hitzeschockproteine eine Vorreiterrolle gespielt, während ebenso weit verbreitete Extrembedingungen wie Kälte, Hochdruck, alkalischer und saurer pH-Wert und hohe Salzkonzentration bisher weniger intensiv erforscht sind.) Zusätzlich erhoffen sich Biotechnologen von einem genaueren Verständnis der natürlichen Anpassungsmechanismen Anwendungsmöglichkeiten in der Landwirtschaft. Agrarwissenschaftler haben bereits versucht, Kartoffelpflanzen – quer über den Stammbaum des Lebens hinweg – das Frostschutzprotein der Winterflunder herstellen zu lassen, mit dem Ziel, den Anbau frostresistenter Kartoffeln in Hochgebirgslagen Südamerikas zu ermöglichen. Mit Hilfe eines von dem Bakterium *Pseudomonas syringae* synthetisierten Proteins, das als Kristallisationskeim für unterkühltes Wasser dient, lässt sich künstlicher Schnee erzeugen, und vielleicht werden ja auch die Autofahrer eines Tages ihre Karossen mit Hilfe von biotechnologischen Produkten frostfrei halten.

(1998)

**Literaturhinweise**

M. Groß, *Exzentriker des Lebens*, Spektrum Akademischer Verlag, Heidelberg, 1997.

## Was danach geschah

Einige der in diesem Artikel erwähnten Wissenslücken konnten inzwischen eliminiert werden. Detaillierte Strukturen von AFPs vom Typ II haben gezeigt, dass diese Proteine tatsächlich den Lektinen der Pflanzen ähneln. Für Eisnucleationsproteine gibt es immerhin verbesserte Modelle. Seit 2006 werden AFPs bei der Herstellung von Speiseeis verwendet, wo sie die Bildung von unerwünschten größeren Eiskristallen verhindern.

# Die Farben der Quanten

Quantenmechanik ist definitiv cool. Insbesondere dann, wenn die quantenmechanischen Effekte, die sich normalerweise im Bereich des unsichtbar Kleinen abspielen, sichtbar gemacht werden können, etwa in Form einer Farbveränderung. Das war es, was mich an den »Q-Teilchen« reizte – und das Ergebnis war einer meiner allerersten Wissenschaftsartikel.

Zerteilt man ein rotes Staubkorn, so erhält man zwei rote Partikelchen – sollte man meinen. Bei Q-Teilchen ist das anders. Diese wenige Nanometer (Millionstel Millimeter) großen Partikeln aus Halbleitermaterial können je nach ihrer Größe schwarz, braun, rot oder gelb sein. Das »Q« weist darauf hin, dass quantenmechanische Effekte im Spiel sind.

Um diesen verblüffenden Farbeffekt und weitere merkwürdige Eigenschaften der Q-Teilchen zu verstehen, muss man zunächst wissen, was ein Halbleitermaterial von anderen – leitenden oder nichtleitenden – Werkstoffen unterscheidet. Halbleiter zeichnen sich dadurch aus, dass von den beiden Energiezuständen, in denen Elektronen sich aufhalten können, derjenige mit der geringeren Energie, das sogenannte Valenzband, voll besetzt ist, während der höher energetische (»angeregte«) Zustand, das Leitungsband, leer bleibt (siehe Bild 17). Sie werden erst dann leitend, wenn durch eine Anregungsenergie (z. B. Licht, Wärme oder elektromagnetische Felder) Elektronen über die Bandlücke hinweg in das Leitungsband befördert werden. Geschieht die Anregung durch Licht, so wird dieses dabei absorbiert (ausgelöscht), und zwar ausschließlich bei einer Wellenlänge, die der Energiedifferenz, das heißt der »Breite« der Bandlücke zugeordnet ist. Diese selektive Absorption bestimmter Lichtwellenlängen ist ver-

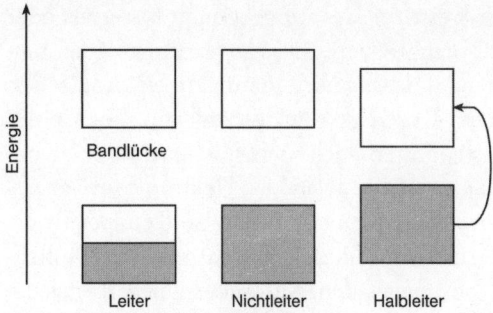

Energie

Bandlücke

Leiter          Nichtleiter          Halbleiter

**Bild 17** Warum Halbleiter manchmal leiten und manchmal nicht. Feststoffe bieten den beweglichen Elektronen ihrer Atome zwei Energiezustände. Bei metallischen Leitern ist der untere, das Valenzband, teilweise gefüllt, es gibt also freie Positionen, und die Elektronen können sich leicht bewegen. Bei Nichtleitern ist das Valenzband voll besetzt, sodass die Elektronen keinen Bewegungsspielraum haben, und das Leitungsband ist außer Reichweite. Bei Halbleitern ist der Energieunterschied zwischen beiden Bändern, die so genannte Bandlücke, so gering, dass Elektronen mit Hilfe einer Anregungsenergie (z. B. Licht) aus dem voll besetzten Valenzband in das Leitungsband überwechseln können, sodass beide Bänder leitend werden.

antwortlich für die Farbigkeit solcher Materialien – wir sehen die Farbe des übrigbleibenden, nicht absorbierten Lichtes.

Q-Teilchen stellen nun ein Mittelding zwischen dem für atomare Maßstäbe unendlich ausgedehnten Halbleitermaterial und einem aus wenigen Atomen bestehenden Molekül dar. Diese Übergangsstellung äußert sich darin, dass die Größe der Bandlücke – normalerweise eine Materialeigenschaft – mit abnehmender Partikelgröße zunimmt. Darauf sind sowohl der Farbeffekt als auch die interessanten elektronischen Eigenschaften von Q-Teilchen aus Halbleitermaterial zurückzuführen.

Wie stellt man nun solche Teilchen her? Cadmiumsulfid, bekannt aus den Belichtungsmessern von anno dazumal, kann in Form von wenige Nanometer großen Partikeln aus einer schwach alkalischen Lösung von Cadmiumionen mit Schwefelwasserstoff gefällt werden. Die Präparation ist weder schwierig noch zeitaufwendig, allerdings kann die Partikelgröße auf veränderte Versuchsbedingungen empfindlich reagieren.

Physiker gehen auf völlig andere Weise an die Untersuchung der Quanteneffekte kleinster Teilchen heran. Sie nutzen die neuentwickelten Methoden der Nanotechnik, um auf Halbleiterchips nanometergroße Bereiche durch Wegätzen des umgebenden Materials oder durch elektrische Felder einzugrenzen. Diese sogenannten Quantenpunkte (engl. *quantum dots*) lassen sich dann zu elektronischen Schaltelementen ausbauen. Durch geschicktes Anlegen sehr kleiner Spannungen kann man aus ihnen auch »künstliche Atome« erzeugen. Wenn man nämlich ein negativ geladenes Elektron vom Valenzin das Leitungsband befördert, verbleibt im Valenzband ein positiv geladenes Loch, und man erhält ein Ladungspaar, das gewisse Ähnlichkeiten mit einem Atom (positiv geladener Atomkern, negativ geladene Elektronenhülle) hat. Die künstlichen Atome haben den Vorteil, dass man die Zahl der sich gegenüberstehenden Ladungen frei wählen kann, man kann also, an einem einzigen Modellsystem Untersuchungen quer durch das Periodensystem der Elemente durchführen. An den künstlichen Atomen lassen sich theoretische Vorhersagen der Quantenmechanik überprüfen. So kann ein einzelnes Elektron in einem eng umgrenzten Raum beobachtet werden, ein experimentelles Beispiel für ein grundlegendes quantenmechanisches Modell, das »Teilchen im Kasten«.

Ein drittes Gebiet, das sich neben der Kolloidchemie und der Halbleiterphysik mit solchen Mini-Teilchen befasst, ist die Clusterchemie. Metalle zeigen Größenquantisierungseffekte erst bei noch kleineren Dimensionen als Halbleiter. Deshalb sind Komplexe aus einigen Dutzend Metallatomen, die sogenannten Cluster, in direktem Zusammenhang mit den Q-Teilchen zu sehen. Anfang 1993 wurde zum Beispiel ein Goldcluster aus 55 Atomen vorgestellt, der die Eigenschaften eines Q-Teilchens besitzt. Es zeichnet sich ab, dass die drei Gebiete, die sich seit ca. zehn Jahren unabhängig voneinander mit ähnlichen Problemen beschäftigt haben, jetzt endlich zusammenwachsen.

Vereinte Kräfte aus allen drei Forschungsgebieten werden nötig sein, wenn die schillernde Materie einer sinnvollen Anwendung zugeführt werden soll. Obwohl die Q-Teilchen bisher noch weitgehend eine Domäne der Grundlagenforschung sind, kann man sich bereits vielfältige Verwendungsmöglichkeiten vorstellen. Zum Beispiel könnte man bessere Solarzellen (die heute verfügbaren nutzen nur einen minimalen Anteil der einfallenden Sonnenenergie) herstellen, indem man eine poröse Oberfläche mit einer dünnen Schicht dieser Materialien versieht. Über die Partikelgröße könnte man die Lichtabsorptionseigenschaften dieser Sonnenkollektoren genau auf die Eigenschaften des Sonnenlichts einstellen und dieses besser ausnutzen. Auf denselben Zweck zielen Versuche, die Spaltung des Wassers mit Hilfe der durch Lichtabsorption aktivierten Q-Teilchen zu bewerkstelligen. Könnte man die durch Licht bewirkte Ladungstrennung im Halbleiter so kanalisieren, dass die positive Ladung den Sauerstoff des Wassermoleküls zu molekularem Sauerstoff ($O_2$) oxidiert, während die negative Ladung den Wasserstoff reduziert, so ließe sich Sonnenenergie in Form der getrennten Gase Sauerstoff und Wasserstoff beliebig speichern und transportieren.

Im Bereich der Chemie könnte der ungewöhnlich hohe Anteil von oberflächennahem Material in Q-Teilchen für die Katalyse (Reaktionsbeschleunigung) genutzt werden. So erprobt man zum Beispiel schon die katalytische Abwasserreinigung mit Titandioxid-Teilchen, die auch in dieser Größe liegen.

Das größte Potential dieser Materialien liegt jedoch in der Elektronik und in der Photoelektronik. Mit Halbleiter-Q-Teilchen kann man nicht nur selektiv Licht einer bestimmten Wellenlänge in Strom umwandeln, sondern auch umgekehrt durch Anlegen einer Spannung die Partikel zum Leuchten bringen. Man wird also bei der physikalischen Anwendung sicherlich den Umstand nutzen, dass man mit Q-Teilchen einzelne Elektronen und Photonen »handhaben« kann – so spricht man schon von dem Ein-Elektron-Transistor und von optischen Schaltern, doch diese Schaltelemente, die vielleicht in den Supercomputern von morgen Verwendung finden, sind heute noch Zukunftsmusik.

(1993)

### Literaturhinweise

H. Weller, *Angew. Chem.* 1993, **105**, 43.
H. Weller, *Adv. Mater.* 1993, **5**, 88.

### Was danach geschah

Kaum hatte ich dem Gebiet den Rücken zugekehrt, kam der Begriff Q-Teilchen aus der Mode (ebenso wie die englische Version, *Q particle*). Wenn man ihn heute in Google eintippt, bekommt man Wellers Artikel von 1993 als erstes Ergebnis. Vermutlich hat es im Konkurrenzkampf der Fachbegriffe gegen »Quantenpunkt« den Kürzeren gezogen. Unter ihrem neuen Namen sind die Teilchen natürlich weiterhin an der vordersten Front der Forschung aktiv, unter anderem bei den Versuchen, wirklich nützliche Quantencomputer zu konstruieren, auf die ich später zurückkommen werde.

# Maßgeschneiderte Kristalle

Die European Science Foundation veranstaltet eine Serie von kleinen Konferenzen (*European Research Conferences*), wo man in ansprechender Umgebung interessante, oft auf originelle Weise interdisziplinär definierte Themen diskutieren kann. Im Jahr 1996 nahm ich an einer solchen Tagung teil, die sich mit molekularer Erkennung befasste (ich untersuchte damals die Substraterkennung von molekularen Chaperonen). Dort entdeckte ich eine unglaublich coole Arbeit, über die ich vor lauter Begeisterung gleich einen Kommentar (News and Views) in *Nature* verfasste, sowie einen Beitrag für *Spektrum der Wissenschaft*, auf den der folgende Text (nach Filterung durch mein Buch *Expeditionen in den Nanokosmos*) zurückgeht.

Warum, so fragte sich ein 25-jähriger frischgebackener Pariser Chemiker im Jahre 1848, warum vermochte die Traubensäure, die sich doch chemisch ebenso verhielt wie Weinsäure, im Gegensatz zu dieser die Ebene des polarisierten Lichts nicht zu drehen? Er stellte eine übersättigte Lösung des Ammoniumsalzes der optisch inaktiven Traubensäure her und ließ sie über Nacht auf der Fensterbank seines Labors kristallisieren. Tags darauf entdeckte er unter dem Mikroskop zwei Arten von Kristallen, die sich – wie ein rechter und ein linker Handschuh – nicht zur Deckung bringen ließen, obwohl sie sonst dieselbe Geometrie hatten. Geduldig klaubte er mit einer Pinzette und dem Mikroskop die links- und rechtshändigen Kristalle auseinander. Er stellte von je einer Probe der beiden Kristallsorten eine Lösung her und maß deren optische Eigenschaften in einem Polarimeter. Die Kristalle, die exakt die Form von Weinsäurekristallen hatten, ergaben eine rechtsdrehende Lösung ebenso wie die Weinsäure selbst. Die zweite Lösung drehte das polarisierte Licht auch, und zwar um den gleichen Betrag in die entgegengesetzte Richtung. Damit hatte Louis Pasteur (1822–1895) aus der Chiralität (Händigkeit) der Kristalle die Chiralität der Moleküle abgeleitet – zu einer Zeit, als man über deren Aufbau praktisch nichts wusste.

Knapp eineinhalb Jahrhunderte später sortierten Wissenschaftler wiederum Kristalle spiegelbildlicher Moleküle unter dem Mikroskop auseinander. Diesmal handelte es sich um ein Salz der Weinsäure, das Kalziumtartrat. Das scheint unmöglich, da die beiden Spiegelbildversionen (Enantiomere) dieser Verbindung dieselbe, symmetrische, das heißt nicht chirale Kristallform bilden. Streicht man jedoch lebende Zellen, etwa kultivierte Nierenzellen des Krallenfroschs *Xenopus laevis* auf einer gemischten Kristallsuspension aus, so können diese die scheinbar gleichen Kristalle sehr wohl unterscheiden und siedeln sich in der ersten Phase des Experiments ausschließlich auf bestimmten Flächen der Kristalle der RR-Enantiomere an. Mit dem an Pasteur angelehnten Sortierexperiment konnten Lia Addadi und ihre Mitarbeiter am Weizmann-Institut in Rehovot (Israel) zeigen, dass der Zellenbewuchs in den ersten Stunden des Experiments ein zuverlässiges Kriterium für die Trennung der enantiomeren Formen ist. Doch für die Zellen, die sich schnell für die »richtigen« Kristalle entschieden hatten, zeigt sich bald (d. h. nach etwa 24 Stunden) die Kehrseite der Medaille – die Bindung ihrer Zelloberflächenmoleküle an die kristalline Oberfläche ist so fest und starr, dass die Zellen absterben. Auf den »falschen« Kristallen hingegen, welche die Pioniergeneration der Zellen verschmäht hatte, siedelt sich nun langsam eine kleinere, weniger fest gebundene Population von Zellen an, die an diesem Standort tagelang überleben kann.

Dass die Moleküle der Zelloberfläche, wie hier demonstriert, in identischen Kristallformen die Chiralität der die Kristalle aufbauenden Moleküle erkennen können, ist nur ein Beispiel für die vielfältigen und oft verblüffend spezifischen Wechselwirkungen zwischen biologischen Makromolekülen und Kristallen. In einer neueren Arbeit konnte Addadis Gruppe zeigen, dass Antikörper gegen verschiedene Salze der Harnsäure und gegen die dem Harnsäure-Ion verwandte, aber neutrale Verbindung Allopurinol jeweils die Kristallisation genau der Verbindung, durch deren Kristalle die Antikörperbildung angeregt wurde, im Stadium der Keimbildung (Nucleation) fördern. Es handelt sich hier also gewissermaßen um eine völlig neue

Art von katalytischen Antikörpern, die aus der Oberflächenbeschaffenheit ausgereifter Kristalle die spezifischen Bindungsstellen entwickeln, welche die Bildung des vielleicht aus 20 oder 30 Einheiten bestehenden Kristallisationskeims katalysieren.

Was sich in dieser Beschreibung wie eine interessante biochemische Spielerei anhört, ist tatsächlich ein alltäglicher physiologischer Vorgang von immenser medizinischer Bedeutung. Die Symptome eines Gichtanfalls sind nämlich genau darauf zurückzuführen, dass sich Kristalle eines Harnsäuresalzes in einem Gelenk anreichern und vom Immunsystem – das heißt zunächst von Antikörpern – als Fremdstoff erkannt werden (obwohl dieselbe Verbindung in gelöster Form keine Immunantwort auslöst), was eine Entzündung des Gelenks zur Folge hat. Die Ergebnisse von Addadis Arbeitsgruppe zeigen, dass die Auslösung der Entzündungsreaktion über die spezifische Erkennung durch Antikörper die wahrscheinlichste Erklärung ist. Sie legen außerdem nahe, dass (wie bei manchen anderen Krankheiten auch) das Immunsystem die Sache nur noch schlimmer macht, indem nämlich die gegen die Kristalle gerichteten Antikörper die Bildung weiterer Kristalle begünstigen und die Schwelle zu neuen Gichtanfällen herabsetzen. Und zum Verschwinden der Störenfriede kann die Immunantwort in diesem Fall nicht beitragen, da ihr Vernichtungssystem auf Makromoleküle und Zellen, nicht aber auf Kristalle eingerichtet ist.

Proteine, welche mit Kristallflächen wechselwirken und dadurch die Bildung von Kristallen fördern, hemmen oder in eine bestimmte Kristallform (Morphologie) zwingen, können aber auch nützlich sein, etwa in der Biomineralisation oder zum Kälteschutz. Zur Erlangung von Frostresistenz bedienen sich höhere Organismen zweier genau entgegengesetzter Mechanismen. Manche Lebewesen verhindern das Gefrieren ihrer Körperflüssigkeiten durch Zusatz eines Frostschutzmittels – meist einer inerten organischen Verbindung, die einfach den Gefrierpunkt der Mischung herabsetzt, manchmal aber auch mit Hilfe von Frostschutzproteinen, welche die Kristallisationskeime des Eises so binden, dass sie nicht weiterwachsen können. Genau das Gegenteil machen Eisnucleationsproteine. Gewisse Frosch- und Schildkrötenarten in Kanada überstehen den arktischen Winter, indem sie sich »freiwillig« einfrieren. Wie kanadische Wissenschaftler herausfanden, können die Tiere nach bis zu zwei Wochen Dauerfrost – wobei zeitweise 65 Prozent ihres Wassergehalts als Eis vorliegt – unbeschadet wieder aufgetaut werden. Sie reichern ihr Blut zu diesem Zweck mit Eisnucleationsproteinen an, die bewirken, dass die extrazelluläre flüssige Phase mit einem Schlag und ohne Schaden für die Zellen gefriert.

Auch Bakterien aus den Gattungen der Pseudomonas, Xanthomonas und Erwina scheiden Eisnucleationsproteine aus, um die Eisbildung in ihrer direkten Umgebung zu steuern. *Pseudomonas syringae* wird deshalb zur Herstellung künstlichen Schnees verwendet, was allerdings aus Umweltschutzgründen umstritten ist, da diese Bakterien bei bestimmten Pflanzen Krankheiten auslösen können. Gängige Modellvorstellungen über die Funktionsweise der Eisnucleationsproteine besagen, dass die in ihrer Sequenz aus zahllosen Wiederholungen relativ kurzer Aminosäureblöcke bestehenden Proteine eine β-Faltblatt-Struktur ausbilden, die offenbar in ihrer Periodizität einer Kristallfläche des Eises entspricht.

Schließlich beruht der Vorgang der Biomineralisation, dem wir unsere Knochen und Zähne und zahlreiche Tiere wie Muscheln, Schnecken, Krebse ihre Schalen verdanken, darauf, dass Biomoleküle die Bildung fester Phasen steuern können. Sie entscheiden, ob die Mineralisierung zu amorphen oder (mikro)kristallinen Phasen führt, und können auch die Kristallisation auslösen, zu bestimmten Kristallformen (Morphologien) lenken, räumlich begrenzen und beenden. In vielen Fällen (allerdings nicht im Wirbeltierknochen) führt eine Klasse von Proteinen die Regie, deren Mitglieder ob ihrer exotischen Eigenschaften oft nicht als Proteine sondern als »ungewöhnlich saure Makromoleküle« bezeichnet werden.

Auffallend ist vor allem ihr extrem hoher Gehalt an sauren Aminosäureseitenketten – jede zweite bis dritte Aminosäure in der Sequenz ist Asparaginsäure – sowie eine große Zahl von Zucker- und Phosphorsäurebestandteilen, die an bestimmte Aminosäuren nach der Proteinbiosynthese angeknüpft werden. Zum Beispiel kann der Anteil der phosphorylierten Aminosäure Phosphoserin in einem solchen Molekül bis zu 50 % betragen. All diese Eigenschaften bewirken, dass diese Proteine mit herkömmlichen Reinigungs- und Charakterisierungsmethoden nur schwer zu fassen sind. Oft lassen sich nicht einmal die Molekulargewichte mit hinreichender Genauigkeit bestimmen. Vermutlich können sie ähnlich wie die Eisnucleationsproteine ausgedehnte β-Faltblatt-Strukturen bilden. Obwohl man im Reagenzglas nachweisen kann, dass die Anwesenheit dieser Moleküle die Kristallisation der Mineralstoffe, die etwa Muschel- oder Eierschalen bilden, beeinflusst und zu Materialien führt, die oft den natürlichen verblüffend ähneln, ist der Mechanismus ihrer Einwirkung in der lebenden Zelle umstritten. Denkbar wäre, dass die sauren Proteine in Lösung und/oder an eine Membran gebunden die Keimbildung, Orientierung der Keime und/oder das Wachstum der Kristalle beeinflussen.

In vielen Fällen – etwa bei den stets in derselben Richtung spiralig gewundenen Schneckenhäusern – führt die Steuerung der Kristallisation durch chirale Biomoleküle dazu, dass das resultierende makroskopische Objekt ebenso wie Pasteurs Kristalle der Traubensäure eine Händigkeit aufweist, obwohl die Bausteine (Kalziumphosphat) in diesem Fall achiral sind.

(1995)

### Literaturhinweise

M. Groß, *Expeditionen in den Nanokosmos*, Birkhäuser Verlag, 1995.
M. Groß, *Nature*, 1995, 373, 105.

### Was danach geschah

Die Wechselwirkungen zwischen harten, regelmäßig geformten Kristallen und weichen, unregelmäßigen Proteinen hat mich weiter fasziniert. Deshalb habe ich immer wieder von Fortschritten in diesem Gebiet berichtet, insbesondere auch über die Biomineralisation von Kieselalgen (Diatomeen), siehe Seite 229. Addadis ehemalige Mitarbeiterin Joanna Aizenberg hat dieses Forschungsgebiet sehr erfolgreich erweitert und zum Beispiel mit der Entdeckung von »Glasfaseroptik« in einem Meeresschwamm im Jahr 2003 für einiges Aufsehen gesorgt.

# Der unglaubliche Nanoplotter

Nanotechnologie ist ziemlich cool, hoffe ich (muss aber erst noch meine Kinder fragen). Nach der Veröffentlichung meines ersten Buchs, Expeditionen in den Nanokosmos, habe ich versucht, mit diesem sich schnell entwickelnden Forschungsgebiet in Berührung zu bleiben und habe deshalb immer mal wieder über allerlei Nano-Dinge berichtet. *Dip-Pen-Nanolithographie* (DPN) fand ich schon ziemlich cool, als ich diese Neuerung 1999 im Rahmen eines Spektrum-Artikels über verschiedene Nano-Drucktechniken erwähnte. Ein Jahr später verfasste ich dann einen Kurzbeitrag für *Chemistry in Britain* nur über DPN, der hier erstmals in deutscher Übersetzung erscheint.

Im Dezember 1959 stellte der Physiker Richard Feynman seinen Kollegen die unmöglich erscheinende Aufgabe, eine Seite eines Buches 25 000-fach zu verkleinern. Erst 26 Jahre später gelang es dem Doktoranden Thomas Newman in Stanford, einen Elektronenstrahl so zu programmieren, dass er die erste Seite des Romans »A tale of two cities« von Charles Dickens in eine Oberfläche einritzen konnte, die kleiner war als die Spitze einer Nadel. Dabei gestaltete er die Buchstaben so einfach wie möglich. Die Dicke der Linien und der Durchmesser von Punkten entsprach etwa 60 Atomen. Elektronenstrahl-Lithographie ist heute noch die subtilste Methode um extrem kleine Muster zu erzeugen. Aber da alle Striche und Punkte nacheinander gezeichnet werden müssen und nicht alle gleichzeitig gedruckt werden können, eignet sich diese Methode nicht für die kommerzielle Herstellung von Massenprodukten wie etwa Schaltelementen für Computer.

Bei der Serienherstellung benutzt man meist elektromagnetische Wellen (Licht oder UV), um von einem Original (das oft mit einem Elektronenstrahl erzeugt wurde), zahlreiche Kopien zu drucken. Mit der sogenannten Photolithographie (also Licht-Druck) werden zum Beispiel auch Computer-Chips und auch mikro-elektromechanische Systeme (MEMS) hergestellt. Doch da die Wellenlängen von sichtbarem Licht in der Umgebung von einem halben Mikrometer liegen, kann man mit Licht nicht in den Bereich vordringen, den Feynman anvisiert hatte, jenseits von 0,1 Mikrometer oder 100 Nanometern. Dazu würde man harte UV-Strahlung und letztendlich sogar Röntgenstrahlung benötigen, die erheblich schwieriger zu fokussieren ist als sichtbares Licht.

Ein Elektronenstrahl ist hingegen relativ leicht zu fokussieren und kann Details in der Größenordnung von zehn Nanometern erzeugen. Wollte man ihn jedoch zur Massenproduktion einsetzen, so wäre das ein unfairer Wettkampf zwischen Handschrift und automatisiertem Drucken, als ob man Mönche mit Gänsefedern gegen Druckerpressen antreten ließe.

Die Einführung eines neuartigen Nano-Füllers kann aber womöglich die Situation zugunsten der Mönche verändern. Im Jahr 1999 benutzte Chad Mirkin an der Northwestern University in Evanston, Illinois, das Rasterkraftmikroskop (AFM, für engl. *Atomic Force Microscope*) nicht, wie üblich, als analytisches Instrument, sondern als Schreibgerät. Er konnte eine molekulare »Tinte« mit hoher Präzision auf eine Goldunterlage aufbringen.

Mirkin und seine Mitarbeiter machten sich einen Effekt zunutze, über den sich Forscher oft ärgern, wenn sie das Kraftmikroskop für seinen eigentlichen Zweck benutzen wollen. Der sehr kleine Abstand zwischen der untersuchten Oberfläche und der äußersten Spitze der AFM-Abtastnadel wirkt wie eine feine Kapillare und zieht Feuchtigkeit an. Man muss das Experiment in absolut trockener Umgebung ausführen, wenn man vermeiden will, dass sich ein Wasserfilm zwischen der Nadel und der Oberfläche bildet. Bei Mirkins neuer Methode, die er *Dip-Pen-Nanolithographie* (DPN) nennt, dient dieser Feuchtigkeitsfilm als eine Rutschbahn, auf der die organischen Moleküle der »Tinte« auf die Oberfläche herabgleiten können (Bild 18).

Die Forscher fanden bald heraus, dass die Geschwindigkeit, mit welcher sich die Tintenmoleküle auf der Goldunterlage ausbreiteten, vor allem von Abmessungen der Wasserrutsche abhing, und diese lie-

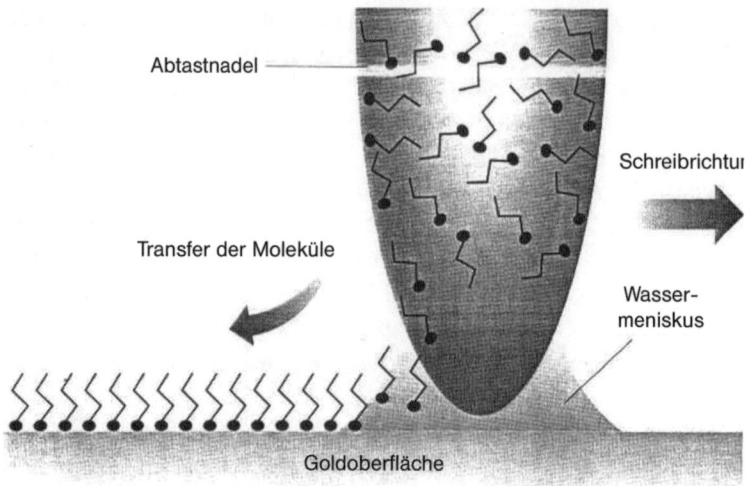

Abtastnadel

Schreibrichtur

Transfer der Moleküle

Wasser-
meniskus

Goldoberfläche

**Bild 18** Dip-Pen-Nanolithographie (DPN). Diese Methode
beruht auf dem Transfer einer Flüssigkeit von der Abtastnadel eines Rasterkraftmikroskops auf eine Oberfläche.

ßen sich durch Regulierung der Luftfeuchtigkeit genau einstellen.
Somit konnten sie Punkte und Linien von genau definierter Dicke
zeichnen, bis zu 30 Nanometer dünn. Diese Strichdicke wäre für
Feynmans 25 000-fach verkleinertes Buch genau richtig. Bemerkens-
werterweise war das Hindernis, das einer weiteren Verkleinerung im
Wege stand nicht der Nanofüller selbst, sondern die Körnigkeit der
Goldunterlage, die als Schreibpapier diente.

Ebenso wie Newmans miniaturisierte Dickens-Seite erschien DPN
zunächst als eine beeindruckende, aber nicht massentaugliche Methode. Deshalb machte sich Mirkins Gruppe gleich daran, die Möglichkeit einer Maschine zu sondieren, die mit zahlreichen parallel an-
geordneten Nano-Füllern mehrere Exemplare des gewünschten Musters gleichzeitig herstellen kann. Im Juni 2000 berichtete das Team
den ersten Erfolg dieser Bemühungen in der Zeitschrift *Science*.

Zu ihrer eigenen Überraschung hatten die Forscher herausgefunden, dass die Ausbreitungsgeschwindigkeit der Tinte (und damit die
Strichdicke) nicht von der Kraft abhängt, mit der die Abtastnadel gegen die Unterlage gedrückt wird. Somit konnten sie mehrere AFM-
Abtastnadeln an einem einzelnen Steuersystem anbringen. Sie
brauchten sich nicht um kleine Unterschiede in der Topographie der

Unterlage zu sorgen, welche die vertikale Kraft der einzelnen Spitzen verschieden beeinflussen würden. Die Spitzen saugen ihre Tinte von einem kleinen Stück Filterpapier auf, und sie können auch durch Berührung eines anderen Papiers, das mit einem geeigneten Lösungsmittel getränkt ist, gereinigt werden.

Auf diese Weise erzeugten Mirkin und seine Mitarbeiter einen sogenannten Nanoplotter, also ein Gerät, das zwar immer noch sequentiell schreibt wie der Mönch mit der Feder, das aber dennoch parallel mehrere Exemplare erzeugen kann. Sie demonstrierten zunächst das Prinzip mit zwei Schreibfedern, dann mit acht, von denen nur eine manuell gesteuert wurde, während die anderen sieben blind nachmachten was die erste tat. Anhand von einfachen geometrischen Figuren wie Quadraten und Achtecken, welche sie in achtfacher Ausfertigung aufzeichneten, überprüften die Forscher die Qualität und Reproduzierbarkeit der Muster und fanden, dass diese mit hinreichender Genauigkeit übereinstimmten. Sie behaupten sogar, dass sie hunderte oder gar tausende von Nano-Füllern parallel betreiben könnten, ohne zusätzliche Steuermechanismen zu benötigen.

Somit ist die DPN-Technik jetzt nicht mehr auf Einzelexemplare beschränkt. Begrenzte Auflagen von der Dickens-Seite könnten somit in einem Tag angefertigt werden. Mit geeigneten Varianten von Tinte und Papier können die Nano-Ingenieure der Zukunft Bauelemente erzeugen, von denen heutige Chip-Hersteller nur träumen können. Man könnte auch chemische Nano-Fabriken bauen, wo eine kleine Zahl von Molekülen auf genau kontrollierte Weise zur Reaktion gebracht wird. Elektronische Bauelemente, etwa Computer-Chips, könnten so klein werden, dass sie auf einem i-Punkt Platz fänden, oder sogar auf einer Zelle. Die Revolution der Nanotechnologie, über die seit den 1980er Jahren viel spekuliert wurde, ist soeben einige Mikrometer näher gekommen.

(2000)

**Literaturhinweise**

R. D. Piner et al., *Science*, 1999, **283**, 661.

## Was danach geschah

Mirkins Arbeitsgruppe hat die Möglichkeiten der DPN-Methode mit großem Erfolg weiter ausgebaut und zum Beispiel Protein-Arrays (wo verschiedene Proteinmoleküle auf einem Gitternetz angeordnet werden und einzeln abrufbar sind) und andere Nanostrukturen damit erzeugt.

### Literaturhinweise

K.-B. Lee et al., *Science*, 2002, **295**, 1702.

# Ein Schalldämpfer für Gene

Ein Mechanismus, mit dem sich einzelne Zellen gegen Virusbefall wehren können, erweist sich als ein cooles Werkzeug, mit dem Genomforscher jedes beliebige Gen abschalten und damit seine Funktion erforschen können. Ich wurde auf dieses Themengebiet recht früh aufmerksam, als der Mechanismus noch unverstanden war und der Begriff RNA-Interferenz (RNAi) noch weithin unbekannt. Das sollte sich bald ändern, spätestens seit der Verleihung der Nobelpreise im Jahr 2006.

Stellen Sie sich vor, Sie sitzen im Konzert. Ein Orchester mit über 20 000 Musikern spielt etwas, das vermutlich Musik sein soll, aber Sie sind so überwältigt von der Vielzahl der Töne und Rhythmen, dass Sie keinen rechten Sinn darin erkennen können und nicht einmal einzelne Melodien oder Satzstrukturen heraushören können. Weit und breit ist kein Dirigent zu sehen – verschiedene Instrumentengruppen scheinen sich nach mysteriösen Spielregeln gegenseitig zu beeinflussen. Tausende von Blechbläsern übertönen alle leiseren Instrumente, wenn sie nicht gerade von den Dutzenden von Orgeln weggeblasen werden. Wie schön wäre es, wenn Sie jetzt eine Fernbedienung besäßen, mit der Sie auf Knopfdruck einzelne Instrumente oder Gruppen von gleichartigen Instrumenten zeitweise dämpfen oder ganz abschalten könnten; ein bisschen herumprobieren, und schon könnten Sie den Überblick zurückgewinnen und das Konzert besser genießen.

Einen solchen Stummschalter für die mehr als 20 000 Gene des menschlichen Genoms haben Wissenschaftler des Göttinger Max-Planck-Instituts für Biophysikalische Chemie jetzt den Genomforschern in die Hand gegeben, und er könnte schon bald dazu beitragen, dass sie sich besser in die unübersichtliche Kakophonie der Gene einhören können. Es handelt sich hier um die Abwandlung einer Idee, die in der Natur schon so lange verbreitet ist, dass sie sowohl bei den Insekten als auch bei den Pflanzen vorkommt. Deren Zellen, wie etwa für die Taufliege *Drosophila* und für die Ackerschmalwand *Arabidopsis thaliana* gezeigt wurde, benutzen eine Abwehrstrategie gegen Virusbefall, die im Prinzip darauf beruht, dass frei umher schwimmende RNA in der Zelle normalerweise ungepaart, also einzelsträngig auftritt. Findet die Zellpolizei eine doppelsträngige RNA, so ist dies mit hoher Wahrscheinlichkeit das Erbgut eines eingedrungenen Virus. Deshalb schneidet die Zelle diese Doppelstränge in kleine Stücke (etwa 21 Basenpaare lang). Ein in seinen Einzelheiten noch ungeklärter Mechanismus sorgt dann dafür, dass nicht nur die Fremd-RNA verschwindet, sondern auch jegliche Boten-RNA, die dieselbe Sequenz trägt.

Man könnte sich den Vorgang etwa so vorstellen, dass ein Komplex aus mehreren Proteinen die Doppelstrangfragmente erkennt, sich an sie bindet, und sie in zwei Einzelstränge aufspleißt. Mit diesen Einzelsträngen geht der Komplex dann nach Boten-RNAs fischen, die sich aufgrund ihrer Sequenzübereinstimmung mit einem der beiden Stränge zusammenlagern können. Am Ende der Säuberungsaktion muss ein RNA-abbauendes Enzym (eine Ribonuclease, kurz: RNase) stehen, welches die unliebsamen Nucleinsäuren verdaut und dem stofflichen Recycling zuführt. Als ersten Schritt in Richtung zur Aufklärung des Prozesses bei der Taufliege konnten Emily Bernstein und ihre Mitarbeiter am Cold Spring Harbor Laboratory im US-Bundesstaat New York im Januar diesen Jahres die Ribonuclease präsentieren, welche die Fremd-RNA erkennt und in kurze Doppelstrangfragmente zerlegt. In Anlehnung an das gleichnamige Küchenwerkzeug zum Kleinhacken von Gemüse nannten sie das Enzym »*Dicer*«.

Ob ein solcher Mechanismus auch in Säugetieren existiert, war lange Zeit umstritten, die Ergebnisse widersprüchlich. Thomas Tuschl und seine Mitarbeiter am Göttinger MPI erzielten jetzt den entscheidenden Durchbruch, indem sie die Erkenntnisse aus *Drosophila* strikt übertrugen. Die Fliege würfelt die Doppelstrang-RNA in Fragmente mit genau 21 Basenpaaren. Die Göttinger Forscher stellten solche Fragmente synthetisch her und verliehen ihnen Sequenzübereinstimmungen mit bestimmten Reportergenen, die sie in ihre Zellkulturen eingebaut hatten, darunter auch die Leuchtgene der Glühwürmchen. Brachten sie die 21-er Doppelstränge in ihre leuchtenden Säugerzellen ein, so wurde die Ablesung des Leuchtgens gedämpft, das Leuchten wurde messbar schwächer.

Um nachzuweisen, dass dieser Stummschalter nicht nur mit eingeschmuggelten Reportergenen, sondern auch mit den eigenen Genen der Zelle funktioniert, stellten sie die Nachweismethode dann auf Antikörper-Erkennung um. Sie konnten zeigen, dass in gängigen menschlichen Zellkulturen (den von dem Tumor einer längst verstorbenen Krebspatientin abgeleiteten HeLa-Zellen) die Herstellung der Proteine Lamin A und Lamin C weitgehend unterdrückt wird, wenn die entsprechende Doppelstrang-RNA anwesend ist. Allgemein scheint der Mechanismus in Säugetieren ebenso zu funktionieren wie in Insekten. Entscheidend ist, dass die eingebrachten künstlichen RNA-Fragmente kürzer sein müssen als 30 Basenpaare. Oberhalb dieser Länge setzt nämlich bei Säugetieren eine allgemeinere Infektions-Antwort ein, an der das Interferon-System beteiligt ist.

Den Genomforschern gibt dieser Befund ein überraschend einfaches und vielseitiges Werkzeug an die Hand. Für jede beliebige der mehr als 20 000 bekannten Gensequenzen im menschlichen Genom können sie einen künstlichen Dämpfer herstellen und dann in Zellkulturen überprüfen, wie die Eigenschaften der Zelle durch den Verlust beeinflusst werden. Da Proteine aus einer Familie oft Sequenzabschnitte gemeinsam haben, lassen sich sogar ganze Gruppen ausschalten oder unterdrücken. Die dazu benötigte Menge an RNA ist mehr als tausendfach geringer als bei der bisher schon verfügbaren »Antisense«-Methode, die einfach auf der Blockierung der Boten-RNA durch ihren komplementären Gegenstrang beruht.

Zwar wird die Methode nicht alle Fragen beantworten können, da viele Funktionen von Wechselwirkungen zwischen mehreren Genen, wenn nicht gar von Kommunikation zwischen verschiedenen Zelltypen abhängen, doch für viele der bisher rätselhaft gebliebenen menschlichen Gene werden die Forscher auf schnelle und kostengünstige Weise elementare Informationen über ihre Aufgabe und Bedeutung erhalten können. Das scheinbare Chaos des menschlichen Genoms könnte der neue Schalldämpfer schon bald in ein erfreulich harmonisches Konzert verwandeln.

(2001)

**Literaturhinweise**

E. Bernstein et al., *Nature*, 2001, **409**, 363.
S. M. Elbashir et al., *Nature*, 2001, **411**, 494.

## Was danach geschah

Nach Tuschls Durchbruch im Jahr 2001 wuchs das Interesse an der RNA-Interferenz explosionsartig, und es ergaben sich sowohl detailliertere Einblicke in die beteiligten Mechanismen, als auch neue Anwendungsperspektiven, wie ich in dem folgenden, längeren Beitrag in *Nachrichten aus der Chemie* dargelegt habe:

Allen Varianten der RNAi ist als definierendes Kriterium gemeinsam, dass sie von der Anwesenheit doppelsträngiger RNA (dsRNA) in der Zelle ausgelöst werden. Abgesehen von den strukturbildenden Doppelhelices in den ribosomalen RNAs und gelegentlichen Haarnadelschleifen kommt dsRNA normalerweise im Repertoire der Zelle nicht vor; ihr Auftreten ist deshalb ein Hinweis auf einen Virenangriff. Deshalb greift die Zelle mit der RNA-Interferenz zu einer Radikalkur, die nicht nur die auffällige dsRNA, sondern auch alle RNA-Abschnitte mit gleichlautenden Basenfolgen zerstört. Deshalb galt die RNA-Interferenz anfangs als »Immunsystem der Pflanzen«, bis sich herausstellte, dass sie keineswegs auf Pflanzen beschränkt ist.

Bei Säugern wie uns, ebenso wie bei dem Wurm *C. elegans* werden dsRNAs, egal ob es sich um zwei unabhängige Stränge oder um eine Haarnadelschleife handelt, von nur einem Enzym zerhäckselt (in *Drosophila* und Pflanzen gibt es hingegen mehrere). Dieses Enzym namens *Dicer* (»Häcksler«) produziert Doppelstrangfragmente mit ungefähr 21 Basenpaaren, mit einer Phosphatgruppe am 5′- und zwei zusätzlichen Nucleotiden am 3′-Ende.

Fragmentierung von dsRNA und Aufschmelzung in Einzelstränge ergibt die siRNAs, welche dann den Kern des Funktionskomplexes bilden, der als RISC (*RNA-Induced Silencing Complex*) bezeichnet wird. Wenn sich die Einzelstränge hingegen von Haarnadelschleifen ableiten, nennt man sie miRNAs (*micro-RNAs*), und sie bilden einen anders aufgebauten Komplex, der miRNP (*micro-ribonucleoprotein particle*) genannt wird.

In diesen Komplexen ist die einzelsträngige siRNA außerordentlich fest an ein Protein aus der »Argonauten«-Familie (Ago) gebunden, doch da diese Proteine in verwirrender Vielfalt auftreten und schwer zu exprimieren sind, konnten molekulare Einzelheiten ihrer Wechselwirkung mit der RNA noch nicht geklärt werden. Welche weiteren Bestandteile für RISC-artige Komplexe essentiell sind, bleibt umstritten, da die Präparationen sich in Molekulargewicht und Zusammensetzung noch stark unterscheiden, und die Rekonstruktion eines minimalen Funktionskomplexes aus den essentiellen Elementen noch nicht gelungen ist.

RISC und miRNP benutzen die einzelsträngige RNA als Angelhaken um nach komplementären Boten-RNAs zu fischen, welche sie dann etwa in der Mitte des zu der siRNA oder miRNA passenden Bereichs durchtrennen, und damit aus dem Verkehr ziehen.

Einer der verschiedenen Ansatzpunkte, die letztendlich zur Entdeckung der RNA-Interferenz führten, war der Versuch, Boten-RNAs mit komplementären Strängen zu blockieren. Diese sogenannten Antisense-Methoden galten in den 1990er Jahren als Hoffnungsträger für medizinische Anwendungen, erwiesen sich dann aber als schwer handhabbar. Überraschenderweise hat die RNA-Interferenz sie auf dem Weg zur Klinik jetzt schon überholt.

Jürgen Soutschek und Hans-Peter Vornlocher am europäischen Forschungszentrum der US-Firma Alnylam Pharmaceuticals in Kulmbach präsentierten einen überraschend einfachen Weg, RNA-Interferenz zur Bekämpfung eines signifikanten medizinischen Problems einzusetzen. Das Problem ist Cholesterin, und die Lösung – ebenfalls Cholesterin.

Die Kulmbacher Forscher suchten gezielt nach Modifikationen, welche aus der siRNA ein Medikament machen, das zum Beispiel intravenös gespritzt werden kann und dann in die Zellen bestimmter Organe importiert wird und dort die Expression eines bestimmten Zielgens unterdrücken kann. Sie fanden heraus, dass ein Doppelstrang aus siRNAs sich zu diesem Zweck eignet, wenn man ein Ende mit einem Cholesterinmolekül koppelt und beide Stränge zusätzlich mit kleinen Tricks (Schwefel im Phosphat, Methylgruppen im Zuckeranteil) chemisch stabilisiert. In Zellkulturen wies dieses Konstrukt unveränderte Fähigkeit zur RNA-Interferenz auf. Im Tierversuch mit Ratten und Mäusen blieb es nach Injektion länger in der Blutbahn erhalten als unmodifizierte siRNA, und im Gegensatz zu dieser konnte es nach 24 Stunden in mehreren Organen (z. B. Leber, Herz, Nieren) nachgewiesen werden.

Doch auf welches Gen sollte man diese Wunderwaffe zuerst richten? Soutschek et al. entschieden sich für Apolipoprotein B, ein Schlüsselelement im Stoffwechsel von sowohl körpereigenem als auch Nahrungs-Cholesterin, das letztendlich zu *Low Density Lipoprotein* (LDL) führt, das mit Gefäßerkrankungen bis hin zum Herzinfarkt in Verbindung gebracht wird. Da Apolipoprotein B herkömmlichen pharmakologischen Strategien wie etwa niedermolekularen Inhibitoren nicht zugänglich ist, versuchten die Kulmbacher, seine Konzentration mittels ihrer RNAi-Methode zu verringern.

Es gelang ihnen tatsächlich, sowohl die Expression des Mäuse-Apolipoproteins in normalen Mäusen, als auch die Produktion des menschlichen Proteins in transgenen Mäusen mit der jeweils spezifisch auf dieses Zielprotein zugeschneiderten siRNA um ca. 60 % zu verringern. Weitere mechanistische Untersuchungen zeigten, dass die Boten RNAs tatsächlich an der für RNA-Interferenz typischen Stelle zerschnitten wurden. Es handelt sich hiermit also um die erste Demonstration der gezielten Ausschaltung von Säugetier-Genen durch RNA-Interferenz.

Auch wenn die Ärzte auf ihre siRNAs noch ein wenig warten müssen, die Molekularbiologen der Postgenomik-Ära verwenden RNA-Interferenz bereits im Großmaßstab. Ende 2004 präsentierte zum Beispiel die Arbeitsgruppe von Frank Buchholz am Max-Planck-Institut für Molekulare Zellbiologie und Genetik in Dresden eine Bibliothek von siRNAs, die 15 497 menschliche Gene abschalten können, also mehr als die Hälfte unseres Genoms.

Die Dresdener erzeugten diese siRNAs, indem sie lange RNA-Doppelstränge mit einer Endonuclease verdauten. Dadurch erhielten sie für jedes Gen gleich eine ganze Reihe von siRNAs und konnten sich sicher sein, dass sich mindestens eine davon als Stummschalter eignen würde, was das Verfahren gegenüber früheren Methoden vereinfacht. Die Autoren schätzen, dass auf diese Weise die Abschaltung eines Gens nur 3–4 Euro kostet.

Aus dieser Bibliothek benutzten Buchholz und seine Mitarbeiter eine Auswahl von gut 5000 siRNAs, um nach Genen zu fischen, welche in HeLa Zellen (eine menschliche Zellkultur, die sich von dem Tumor einer längst verstorbenen Krebspatientin ableitet) für die Zellteilung essentiell sind. Sie identifizierten 37 Gene, von denen einige bisher noch keiner Funktion zugeordnet waren, sowie einige weitere nur aus Funktionszusammenhängen bekannt waren, die mit der Zellteilung nichts zu tun hatten.

Diese Studie gibt ein Muster vor, das wohl in den kommenden Jahren vielfach nachgeahmt werden wird. Gene, die für überlebenswichtige Zellfunktionen wie etwa die Zellteilung wichtig sind, kann man nicht einfach durch Mutation (*knockout*) ausschalten, da sich dann die Zellen nicht mehr zu handhabbaren Mengen vermehren lassen. Mit der RNA-Interferenz haben die Molekularbiologen nun ein Werkzeug in der Hand, das es ihnen ermöglicht, nahezu jedes gewünschte Gen zeitweise zu unterdrücken, ohne damit gleich die Zelle oder den ganzen Organismus umzubringen. Dies wird vermutlich ähnlich weitreichende Folgen haben wie die Einführung von Restriktionsenzymen, Polymerasekettenreaktion, oder Schrotschuss-Sequenzierung.

### Literaturhinweise

J. Couzin, *Science*, 2002, **298**, 2296.
Nature insight: RNA interference, *Nature*, 2004, **431**, 337.
G. Meister, T. Tuschl, *Nature*, 2004, **431**, 343.
C.C. Mello, D. Conte Jr., *Nature*, 2004, **431**, 338.
J. Soutschek et al., *Nature*, 2004, **432**, 173.
R. Kittler et al., *Nature*, 2004, **432**, 1036.

# Elektronische Tinte und elektronisches Papier

> Die Braunsche Röhre, die ein halbes Jahrhundert lang die Wohnzimmer verunzierte, ist jetzt im Aussterben begriffen, da flachbildschirme immer besser und erschwinglicher werden. Doch wie weit wird diese Entwicklung gehen? Können elektronische Displays so flach und biegsam werden wie ein Blatt Papier? Das wäre wirklich cool.

Bitte richten Sie Ihre Aufmerksamkeit einen Moment lang auf das Blatt Papier, auf dem diese Worte stehen. Es ist ein bemerkenswert vielseitiges und nützliches Display. Es ist dünn, leicht, biegsam, und einigermaßen widerstandsfähig. Sie können es überall lesen, ob bei Kerzenschein oder in grellem Sonnenlicht. Sie können einzelne Sätze markieren oder durchstreichen oder Ihre eigene Meinung an den Rand schreiben. Im Extremfall könnten sie sogar die Seite herausreißen und den Text in einen anderen Zusammenhang einordnen, etwa in einer Kartei mit Textzitaten. Oder sie könnten sie zusammenknüllen und versuchen, den Papierkorb am anderen Ende des Zimmers damit zu treffen.

Das Blatt hat nur einen Schwachpunkt – sobald Sie mit den oben aufgezählten Verwendungsmöglichkeiten fertig sind, steht es einfach nur im Regal (oder liegt im Papierkorb) und nimmt nur Platz und Rohstoffe weg. (Obwohl es natürlich insofern noch Gutes tut, als es Kohlenstoff bindet, der sonst womöglich als Kohlendioxid zum Klimawandel beitragen könnte.) Wenn Sie es dann zum Recycling geben, wird seine Wiedergeburt als neues Blatt Papier Energie erfordern.

Wäre es nicht besser, wenn Sie einfach mit dem Finger auf ein kleines Symbol am Fuß der Seite tippen könnten, und dasselbe Blatt Papier würde Ihnen dann die nächste Seite des Buchs zeigen, oder einen anderen Text, den Sie lesen möchten? Oder stellen Sie sich vor, Sie haben gerade den ersten Band von Harry Potter zu Ende gelesen, sprechen eine kurze Zauberformel, öffnen das Buch wieder auf der ersten Seite und können dann den zweiten Band auf denselben Seiten lesen, auf denen vorher der erste stand.

Es gibt in jüngster Zeit einige Fortschritte, die solche Phantastereien realistisch erscheinen lassen. Im Juli 1998 präsentierte die Gruppe von Joseph Jacobson am MIT eine »elektrophoretische Tinte«, die man auf ein beliebiges Material drucken und dann mit einer geringen elektrischen Spannung zwischen schwarz und weiß umschalten kann. Diese sogenannte E-Tinte (*E-ink*) ist inzwischen kommerziell erhältlich. Es handelt sich um eine Flüssigkeit, in der Mikrokapseln suspendiert sind. Jede Kapsel enthält negativ geladene weiße Pigment-Teilchen in einer schwarzen Flüssigkeit. Wenn ein elektrisches Feld angelegt wird, wandern die weißen Partikel zu der positiv geladenen Seite. Dort bleiben sie, bis ein elektrisches Feld der umgekehrten Polung auftritt. Im Gegensatz zu den gängigen Flachbildschirmen benötigt diese Art von Display keine Energie, um ein einmal eingestelltes schwarzes oder weißes Pixel weiterhin anzuzeigen.

Nun hat die Arbeitsgruppe von John Rogers an den Bell Laboratories, in Zusammenarbeit mit der Firma E-Ink, den nächsten Schritt vollzogen. Unter Verwendung der neuesten Methoden der Mikrofabrikation, exotischen Halbleitern, und E-Tinte erzeugten sie etwas, das man als das erste elektronische Papier bezeichnen könnte. Es ist nur einen Millimeter dick, biegsam, und sieht aus wie normales Papier.

Im Inneren des E-Papiers verbergen sich Transistoren, die einfach auf einem rechtwinkligen Gitter angeordnet sind. Man benötigt für jedes Pixel einen Transistor. Der erste Prototyp hatte 256 Transistoren und konnte 16 Reihen mit je 16 Bildpunkten darstellen. Jedes Pixel ist durch eine Goldelektrode definiert, die mit der Basis des zugehörigen Transistors verbunden ist. Zum Umschalten eines Pixels schickt man ein Spannungssignal an den Transistor. Ein Bildwechsel auf der ganzen Seite dauert etwa eine Sekunde – zu langsam für einen Fernsehschirm, aber akzeptabel für ein elektronisches Buch.

Eine wichtige Voraussetzung für die Herstellung von robusten Transistoren auf einer biegsamen Unterlage war die Verwendung des Mikrokontakt-Drucks, einer Technik, die von George Whitesides und seinen Mitarbeitern an der Harvard-Universität entwickelt wurde. Dieser Druckvorgang verwendet einen Stempel aus Polydimethylsiloxan (PDMS), der ein Muster von organischen Molekülen auf ein Substrat aufbringen kann. Im Fall des elektronischen Papiers ist das Substrat eine 20 Nanometer dünne Goldschicht, die als Basis der Transistoren dient. Durch Aufstempeln der erwünschten Muster auf die Goldfolie kann man diese an bestimmten Stellen schützen. Anschließend ätzt man ungeschützte Teile der Goldfolie weg und erzeugt so die gewünschten Kontakte.

In einem Blatt des E-Papiers steckt ein bisschen mehr Chemie als in dem vertrauten Material, das aus Holzfasern hergestellt wird. Als oberste Schicht haben wir zunächst einen durchsichtigen Film aus Indiumzinnoxid, der als gemeinsame Elektrode für alle Pixel dient. Wenn man diese Elektrode positiv auflädt, wird das ganze Blatt weiß, es sei denn, dass einzelne Pixel eine größere positive Ladung auf ihrer Goldelektrode tragen. Als nächste Schicht kommen die Mikro-Kapseln der E-Tinte, dann die Transistoren mit Indiumzinnoxid-Elektroden auf der Goldunterlage, die als Basis der Transistoren dient. Ganz zuunterst finden wir einen ordinären Kunststoff, der sonst vor allem bei der Herstellung von Flaschen zum Einsatz kommt: PET.

Obwohl die Dicke von einem Millimeter eher an Karton erinnert als an Papier ist dieses erste E-Papier mit seiner matten Oberfläche und seinem scharfen Schwarz-Weiß-Kontrast bereits ein überzeugender Prototyp und Vorreiter der Wunder, die da auf uns zukommen mögen. Man muss nur aufpassen, dass man das kostbare Stück nicht aus Versehen zum Altpapier gibt.

(2002)

### Literaturhinweise

B. Comiskey et al., *Nature*, 1998, **394**, 253.
J. A. Rogers et al., *Proc. Natl. Acad. Sci. USA*, 2001, **98**, 4835.
Y. Xia, G. M. Whitesides, *Angew. Chem. Int. Ed.*, 1998, **37**, 551.

### Was danach geschah

Elektronisches Papier und E-books gehören zu den Dingen, die schon seit einiger Zeit prophezeit werden. In meinem Haushalt sind im Moment (November 2008) noch alle Bücher auf normalem Papier gedruckt, doch es scheint sich wirklich etwas zu bewegen. Das im November 2007 in den USA auf den Markt gekommene Lesegerät Kindle von Amazon.com ist zwar nicht dünn und flexibel, verwendet aber die oben beschriebene E-Ink-Technologie.

# Ampel-Proteine

Die Anwendung des grünfluoreszierenden Proteins GFP als Genmarker in lebenden Zellen ist sicherlich eine der coolsten Erfindungen der letzten zwei Jahrzehnte. Ich fühle mich diesem Gebiet auch deshalb besonders verbunden, weil die entscheidende Entdeckung genau am Anfang meiner wissenschaftsjournalistischen Tätigkeit gemacht wurde, sodass ich deren Entwicklung und exponentielle Ausbreitung von Anfang an mitverfolgen konnte (siehe Seite 109). Einige Jahre später wurde die Palette der Fluoreszenzmarker um einige neue Farben erweitert, und davon handelt die folgende Geschichte.

Seit der Entdeckung, dass man das grün fluoreszierende Protein GFP aus der Qualle *Aequorea victoria* ohne weitere Zusatzstoffe als Genmarker benutzen kann, hat sich dessen Anwendung wie eine Epidemie durch alle molekularbiologischen Labors ausgebreitet. Das GFP-Gen, das schon längst kommerziell erhältlich ist, wird mit dem zu untersuchenden Gen gekoppelt. Wenn (und nur wenn) die Zelle die gekoppelten Gene abliest und GFP produziert, wird sie unter der UV-Lampe grün fluoreszieren. So einfach ist das. Es sind keine weiteren Chemikalien erforderlich, es gelten keine kleingedruckten Ausschlussbedingungen.

Biophysiker haben auch rasch Gefallen an dem Protein gefunden, und zwar vor allem deshalb, weil der kleine Teil des Proteins, der das Licht aussendet, (das Chromophor) eine höchst ungewöhnliche Struktur besitzt. Diese entsteht in einer autokatalytischen Reaktion, d.h. das Protein führt eine chemische Veränderung an sich selbst aus (womit es sich in eine philosophische Konfliktzone begibt, da die Definition des Begriffs Katalyse eigentlich beinhaltet, dass der Katalysator sich nicht verändert).

Im Jahr 2000 gelang es Forschern, ein weiteres, ebenso interessantes Leuchtprotein namens DsRed zu klonieren und näher zu untersuchen. Dieses Protein aus Korallen der Gattung *Discosoma* ist entfernt mit GFP verwandt, fluoresziert rot, und ist mit verantwortlich für die charakteristische rosa Farbe von Korallen. Die Arbeitsgruppe von Roger Tsien an der University of California in San Diego hat die Fluoreszenz dieses Proteins im Vergleich mit GFP genauestens untersucht und einige interessante Abweichungen entdeckt.

Obwohl man, wie Tsien und andere gezeigt haben, GFP-Mutanten erzeugen kann, die in vielen verschiedenen Farben leuchten, kann keines dieser Proteine den Wellenlängenbereich des roten Lichts erreichen, das DsRed aussendet. DsRed emittiert bei einer Wellenlänge von 583 Nanometern und lässt sich durch Austausch einer einzelnen Aminosäure sogar auf 601 Nanometer verschieben. Diese beiden Varianten sind eine willkommene Bereicherung für Molekularbiologen, die mehrere Gene gleichzeitig markieren und deren Aktivität dann farbcodiert beobachten wollen.

Ebenso wie GFP bildet DsRed sein Chromophor autokatalytisch, indem es benachbarte Aminosäuren zu einem Imidazolring verschmilzt. Es bildet zunächst ein Chromophor, das dem des GFP sehr ähnlich ist, und modifiziert dieses dann in einer zweiten, langsamen Reaktion zu der Struktur, welche die einzigartige langwellige Fluoreszenz hervorbringt.

Die Langsamkeit dieser zweiten Reaktion mag für manche Anwendungen ein Nachteil sein, doch man kann sie auch vorteilhaft nutzen, wie Alexey Terskikh und seine Mitarbeiter an der Stanford-Universität zeigen konnten. Sie erzeugten bewusst eine noch langsamer reagierende Mutante eines ähnlichen Proteins und benutzten diese als Stoppuhr bei der Untersuchung von entwicklungsbiologischen Vorgängen. In diesen Experimenten deutet grünes Licht darauf hin, dass das relevante Gen erst vor kurzem angeschaltet wurde. Farben im Bereich von Gelb und Orange zeigen kontinuierliche Genaktivität, während rotes Licht nur dort sichtbar ist, wo das Gen nach einer Phase der Aktivität abgeschaltet wurde. Damit steht den Forschern geradezu eine komplette Verkehrsampel der Entwicklung zur Verfügung, die allerdings den Gen-Verkehr nicht reguliert, sondern nur beobachtet und weitermeldet.

Ein weiterer potentieller Nachteil des DsRed ist der Umstand, dass es sich gern mit seinesgleichen zu Tetrameren (Komplexen aus vier gleichen Molekülen) oder sogar zu komplexeren Gebilden zusammenlagert. Angesichts der bereits umfangreichen Erfahrung, die viele Forscher mit dem verwandten Protein GFP gesammelt haben, kann man sicher sein, dass es schon bald Mutanten von DsRed geben wird, die schneller reifen, sich nicht zusammenklumpen, und in jeder denkbaren Schattierung von Rot strahlen.

(2001)

**Literaturhinweise**

L.A. Gross et al., *Proceedings of the National Academy of Sciences USA*, 2000, **97**, 11990.

## Was danach geschah

Fluoreszenzmarker wie GFP und DsRed sind heute aus der Biologie nicht mehr wegzudenken. Im Oktober 2008 erhielt der hier erwähnte Biophysiker Roger Tsien zusammen mit Osamu Shimomura und Martin Chalfie den Nobelpreis für Chemie.

# Peptide werden lebendig

Eine der coolsten Nano-Erfindungen aller Zeiten sind die Nanoröhren aus gestapelten Peptidringen aus dem Labor von M. Reza Ghadiri. Da ich diese schon in meinem ersten Buch (*Expeditionen in den Nanokosmos*) verwurstet habe, präsentiere ich hier eine neuere Arbeit aus demselben Labor. Es geht um Peptidstäbe, welche ihren eigenen Zusammenbau aus zwei Hälften katalysieren können.

Wenn man zwei Moleküle dazu bringen will, miteinander zu reagieren, genügt es oft schon, sie in die geeignete Position zu bringen. Mit dieser einfachen chemischen Einsicht und einer cleveren Strategie konnten Reza Ghadiri und seine Gruppe am Scripps Research Institute in La Jolla, Kalifornien, ein völlig neues Forschungsgebiet erfinden.

Ausgehend von einer bekannten biologischen Struktur, dem *Coiled Coil* (zwei α-Helices, die sich umeinander winden), erklärten die Forscher den einen Strang zum Baugerüst, den anderen zum Zielmolekül. Sie teilten das Zielmolekül in zwei Hälften und versahen die Schnittstellen mit reaktiven Gruppen, sodass die beiden Hälften miteinander reagieren und das Zielmolekül bilden können. Sie konnten dann zeigen, dass das Baugerüst diese Reaktion beschleunigen kann, indem es die beiden Hälften in die geeignete Startposition bringt.

Auf diese Weise erzeugten die Forscher ein künstliches Enzym, nämlich eine Peptid-Ligase, die zwei kurze Peptide in ein längeres verwandeln kann. Wenn Zielmolekül und Baugerüst identisch sind, dann produziert die Reaktion sogar weitere Enzyme und verstärkt sich damit selbst. Anders ausgedrückt kann man das Peptid auch als das erste selbst-replizierende Molekül beschreiben (Bild 19).

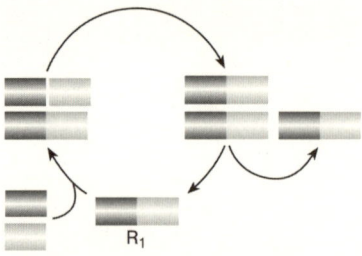

$R_1$

**Bild 19** Ein Reaktionskreislauf in dem sich ein Peptid (R1)
aus zwei Fragmenten (unten links) selbst repliziert.
Aus *New Scientist*, 1999.

Seitdem hat Ghadiris Gruppe dieses molekulare Spielzeug weiterentwickelt um zu zeigen, wie ein einfaches chemisches System einige fundamentale Eigenschaften des Lebens entwickeln kann, wie etwa Fortpflanzung, Selektivität für Moleküle einer bestimmten Chiralität (Händigkeit), Fehlerkorrektur und Wechselwirkungen zwischen
überlappenden Reaktionskreisläufen in einem komplizierten Netzwerk.

Jean Chmielewski und seine Mitarbeiter an der Purdue-Universität
haben ein ähnliches System entwickelt und Schaltelemente eingebaut, die auf Veränderungen des pH-Werts oder anderer chemischer
Parameter reagieren. Ihr Peptid E1E2 enthält zum Beispiel einen
»Säurestreifen« aus Glutaminsäureresten, auf einer Seite der $\alpha$-He-
lix. Bei neutralem pH-Wert tragen diese Reste negative elektrische Ladungen, deren Abstoßung die Helix destabilisiert und eine ungeordnete Anordnung der Peptidkette begünstigt. Bei niedrigem pH (also
in sauren Lösungen) wird hingegen die Helixstruktur bevorzugt und
die Peptide können als Gerüst für die Reaktion zwischen den Fragmenten E1 und E2 dienen.

Der Haken an der Sache ist jedoch, dass anschließend das Reakti-
onsprodukt noch fester an das »Enzym« gebunden ist als vorher die
beiden Fragmente. Das Enzym erfährt ein Phänomen, das man Produkthemmung nennt: Sein eigenes Produkt agiert als Hemmstoff der
katalysierten Reaktion. Deshalb nimmt die Produktion neuer E1E2-
Moleküle auch nicht exponentiell zu.

Um dieses Problem zu überwinden, verringerten Chmielewski
und seine Mitarbeiter die Stabilität des *Coiled Coil* so weit sie konnten,
ohne die Bindung der Fragmente in Gefahr zu bringen. Sie erreich-

ten ihr Ziel, indem sie das Gesamtpeptid auf 26 Aminosäuren verkürzten, die Länge, die sie für das erforderliche Mindestmaß für die erwünschte Reaktion hielten.

Untersuchungen des verkürzten Peptids ergaben eine Reaktionsbeschleunigung um den Faktor 100 000, was den bisherigen Rekord für selbstreplizierende Moleküle um das Zwanzigfache übertrifft und sich der Effizienz biologischer Enzyme nähert. Die Forscher haben damit das erste selbstreplizierende System kreiert, das kontinuierlich arbeitet und nicht unter Produkthemmung leidet. Die Arbeitsgruppe von Günter von Kiedrowski an der Universität Freiburg hatte zwar mit selbstreplizierenden Nucleinsäuren ebenfalls die Produkthemmung überwunden, musste zu diesem Zweck aber einen Temperaturzyklus einführen, der, wie bei der Polymerase-Kettenreaktion, die neugebildeten Doppelstränge aus Gerüst und Produkt wieder aufschmilzt.

Solche selbstreplizierenden Peptide geben Wissenschaftlern die einzigartige Gelegenheit, molekulares »Verhalten« in einem einfachen und leicht kontrollierbaren System zu untersuchen. Einige der Vorgänge ähneln in bemerkenswerter Weise biologischen Phänomenen. Ghadiris Arbeitsgruppe berichtete zum Beispiel über das Auftreten von »Symbiose« bei solchen Reaktionsnetzwerken.

Allerdings sollte man sich nicht dazu hinreißen lassen, diese Befunde auf den noch weitgehend unverstandenen Ursprung des Lebens oder die frühe Evolution vor dem Auftreten der ersten Zellen zu übertragen. Es muss hier betont werden, dass biologische Moleküle nicht sich selbst, sondern einander gegenseitig replizieren. Außerdem betrachten die meisten Experten RNA als den aussichtsreichsten Kandidaten für die molekulare Hauptrolle in den ersten Akten des Lebens auf der Erde. Selbstreplizierende Peptide werden vermutlich nicht viel zum Auffinden der Wurzeln des Stammbaums aller Lebewesen beitragen, doch vielleicht fügen sie der Chemie einige neue Verzweigungen hinzu.

(2002)

### Literaturhinweise

D. H. Lee et al., *Nature*, 1997, **390**, 591.
R. Issac et al., *Curr. Op. Struct. Biol.*, 2001, **11**, 458.
R. Issac, J. Chmielewski, *J. Am. Chem. Soc.*, 2002, **124**, 6808.
A. Luther et al., *Nature*, 1998, **396**, 245.

### Was danach geschah

Aus diesem Gebiet habe ich in den letzten Jahren nichts Neues gehört, vielleicht weil die Aufregung der Pionierphase vorbei ist, und weitere Arbeiten dann in weniger renommierten Journalen erscheinen. Ich sollte vielleicht einmal nachforschen.

# Ein Calciumatom als Computer

Während meiner Zeit als Postdoktorand in Oxford gab es in der Gruppe einen Kollegen namens Jonathan Jones, der sich außer mit den üblichen Forschungsthemen unseres Labors offenbar auch mit Rechnungen wie 1+1 befasste. Eines Tages fragte ich ihn, was es damit auf sich hatte, und er erklärte mir, dass er einen Quantencomputer entwickelte, und zwar auf der Grundlage kleiner organischer Moleküle, deren Atomkerne er mit Hilfe von NMR-Spektrometern manipulierte. Dank seiner Erläuterungen verstand ich zumindest vorübergehend einen kleinen Teil der aktuellen Forschung im Bereich der Quanten-Informationsverarbeitung, immerhin genug, um gelegentlich einen Artikel darüber zu schreiben, wie etwa den folgenden, für den ich meine eigene Rechnung aufstellte: Ein Calcium-Atom minus ein Elektron ergibt einen Quantencomputer. Ist doch logisch, oder?

Ein Quantenzustand kann – zumindest theoretisch – der Informationsverarbeitung dienen. Denken Sie etwa an einen Kernspin im Magnetfeld, der sich mittels Anregung mit Radiowellen zwischen zwei verschiedenen Zuständen umschalten lässt. Dafür braucht man nicht mehr als ein handelsübliches NMR-Spektrometer. Ein solches Zustandspaar definiert ein Qubit, das quantenmechanische Analogon zum Bit der Computertechnik. Der kleine Unterschied zum konventionellen Bit ist der, dass ein Qubit nicht nur als 0 und 1 vorliegen kann, sondern auch in beliebig vielen Überlagerungen der beiden Möglichkeiten. Deshalb, so prognostizieren Theoretiker, könnte ein Computer, der mit solchen Qubits operiert, wahre Wunder vollbringen. Probleme, deren Rechenzeit exponentiell (oder noch schneller) mit der Zahl der Variablen zunimmt, gelten heute als unlösbar, doch ein Quantencomputer würde mit ihnen fertig.

Doch wie baut man einen Quantencomputer? Einzelne Qubits können auf vielen verschiedenen Wegen realisiert werden, doch damit kann man noch nicht rechnen. Im Jahre 1998 gelang erstmals die Ausführung einfachster Quantenalgorithmen (Rechenvorschriften) mittels einer Kombination von zwei Kernspins, welche im NMR-Spektrometer beobachtet wurden. Diese Methode leistete wertvolle Dienste in der Erforschung der Grundlagen einfacher Quantencomputer, doch es stellte sich bald heraus, dass eine Erweiterung auf Tausende oder gar Millionen von Qubits, also in den Bereich, wo die Vorteile des Quantencomputers gegenüber konventionellen PCs zum Tragen kämen, aus grundsätzlichen physikalischen Gründen nicht möglich sein würde.

Ein wenig besser stehen die Chancen für Systeme, die auf einzelnen Atomen oder Ionen beruhen. Kürzlich gelang es der Arbeitsgruppe um Ferdinand Schmidt-Kaler an der Universität Innsbruck, mit einem solchen Ansatz den Vorsprung der NMR-Forscher aufzuholen, und einen Quantenalgorithmus mit zwei Qubits in die Praxis umzusetzen. Sie konnten sogar beide Qubits in einem einzigen Atom unterbringen, nämlich in einem einfach positiv geladenen Calcium-Ion. Der Energiezustand des in der äußersten Schale verbliebenen einsamen Elektrons repräsentierte ein Qubit, der Schwingungszustand des Atoms das Andere. Um die Quantenzustände anzusprechen und auszulesen benutzten sie Laserpulse von genau definierter Dauer und Wellenlänge. Dabei erwiesen sich auch Pulskombinationen als nützlich, welche die Innsbrucker sich bei den NMR-Forschern abgeguckt hatten.

Nun gibt es nicht viel, was man mit zwei Bits oder Qubits berechnen kann. Doch der Begründer der Quanteninformationstheorie, der Oxforder Physiker David Deutsch, ersann ein einfaches Problem, das schon auf diesem niederen Niveau die Überlegenheit des Quantenalgorithmus demonstriert. Stellen Sie sich zwei Fußgängerampeln vor, die entweder rot oder grün sein können. Angenommen sie wollen wissen, ob beide dieselbe oder verschiedene Farben anzeigen, ohne sich dafür zu interessieren, welche Farbe konkret angezeigt wird. Die Antwort hat einen Informationsgehalt von genau einem Bit (da es nur zwei Möglichkeiten gibt), doch ein konventioneller Computer müsste den Zustand jeder Ampel erst einmal speichern (kostet schon zwei

Bits), und in einem weiteren Schritt dann die vier möglichen Kombinationen den zwei Antworten zuordnen. Deutsch konnte hingegen zeigen, dass ein Quantenalgorithmus dank der quantenmechanischen Überlagerung von Zuständen dasselbe Ergebnis mit einem Schritt erreichen kann, ohne sich darum zu kümmern, welche Farbe eine einzelne Ampel anzeigt.

Nun zeigte das Calcium-Atom keine roten oder grünen Männchen an, sondern liefert lediglich Kurven mit mehr oder weniger stark streuenden Messpunkten. Doch weniger als 250 Mikrosekunden nach Eingabe der Eingangsinformation pendelte sich das Elektron, das als Ausgangsqubit diente, also das Ergebnis der Rechnung anzeigte, zuverlässig auf den erwünschten Zustand ein. Die Genauigkeit und relative Robustheit dieses Systems legt nahe, dass es schon bald möglich sein wird, mehrere solcher oder ähnlicher Ionen zu einem einfachen Quantenrechner zu verbinden, der vielleicht kleine Zahlen addieren und subtrahieren kann. Verglichen mit der geschichtlichen Entwicklung der Elektronenhirne haben die Quantenforscher gerade erst den Transistor erfunden. Doch der Optimismus, dass sie eines Tages tatsächlich einen leistungsfähigen Quantencomputer bauen können, nimmt zu.

(2003)

**Literaturhinweise**

C. H. Bennett, D.P. DiVincenzo, *Nature*, 2000, 404, 247.
S. Gulde et al., *Nature*, 2003, 421, 48.

## Was danach geschah

Der Fortschritt auf diesem Gebiet findet generell langsam statt, doch im September 2007 kam man dem Ziel eines praktikablen Quantencomputers einen Schritt näher. Zwei Arbeitsgruppen berichteten, dass einzelne Lichtquanten (Photonen) in einem Mikrochip erzeugt werden können und dass sie Quanteninformation durch supraleitende Schaltkreise austauschen können. Diese beiden Entwicklungen zusammen stellen eine Quanten-Version des Datenbus dar, eines Untersystems in Computern, welches für den Austausch von Informationen zwischen verschiedenen Elementen oder zwischen Computern zuständig ist. Da dieser Quantenbus auf etablierten Methoden der Materialverarbeitung im Nanometermaßstab beruht, sollte er sich relativ einfach auch für mehrere Qubits und sogar für die Massenherstellung umrüsten lassen.

**Literaturhinweise**

M. A. Sillanpää et al., *Nature*, 2007, **449**, 438.
J. Majer et al., *Nature*, 2007, **449**, 443.

# Pinzetten für Moleküle

Jeder, der mit Biomolekülen gearbeitet hat, kennt das frustrie-
rende Gefühl, dass man sein Forschungsobjekt weder sehen
noch anfassen kann. Die Röntgenkristallographie und NMR-
Spektroskopie haben uns in den vergangenen Jahrzehnten eine
Vorstellung davon vermittelt, wie die Moleküle des Lebens »aussehen«. Auch eine indirekte Art des Anfassens ist inzwischen
möglich. Die Methode der »magnetic tweezers« ermöglicht es
Biophysikern, Einzelmoleküle zu verzwirbeln und die Aktivitäten
von DNA-prozessierenden Enzymen in Echtzeit zu beobachten.

Mitte der 1990er Jahre erschienen die ersten Arbeiten von Forschern,
die molekulare Pinzetten benutzten, um Einzelmoleküle zu untersuchen. Insbesondere im Bereich der Motorproteine, sowohl aus dem
Actin-Myosin-System der Muskeln, als auch aus dem Tubulin-System
des Zellskeletts, ermöglichte diese Methode atemberaubende Fortschritte. Plötzlich waren einzelne Motormoleküle nicht nur im Ruhe-
zustand sichtbar (wie bereits im Rasterkraftmikroskop) sondern man
konnte sie während ihrer Bewegung verfolgen und dabei sowohl die
Länge der Bewegungsschritte als auch die übertragene Kraft messen.

An diese glorreiche Tradition muss wohl der französische Physiker
Vincent Croquette gedacht haben, als er einige Jahre später seine
neuere Methode »magnetic tweezers« nannte, obwohl sie mit den
»molecular tweezers« nicht allzu viel gemeinsam hat. Die ursprünglichen »optischen Fallen« und die daraus entwickelten molekularen
Pinzetten bestehen aus Laserstrahlen, mit deren Strahlungsdruck
man typischerweise mikroskopisch kleine Kügelchen (und daran be-
festigte Moleküle) manipulieren und gleichzeitig ihre Position abbil-
den oder messen kann. Bei den magnetischen Greifern hingegen ist

an einem Ende des zu untersuchenden Moleküls ein magnetisierbares Kügelchen (1–3 μm Durchmesser) befestigt, welches der Experimentator mittels eines inhomogenen Magnetfeldes kontrolliert. Der entscheidende Vorteil der magnetischen Pinzetten bei DNA-Studien liegt darin, dass man das Magnetfeld und damit auch das Magnetkügelchen rotieren kann. Auf diese Weise kann man die DNA-Doppelhelix ver- oder entzwirbeln wie ein Seil. Nimmt man ein gewöhnliches Stück Schnur und dreht ein Ende in der Richtung, in der die Fäden umeinander gewunden sind, so wird sich die »Sekundärstruktur« der Schnur straffen bis zu dem Punkt wo es nicht mehr straffer geht. Um weiter drehen zu können, muss man der Schnur etwas nachgeben, sie verwindet sich dann spontan zu Helices höherer Ordnung, entsprechend den Supercoils by DNA. Dreht man hingegen in der entgegengesetzten Richtung, so wird sich die Schnur zunächst lockern, bis sich die Fäden voneinander trennen. Oft geschieht diese Trennung nicht gleichmäßig über die gesamte Länge der Schnur, sondern es öffnet sich zunächst nur an einer Stelle eine Schlaufe.

Und mit der DNA-Doppelhelix passiert im Prinzip dasselbe, wenn man ein Ende festhält und das andere mittels der magnetischen Pinzette dreht. Obwohl Croquette und seine Mitarbeiter in Paris bereits 1996 das Prinzip dieser Methode demonstriert hatten, indem sie DNA-Doppelhelices ver- und entzwirbelten, kam sie erst 2002–2004 durch Studien an Genregulatoren und DNA-prozessierenden Enzymen zur vollen Geltung.

Das regulatorische Protein GalR unterdrückt die Expression der Gene, die zum Verdau von Galactose nötig sind, solange dieser Zucker nicht vorhanden ist. Der Vorgang läuft im Prinzip so ab, dass an zwei definierten Stellen in der Nähe des Genanfangs jeweils ein Dimer (also einen Komplex aus zwei identischen Proteinmolekülen) des Repressors an die DNA bindet. Die beiden Dimere bilden ein Tetramer und binden somit die DNA zu einer Schlaufe zusammen und entziehen sie der Transkription. Aber wie kommt die erforderliche, recht scharfe Krümmung der Doppelhelix zustande?

Mittels der magnetischen Pinzetten konnten die Arbeitsgruppe von Laura Finzi an der Universität Mailand in Zusammenarbeit mit Vincent Croquette dieses Problem buchstäblich aufdröseln. Die Forscher entzwirbelten die Doppelhelix ein wenig und erhielten so eine Art Öse, an die sich ein den Histonen ähnliches Protein namens HU band. Dieses Protein stabilisiert den recht scharfen Knick, der die beiden GalR-Dimere erst so nahe zusammenbringt, dass sie die DNA-Schlaufe schließen können. Mittels der Bewegungs- und Kraftmessungen am magnetischen Kügelchen konnten die Forscher genaue kinetische und thermodynamische Daten über diesen regulatorischen Prozess erhalten.

Die DNA in Chromosomen ist ja nicht nur doppelhelical, sondern auch auf höheren Strukturebenen hochgradig verzwirbelt. Jeder Ablesungs- oder Vervielfältigungsschritt erfordert deshalb ein gewisses Maß der Entzwirbelung. Deshalb gibt es zahlreiche Enzyme, die auf die Entwirrung solcher Knäuel spezialisiert sind, etwa die Helicasen und die Topoisomerasen. Die Familie der Typ-II-Topoisomerasen können zum Beispiel einen DNA-Doppelstrang zeitweilig aufschneiden, um dem anderen den Durchtritt zu erlauben, und ihn dann wieder zusammenflicken. Diese Art der Auflösung Gordischer Knoten nach dem Rezept Alexanders des Großen ist vor allem für die Vervielfältigung ringförmiger Bakterienchromosomen wichtig. Ohne diese Schummelei wären die beiden Tochter-Chromosomen als Catenane unauflösbar ineinander verschlungen.

Gilles Charvin und seine Kollegen an der Ecole Nationale Supérieure in Paris benutzten die magnetischen Pinzetten, um DNA-Doppelstränge zu verflechten und dann die Entwirrung mittels der Topoisomerase zu beobachten. Ausgehend von einem Teppich immobilisierter DNA-Doppelstränge mit in zufälliger Verteilung gebundenen magnetischen Kügelchen, führten die Forscher Elastizitätsmessungen durch, um diejenigen Magnetperlen zu identifizieren, die über genau zwei DNA-Doppelhelices mit der festen Unterlage verbunden waren.

Dann verdrillten die Forscher diese molekularen Konstrukte, die im Prinzip einer Schaukel ähnelten, zu links- oder rechtshändigen Supercoils, maßen die Verkürzung des Abstands zur Halterung, und ließen schließlich entweder die Topoisomerase II der Taufliege *Drosophila* oder die Topoisomerase IV des Darmbakteriums *E. coli* auf die verzwirbelte »Schaukel« los, um zu sehen, wie schnell die Enzyme die Stränge entwirren konnten. Zu ihrer Überraschung fanden die Forscher heraus, dass das Fliegen-Enzym rechtsherum und linksherum verdrehte Stränge mit gleicher Geschwindigkeit entflechten kann, während das bakterielle Enzym sich auf L-Knäuel spezialisiert hat.

Die molekularen Motoren, deren Erforschung in den 1990er Jahren spektakuläre Fortschritte machte, bewegen sich allesamt auf Schienen, die aus Proteinen bestehen: Myosin auf Actin-Strängen, Kinesin auf Microtubuli. Erst vor wenigen Jahren fand eine weitere Gruppe von Motoren Beachtung, die als Schiene die DNA-Doppelhelix benutzt. DNA-prozessierende Restriktions-Endonucleasen, deren Schnittstelle weit von der Erkennungsstelle entfernt ist, müssen sich an der gewundenen Schiene entlang hangeln, um die Schnittstelle zu erreichen. Restriktionsenzyme vom Typ I, etwa EcoR124I, können Entfernungen von mehreren tausend Basenpaaren überwinden.

Immobilisiert man statt des DNA-Endes ein solches Enzym mitsamt der gebundenen DNA, so fungiert es als DNA-Transporter, welcher die Doppelhelix verschiebt und gleichzeitig um ihre Achse dreht. Mittels magnetischer Pinzetten kann man diese Bewegung genau verfolgen und steuern. Die Arbeitsgruppen von Cees Dekker in Delft (Niederlande) und Keith Firman in Portsmouth (Großbritannien) haben solche Untersuchungen an EcoR124I durchgeführt und detaillierte Ergebnisse über die Aktivität des Restriktionsenzyms erhalten. Es bewegt sich (oder die DNA) typischerweise mit einer konstanten Geschwindigkeit von mehr als 500 Basenpaaren pro Sekunde, wobei die Kraftübertragung in der Größenordnung von einem Piconewton liegt (also $10^{-12}$ Newton, oder einem Millionstel Millionstel der Kraft, die dem Gewicht eines mittelgroßen Apfels entspricht).

Abgesehen von dem erheblichen Erkenntnisgewinn für die Grundlagenforschung können die genannten Arbeiten auch mit einigen Anwendungsmöglichkeiten aufwarten. Die Verschiebung von DNA-Strängen mittels des Restriktionsenzyms würde sich zur Sequenzierung von DNA-Einzelmolekülen eignen, doch die analytischen Techniken zum Auslesen der einzelnen Basen sind noch nicht soweit fortgeschritten, dass diese Möglichkeit in die Praxis umgesetzt werden könnte.

Die Magnetperlen stellen eine vielversprechende Verknüpfung zwischen elektronischen und biomolekularen Systemen dar. Langfristig werden sie es ermöglichen, in einem geeigneten molekularen Kontext elektronische Signale in mechanische Bewegung von Einzelmolekülen umzusetzen – und umgekehrt. Aus den einfachen Greifern können Nano-Maschinen von noch ungeahnter Vielseitigkeit hervorgehen.

(2004)

**Literaturhinweise**

T. R. Strick et al., *Science* 1996, **271**, 1835.
G. Lia et al., *Proc. Natl. Acad. Sci. USA*, 2003, **100**, 11373.
G. Charvin et al., *Proc. Natl. Acad. Sci. USA*, 2003, **100**, 9820.

## Was danach geschah

Die Erfinder der magnetischen Molekülpinzetten haben inzwischen eine Firma namens PicoTwist gegründet, (www.picotwist.com), welche diese Apparatur kommerziell anbietet. Dem Vernehmen nach ist sie überraschend benutzerfreundlich – fast jeder kann jetzt ein Molekül greifen und verzwirbeln!

# Der DNA-Doktor und andere Roboter

»Unnatürliche« Anwendungen des Erbmoleküls DNA ist ein Gebiet, das ich seit seinen Anfängen (Seemans DNA-Würfel, siehe Seite 50) immer wieder behandelt habe. Zunächst sahen diese Arbeiten nach verrückter Spielerei aus. Doch nach der Jahrtausendwende zeigte sich ihre praktische Nützlichkeit unter anderem in einem DNA-„Computer« der sowohl eine Diagnose stellen als auch die Therapie ausführen kann.

Die Erbsubstanz DNA entpuppte sich jüngst in den Händen geschickter Forscher als ein überraschend vielseitiges Molekül. In den 1990er Jahren diente sie zum Beispiel Leonard Adleman als Computer, Ned Seeman als Baumaterial für geometrische Körper, und Jackie Barton als Kabel zum Transport elektrischer Ladungen (siehe Teil I, Seite 50). Das alles sah zunächst einmal nach verrückten Spielereien aus, doch schon bald zeigte es sich, dass die Leitfähigkeit der Doppelhelix die Konstruktion hochempfindlicher Gen-Sensoren ermöglicht. Nun demonstrieren Forscher vom Weizmann-Institut (Rehovot, Israel), dass ein verblüffend einfacher DNA-Computer sogar medizinische Aufgaben bewältigen kann.

Die Gruppe von Ehud Shapiro entwickelte einen Molekularcomputer, der vier gängige Indikatoren für Prostatakrebs testen kann. Nur wenn alle vier Tests positiv sind, setzt er einen Genschnipsel frei, welcher der Behandlung der Krankheit dient. Aber wie stellt er das an?

Shapiro und seine Mitarbeiter setzten alle diese Funktionen mit einem einzelnen DNA-Molekül um, das aufgrund der Abfolge seiner Bausteine darauf programmiert ist, sich in der Mitte zusammenzuknicken und eine sogenannte Haarnadel-Schleife zu bilden. Das Medikament, also die Gensequenz, welche den Prostatakrebs bekämpft, wenn er denn diagnostiziert wird, liegt genau in dem Knick. Doch die ausgedehnte Doppelhelixstruktur, welche die Haarnadel zusammenhält, ist so stabil, dass sie sich bei Körpertemperatur niemals auflösen würde. Nur die Erfüllung von vier unabhängigen Diagnosekriterien kann das Medikament freisetzen.

Um die einfache Rechenvorschrift (»setze das Medikament dann und nur dann frei, wenn die Bedingungen A und B und C und D erfüllt sind«) in DNA umzusetzen, bauten die Forscher eine Serie von genetischen Schlössern in die Doppelhelix ein, die sich durch die Präsentation der geeigneten Gensequenzen als »Schlüssel«« öffnen lassen (Bild 20). Im Falle des Prostatakrebses lautet die erste Schlüsselfrage: Ist die Expression des Gens PPAB2B gedrosselt?

Dies kann man feststellen, indem man ein DNA-Molekül einsetzt, welches die Boten-RNA des betreffenden Gens erkennt. Ist von dieser Boten-RNA weniger vorhanden als erwartet, so bleibt eine gewisse Menge dieses DNA-Sensors in Lösung und dient dann als Schlüssel für das erste Schloss der diagnostischen Haarnadel. Dieses Schlüssel-Molekül ist so gestaltet, dass es mit dem überstehenden Einzelstrang am Ende der Haarnadel einen neuen Doppelhelix-Abschnitt bildet, welcher als Erkennungsstelle für ein Restriktionsenzym dient. Diese DNA-Schere durchtrennt die beiden DNA-Stränge an verschiedenen aber genau definierten Stellen: Den einen Strang um 19 und den anderen um 9 Buchstaben gegenüber der Bindungsstelle versetzt. Damit zieht das Enzym das erste molekulare Schloss völlig aus dem Verkehr und erzeugt wiederum ein überstehendes Ende, welches dann das nächste Schloss repräsentiert.

Mit einem zusätzlichen molekularen Erkennungsschritt kann man auch eine Zunahme der Genexpression erkennen, was zum Beispiel beim dritten und vierten Diagnoseschritt für Prostatakrebs erforderlich ist. Im dritten Schritt wird die verstärkte Ablesung von PIM1 getestet. Hier muss ein komplementäres Paar von DNA-Abschnitten eingesetzt werden. Wenn die gesuchte Boten-RNA stärker als gewünscht vorhanden ist, entzieht sie dem Paar den einen Strang, sodass der zweite als Schlüssel für das PIM1-Schloß dienen kann.

Wir haben die Mechanismen hier ein wenig vereinfacht. In Wirklichkeit benutzten die Forscher in allen Fällen ein Molekülpaar, um sowohl die negative als auch die positive Reaktion genau justieren und gegen zufällige Konzentrationsschwankungen absichern zu können. Das Raffinierteste an der ganzen Sache ist, dass man den DNA-

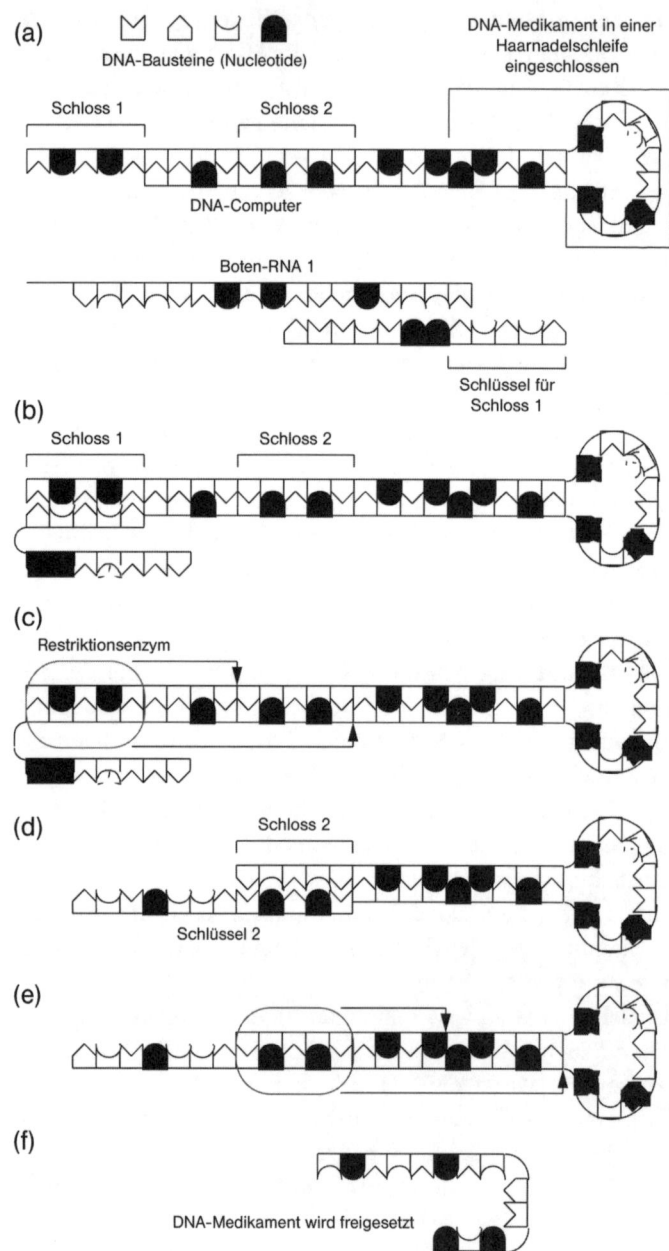

(a) DNA-Bausteine (Nucleotide)

DNA-Medikament in einer Haarnadelschleife eingeschlossen

Schloss 1

Schloss 2

DNA-Computer

Boten-RNA 1

Schlüssel für Schloss 1

(b) Schloss 1    Schloss 2

(c) Restriktionsenzym

(d) Schloss 2

Schlüssel 2

(e)

(f) DNA-Medikament wird freigesetzt

Computer nicht nur auf einfache Ja/Nein-Antworten trainieren kann, sondern über die jeweils eingesetzten Substanzmengen der Vermittler- und Schlüssel-DNAs die Einhaltung oder Überschreitung genau definierter Schwellenkonzentrationen ermitteln kann.

Bisher haben die israelischen Forscher das System lediglich in Reagenzglas-Modellen für Prostata- und Lungenkrebs getestet, wo die für die jeweiligen Krebsarten typischen Molekülarten künstlich vorgegeben wurden. Sowohl bei der Diagnose von Prostatakrebs als auch beim kleinzelligen Bronchialkarzinom verhielt sich der Molekularcomputer genau den Erwartungen entsprechend. Allerdings ist die Übertragung dieses Erfolgs auf die Diagnose im Versuchstier und letztendlich beim Menschen eine gigantische Herausforderung. Nicht nur muss die empfindliche DNA-Haarnadel unbeschadet an den jeweils richtigen Ort im Organismus gebracht werden, auch die »Software« des DNA-Computers, also die zusätzlichen DNA-Moleküle, welche nicht nur in ihren Basensequenzen, sondern auch in ihrer relativen Häufigkeit wichtige Information tragen, müssen vollzählig zum Einsatzort kommen.

Wenn diese Schwierigkeiten einmal überwunden sind, kommt allerdings der Vorzug der DNA wieder zum Tragen, der bereits Adleman, Seeman und Barton zu den ersten spielerischen Versuchen mit dem Erbmolekül angestachelt hatte. Mittels der Methoden der Polymerasekettenreaktion und der Genexpression in Bakterien oder anderen Organismen lassen sich beliebige DNA-Ketten beliebig vermehren. Gerald Joyce am Scripps-Institut im kalifornischen La Jolla hat zum Beispiel gezeigt, dass sich geometrische DNA-Körper a la Seeman auch aus klonierbaren Sequenzen ganz allein auffalten können. Sobald man die praktischen Probleme, etwa die Stabilisierung der DNA an ihrem Einsatzort, gelöst hat, sind der Phantasie praktisch keine Grenzen gesetzt.

(2004)

◄ **Bild 20** Der DNA-Doktor. Hier wird der Einfachheit halber eine Variante mit nur zwei Schlössern gezeigt, die geöffnet werden müssen, bevor das Medikament (der gebogene Teil der Haarnadelschleife) freigesetzt werden kann. Ein spezifischer Schlüssel für jedes Schloss bindet sich an den kurzen einzelsträngigen Abschnitt. Indem er die Doppelhelix vervollständigt, erzeugt dieser Schlüssel auch eine Schnittstelle für ein bestimmtes Restriktionsenzym, mit dem Schlüssel und Schloss dann abgetrennt werden, sodass der Zugang zum nächsten Schloss frei wird.

**Literaturhinweise**

Y. Benenson et al., *Nature*, 2004, **429**, 423.
W. M. Shih et al., *Nature*, 2004, **427**, 618.

## Was danach geschah

Bald darauf gab es schon DNA-Hände, Füße, Baukräne, und andere Funktionselemente. Hier ein Auszug aus einem späteren Artikel über DNA-Nanotechnologie.

Entsprach die Entwicklung von DNA-Computern und der oben beschriebenen medizinischen Anwendung noch im weiteren Sinne der klassischen Vorstellung von DNA als »Informationsmolekül«, so haben zahlreiche andere Fremdanwendungen der Erbsubstanz sich in den Bereich der mechanischen Konstruktionen vorgewagt. Nadrian Seeman an der Universität von New York wies in den 1990er den Weg mit seinen aus DNA konstruierten geometrischen Körpern. Inzwischen hat die Arbeitsgruppe von Gerald Joyce am Scripps-Institut (La Jolla, Kalifornien) solche DNA-Objekte sogar klonierbar gemacht.

Seemans Arbeitsgruppe hat unterdessen den logischen Schritt von der Struktur zur Funktion ausgeführt. Die neueste Kreation aus New York ist ein Laufroboter aus DNA, welcher auf einer DNA-Schiene definierte und steuerbare Schritte ausführen kann. Der Trick besteht im Wesentlichen darin, dass die beiden genetisch verschiedenen Füße abwechselnd komplementäre Trittstellen in der Laufschiene vorfinden. Um einen Fuß wieder loszulösen, muss man ein kurzes DNA-Molekül zugeben, welches den Fuß von der Trittstelle verdrängt.

Passend zu Seemans DNA-Füßen hat Friedrich Simmel an der Münchner LMU eine DNA-Hand entwickelt, die man – ebenfalls durch Zugabe löslicher DNA-Boten – anweisen kann, ein Molekül des Enzyms Thrombin zu ergreifen und dann wieder loszulassen. Simmel hatte ein bereits bekanntes DNA-Aptamer mit hoher Affinität für Thrombin an eine aus 12 Basen bestehende Steuersequenz gekoppelt. Um gebundenes Thrombin loszulassen muss man nur ein bestimmtes DNA-Molekül (Q) zusetzen, welches die Steuersequenz bindet und die Aptamerfunktion stört. Ein weiterer DNA-Bote (R) kann Q von der DNA-Hand weglocken und es dieser ermöglichen, ein weiteres Thrombin-Molekül zu ergreifen.

Ein wesentlicher Vorteil dieser Vorgehensweise, bei der bewegliche DNA-Teile durch DNA-Boten gesteuert werden liegt darin, dass es nicht unbedingt notwendig ist, die Steuerbefehle manuell zu erteilen. Man könnte sich solche Mechanismen durchaus automatisiert auf einem DNA-Chip, oder sogar unter biologischer Kontrolle in einer Zelle vorstellen. Tatsächlich ist es Simmels Arbeitsgruppe bereits gelungen, eine DNA-Maschine durch die Transkriptionsmaschinerie der Zelle zu steuern.

Kombiniert man die existierenden Hände, Füße, und Steuermechanismen, so lassen sich bereits komplizierte Funktionen im Nanomaßstab ausführen. Eine molekulare Sortiermaschine, welche verschiedene Proteine voneinander trennt und an bestimmten Orten eines *Microarrays* positioniert, wäre zum Beispiel ein realistisches Ziel.

Mit den mechanischen und informationsverarbeitenden Anwendungen der DNA ist deren Repertoire noch lange nicht erschöpft. Die elektrische Leitfähigkeit des Erbmoleküls ist seit langem ein fruchtbares aber auch konfliktträchtiges Forschungsgebiet. Inzwischen dient der DNA-Strom bereits in Gen-Sensoren, welche sogar Punktmutationen erkennen können. Das Prinzip beruht einfach darauf, dass jede Störung der Basenpaarung die Leitfähigkeit beeinträchtigt. Die Arbeitsgruppen von Bernd Giese und Thomas Carell haben das DNA-Kabel kürzlich einer neuen Verwendung zugeführt, indem sie die Leitfähigkeit mit Studien der DNA-Reparatur verbanden, was neues Licht auf beide Prozesse wirft.

Zhaoxiang Deng und Chengde Mao von der Purdue University im US-Bundesstaat Illinois entwickelten eine weitere überraschende Verwendungsmöglichkeit für die Doppelhelix. Sie benutzten DNA-Gitter als Masken in der Lithographie und konnten so Muster mit einer Auflösung von bis zu 10 nm erzeugen. Sie brachten geometrische DNA-Gitter auf eine Glimmer-Oberfläche auf, bedampften sie mit Gold, und zogen dann den Goldfilm mit dem Negativ des von der DNA vorgegebenen Musters ab.

Rund zwei Jahrzehnte nach Erfindung der Polymerasekettenreaktion sieht es heute so aus, als ob man mit DNA tatsächlich fast alles machen kann. Dem spielerischen Ausprobieren der Möglichkeiten folgen bereits konkrete anwendungsbezogene Arbeiten. Der Gensensor, der die Leitfähigkeit der Doppelhelix ausnutzt, ist bereits kommerziell erhältlich. Produkte auf der Grundlage der mechanischen und informationsverarbeitenden Fähigkeiten der Erbsubstanz könnten schon bald folgen.

**Literaturhinweise**

W.B. Sherman, N. Seeman, *Nano Lett.*, 2004, **4**, 1203.
W. U. Dittmer et al., *Angew. Chem.*, 2004, **116**, 3634.
W.U. Dittmer, F. C. Simmel, *Nano Lett.*, 2004, **4**, 689.
C. Haas et al., *Angew. Chem.*, 2004, **116**, 2373.
B. Giese et al., *Angew. Chem.*, 2004, **116**, 1884.
Z. Deng, C. Mao, *Angew. Chem.*, 2004, **116**, 4160.

# Die wunderbare Welt der Kieselalgen

Universitäten sind wie Bahnhöfe, man sieht viele Menschen auf der Durchreise, die einem dann nie wieder begegnen. Ein flüchtiger Bekannter aus der Regensburger Zeit, Nils Kröger, ist mir jedoch, zumindest durch seine phantastischen Publikationen, immer wieder begegnet. Er knackte die molekularen Bausteine der bemerkenswert regelmäßig aufgebauten Silikatschalen der Kieselalgen und machte sich dieses Gebiet zu eigen, aus dem es seitdem immer wieder spannende Forschung zu berichten gab.

## Kieselalgen zum selbst Bauen

Diatomeen, auch Kieselalgen genannt, sind einzellige Algen, die sich in Tausenden von Arten in Ozeanen und Seen rund um den Globus finden. Ihre Schalen mit wunderschönen Mustern von Poren, die kleiner als ein Mikrometer sind, haben die Forscher im Bereich der Biomineralisation vor riesige Herausforderungen gestellt (siehe Bild 21). Da die Muster genetisch festgelegt sind, müssen Biomoleküle an ihrer Erzeugung beteiligt sein, doch diese sind so verschieden von normalen Proteinen, dass es viele Jahre dauerte, bis man sie aus den Schalen extrahieren und eingehender untersuchen konnte.

Nils Kröger und seine Kollegen an der Universität Regensburg haben mehrere verschiedene Peptide, die Silaffine, und langkettige Polyamine aus Diatomeenschalen isoliert und gezeigt, dass diese die Ausfällung der Silikatmineralien katalysieren. Im Jahr 2002 berichtete die Regensburger Gruppe, dass Modifizierungen der Peptide nach ihrer Synthese, etwa das Ankoppeln von Polyamin-Ketten an Lysinreste, für die Funktion der Silaffine im Organismus wichtig sind. Als die Forscher erstmals Silaffine aus Kieselalgen isolierten, waren

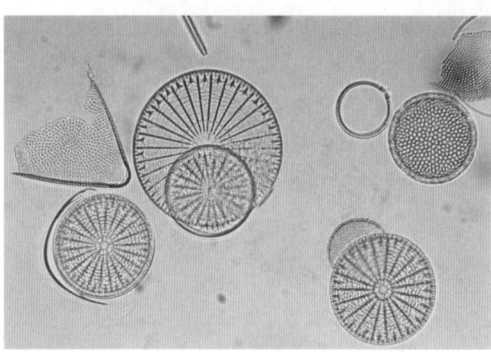

**Bild 21** Elektronenmikroskopische Aufnahme von Diatomeenschalen. Das subtile, an Spitzen erinnernde Muster von Poren im Nanometer-Maßstab ist genetisch vorbestimmt. Wie diese Muster zustande kommen ist eine der kniffligsten Fragen der modernen Biologie.

diese Molekülteile verloren gegangen. Nun haben sie jedoch erstmals die vollständigen, »naturidentischen« Versionen von drei Silaffinen aus *Cylindrotheca fusiformis* wieder hergestellt und ein Rezept entwickelt, das festlegt, wie diese Moleküle kombiniert werden müssen, damit man Nanostrukturen nach Art der Kieselalgen auch im Reagenzglas produzieren kann.

Kröger und seine Mitarbeiter fanden heraus, dass Silaffin-2 allein (ein Phosphoprotein mit 40 Kilodalton Molekulargewicht) nur wenig zur Ausfällung von Silikat beiträgt. In Anwesenheit von Silaffin-1A (6,5 Kilodalton) scheint es jedoch eine regulatorische Funktion zu haben, da es die Aktivität des anderen Proteins, je nach dem Konzentrationsverhältnis, anregen oder hemmen kann.

Der Grundbaukasten zur Erzeugung von Silikatstrukturen mit der richtigen Porengröße im Reagenzglas muss eine positiv geladene (kationische) Molekülsorte enthalten, wie etwa langkettige Polyamine oder das naturidentische Silaffin-1A mit seinen Polyamin-Anhängseln, sowie eine negativ geladene (anionische), wie etwa das hochgradig phosphorylierte Silaffin-2. Die Forscher vermuten, dass diese beiden Molekülsorten aufgrund ihrer elektrostatischen Wechselwirkungen ein dreidimensionales Gitter bilden, wobei offenbar das kationische Molekül die Ausfällung des Silikats katalysiert, während das anionische den Vorgang steuert.

Sollte sich dieses Rezept als allgemeingültig erweisen, so wird es den Wissenschaftlern ermöglichen, eine unendliche Zahl von Variationen auszuprobieren und so neue Wege zu nanostrukturierten Materialien nach dem Vorbild der Kieselalgen zu finden.

(2003)

**Literaturhinweise**

N. Kröger et al., *Science*, 2002, **298**, 584.

N. Poulsen et al., *Proc. Natl. Acad. Sci USA*, 2003, **100**, 12087.

## Vergoldete Kieselalgen

Diatomeen sind bekannt für die erstaunlich vielfältigen und subtilen Muster ihrer aus Silikat aufgebauten Schalen, die nach Art einer Pralinenschachtel aus einem flachen Boden und einem darüber greifenden Deckel bestehen. Beide Schalenteile der mikroskopisch kleinen Einzeller sind mit feinsten Poren ausgestattet, deren Anordnung in spitzenartigen Mustern genetisch determiniert ist. Dieses Phänomen der Biomineralisation erweckt den Neid der Nanotechnologen, die auch gerne imstande wären, unter milden Synthesebedingungen ebenso subtile, programmierbare, und gleichzeitig widerstandsfähige Nanostrukturen zu erzeugen.

Die Erforschung der genauen biochemischen Mechanismen erwies sich als außerordentlich schwierig, und an biomimetische Prozesse in technischem Maßstab ist im Moment noch nicht zu denken. Andererseits könnte man ja vielleicht von den bereits existierenden, natürlichen Nano-Schachteln ausgehen, und diese chemisch modifizieren. Forscher in den USA haben jetzt demonstriert, dass diese Vorgehensweise tatsächlich gut funktioniert.

Die Arbeitsgruppe von Chad Mirkin an der Northwestern University in Evanston (US-Bundesstaat Illinois) züchtete zwei verschiedene Arten von Kieselalgen (*Synedra* und *Navicula*) und präparierte deren Schalen, indem sie das gesamte organische Material in einem starken Säurebad wegätzten. Um die verbleibenden anorganischen Skelette chemischen Modifikationen zugänglich zu machen, setzten die Forscher sie mit einem üblichen Aminosilan-Reagenz um. An die nun vorliegenden freien Amin-Funktionen kuppelten sie DNA-Oligonucleotide. An diese konnten sie natürlich beliebige andere Agentien anhängen, vorausgesetzt sie besitzen den entsprechenden, komplementären DNA-Strang. Um die erfolgreiche und flächendeckende

Modifizierung der Diatomeenschalen im Elektronenmikroskop besser sichtbar zu machen, entschieden sie sich zunächst erst einmal für DNA-gekoppelte Gold-Nanoteilchen. Tatsächlich konnten sie nicht nur eine, sondern nach und nach bis zu sieben Gold-Schichten auf das anorganische Substrat aufbringen und elektronenmikroskopisch nachweisen.

Da das ganze Verfahren mit beiden Arten gleichermaßen problemlos abläuft, hoffen die Forscher, dass es sich verallgemeinern lässt. Unter den Tausenden von Diatomeen-Arten der Natur gibt es eine reiche Auswahl an Nanomustern. Wenn sich an jede von ihnen über die Amino-Funktionalisierung viele verschiedene (bio)chemische Funktionen (zum Beispiel auch Antikörper, Enzyme, molekulare Sensoren...) anbinden lassen, gibt es nahezu unendlich viele Möglichkeiten, darunter mit Sicherheit auch viele, die sich in der Nanotechnologie als nützlich erweisen werden.
(2004)

**Literaturhinweise**

N. L. Rosi et al., *Angew. Chem. Int. Ed.*, 2004, **43**, 5500.

## Was danach geschah

Das Verständnis und die Nutzbarmachung der subtilen Architektur der Diatomeenschalen ist immer noch eine der größten und wichtigsten Herausforderungen an der Grenzfläche zwischen Biologie und Nanotechnologie. Im Jahr 2007 berichtete Krögers Arbeitsgruppe zum Beispiel von der Immobilisierung eines Proteinmoleküls auf einer solchen Schale, und die Gruppe von Hans G. Börner am Max-Planck-Institut für Kolloid- und Grenzflächenforschung in Potsdam erzeugte Bio-Glasfasern aus Diatomeen-Silikat und Peptiden.

# Chirale Katalyse und Analyse auf einem Chip vereint

Physikalische Prozesse kann man im Prinzip verkleinern, bis die Gesetze der Quantenmechanik die Kontrolle übernehmen. Mit chemischen Reaktionen kommt es schon im Mikrometer-Bereich zu Schwierigkeiten, da das Verhalten von Flüssigkeiten sich in kleinen Volumina radikal ändert. Mit diesen Problemen befasst sich das Gebiet der Nanofluidik, dem dieser Beitrag gewidmet ist.

Miniaturisierung macht nicht nur Computer schneller, sondern auch chemische Reaktionen und Analysen im Mikroformat. Da aber der Gesamtprozess nur so schnell abgewickelt werden kann wie sein langsamster Schritt, sollten am besten alle Schritte von der Synthese bis zur Analyse auf einem Chip untergebracht werden.

Ein entscheidender Schritt in diese Richtung gelang jetzt den Arbeitsgruppen von Detlev Belder und Manfred Reetz am Mülheimer Max-Planck-Institut für Kohlenforschung. Aufbauend auf der in Belders Team entwickelten Mikrochip-Elektrophorese (MCE), die den Weltrekord für die schnellste Enantiomerentrennung hält, entwickelten die Mülheimer Forscher einen neuen Chip, der die Mischung der Reagentien, die Inkubationsphase, und die Analyse vereint.

Die Forscher testeten dieses neue Miniaturlabor anhand der Analyse der Enantioselektivität von Enzym-Mutanten, die aus Reetz' Arbeiten zur künstlichen Evolution von Enzymen hervorgegangen waren. Konkret sieht das dann so aus, dass das Substrat (ein Epoxid) und das Enzym (Mutanten der Epoxid-Hydrolase) in getrennte Mikrobehälter gespritzt werden, von wo sie dann (durch Unterdruck oder elektrische Spannung) in einen langen und kurvenreichen Reaktionskanal gelangen, wo der häufige Richtungswechsel der Durchmischung der beiden Lösungen nachhilft.

Vom Ende des Reaktionskanals hat es das Gemisch dann nicht mehr weit zum Startpunkt des Trennungskanals, wo die Enantiomeren des Reaktionsprodukts nach dem Prinzip der Kapillarelektrophorese in Sekundenschnelle aufgetrennt und quantitativ analysiert werden. Ein Trick, der zu der Rekordgeschwindigkeit der Methode beigetragen hat, ist das sogenannte Injektionskreuz, das es ermöglicht, ein sehr kleines aber wohldefiniertes Probenvolumen sehr schnell in die Elektrophoresekapillare zu schicken. Das Ende des Reaktionskanals kreuzt den Anfang des Trennungskanals. Während die Probe, angetrieben von einer elektrischen Spannung, diese »Straßenkreuzung« überquert, wird die Spannung plötzlich auf die Querstraße verlegt, also auf den Trennkanal. Dadurch wird nur das sehr kleine Probenvolumen, das sich in diesem Moment im Kreuzungsbereich befand, in den analytischen Kanal umgeleitet, wo es auf einer Trennstrecke von weniger als einem Millimeter, und in weniger als einer Sekunde aufgetrennt wird. Zum Nachweis der Enantiomeren verwendeten die Forscher eine UV-Fluoreszenz-Methode.

Die Methode eignet sich für Hochdurchsatz-Analysen nicht nur im biochemischen Bereich, sondern auch für die Suche nach Katalysatoren für industrielle Prozesse oder für die Synthese spezieller Chemikalien. Für die in Mülheim untersuchten Enzymvarianten gelang die Reaktion und Analyse ebenso gut mit ganzen Zellen wie mit aufgereinigtem Enzym – alle Verunreinigungen blieben im wahrsten Sinn des Wortes auf der Strecke.

Der geschwindigkeitsbestimmende Schritt ist jetzt die Mischung im Mikromaßstab. Die getestete Apparatur benötigt für die Misch- und Reaktionsphase 25 Minuten, während die Analyse in 90 Sekunden vonstatten geht. Aufgrund der überproportional hohen Oberflächenspannung von extrem kleinen Tröpfchen ist das effiziente Mischen von Mikro- und Nanolitermengen immer eine Herausforderung. Bevor die Chiplabors ebenso revolutionär und erfolgreich werden wie Computerchips wird man hier vielleicht noch bessere Lösungen finden müssen.

(2006)

### Literaturhinweise

N. Piehl et al., *Electrophoresis*, 2004, 25, 3848.
D. Belder et al., *Angew. Chem.*, 2006, 118, 2373.

## Was danach geschah

Belders Arbeitsgruppe zog zweimal um, erst nach Regensburg, dann nach Leipzig, schaffte es aber zwischendurch dennoch, die analytischen Techniken weiterzuentwickeln. Im Jahr 2007 präsentierten Belder und seine Mitarbeiter eine Apparatur, welche Nanospray-Massenspektrometrie mit der oben beschriebenen Nanofluidik-Technologie verbindet.

# Platin-Geschichten

Platin ist ein cooles Element, finde ich zumindest. Vielleicht liegt
es daran, dass es zwar einerseits sehr edel ist, also an chemischen Reaktionen nicht teilnimmt, aber andererseits als Katalysator die Reaktionen anderer Atome und Moleküle ganz enorm
beschleunigen kann. Ich erinnere mich auch, wie ich im Grund-
praktikum der anorganischen Chemie eine Netz-Elektrode aus
Platin benutzen durfte. Die Assistenten wogen das Teil vor und
nach meiner Benutzung mit Milligramm-Präzision, woraus ich
schloss, dass das Material wirklich sehr wertvoll sein musste
(oder dass man Studenten sehr wenig Vertrauen entgegenbrach-
te). Aus diesen Gründen verfolge ich heute noch die Zeitschrift
*Platinum Metals Review* (die überdies den Vorteil hat, dass sie
nicht sehr oft erscheint und nicht sehr viele Artikel enthält) und
finde darin manchmal überraschende und coole Geschichten,
wie etwa die folgenden zwei.

### Als der Platin-Rubel rollte

Das Edelmetall Platin findet sich heutzutage vor allem in Katalysatoren, in Laborgeräten (Tiegel, Netzelektroden für die Elektrolyse),
und in Schmuck. Vor 175 Jahren hingegen fand sich dieses Metall in
den Kassen russischer Händler, denn es diente fast zwei Jahrzehnte
lang als Münzmetall.

Seit 1819 fanden Goldwäscher in Russland Platin, dessen Gewinnung alsbald zum Staatsmonopol erklärt wurde. Seit 1828 prägte
Russland Münzen aus etwa 10,3 Gramm Platin im Wert von drei Ru-
beln. Später kamen Münzen des doppelten und vierfachen Werts, und
entsprechenden Gewichts hinzu. Damals entsprach der Wert des Gel-

des noch dem Materialwert. Deshalb wurde die Platinwährung auch im Jahre 1846 aus dem Verkehr gezogen, als die Verfügbarkeit billigeren Platins aus Südamerika die russischen Münzen zur Zielscheibe für Fälscher machte.

Auf Anregung von Christoph Raub, dem ehemaligen Leiter des Forschungsinstituts für Edelmetalle und Metallchemie in Schwäbisch-Gmünd, hat man nun mehrere Platinrubel eingehend mit modernsten Verfahren untersucht, um Einblicke in die Herstellungsmethoden und Unterscheidungsmöglichkeiten zwischen Originalen und Fälschungen zu gewinnen. Die Ergebnisse wurden in einer dreiteiligen Serie in *Platinum Metals Review* publiziert.

Die Hanauer Firma Heraeus besitzt vier Münzen (3, 3, 6 und 12 Rubel), sowie eine Medaille, die zur Feier der Krönung von Zar Nikolas I. im Jahre 1826 geprägt wurde. Die Untersuchung dieser fünf Exemplare ergab durchweg Dichtewerte zwischen 20,4 und 21,2 g/ml, während reines Platin 21,45 g/ml auf die Waage bringen sollte. Neben anderen Edelmetallen (Gold, Iridium, Rhodium) gilt Eisen als die häufigste Verunreinigung in russischen Platinmünzen. Deshalb untersuchten die Heraeus-Mitarbeiter unter Leitung von David Lupton nicht nur die Feinstruktur der Münzoberflächen mittels optischer und Tunnelmikroskopie, sondern ermittelten auch die magnetischen Eigenschaften des Inneren mit Hilfe eines SQUID-Mikroskops (superconducting quantum interference device).

Die Ergebnisse der Untersuchungen weisen darauf hin, dass die Herstellung der Münzen nach folgendem Muster ablief: Nach Ausfällung aus einer gelösten Phase lag das Edelmetall zunächst als »Schwamm« vor, welcher durch Schmieden und Ausrollen verdichtet wurde. Aus dem ausgerollten Blech wurden dann die Münzen geprägt.

Die auf Edelmetalle und Katalysatoren spezialisierte britische Firma Johnson Matthey besitzt ebenfalls vier Platinrubel aus dem Zarenreich. Da deren genaue Vorgeschichte unklar ist, behandelt die dritte Publikation in der Serie eingehende Untersuchungen zur Zusammensetzung dieser Münzen, mit dem Ziel, ihre Echtheit zu überprüfen. Es stellte sich heraus, dass zwei der vier Münzen erheblich reineres Platin enthalten als die anderen bekannten Platinrubel, und somit vermutlich Fälschungen sind. (Man beachte, dass diese besonders dummen Fälscher in ihre Münzen mehr Edelmetall investierten als nötig gewesen wäre – durch Beimischung von 3–4 % praktisch

kostenlosen Eisens hätten sie authentischere und billigere Falsch-
münzen prägen können!). Immerhin zwei der Londoner Münzen ent-
sprechen allerdings genau der Zusammensetzung anderer bekannter
Platin-Rubel und werden deshalb als echt eingestuft.

(2004)

**Literaturhinweise**

C. J. Raub, *Platinum Metals Rev.*, 2004, **48**, 66.
D. F. Lupton, *Platinum Metals Rev.*, 2004, **48**, 72.
D. B. Willey, A. S. Pratt, *Platinum Metals Rev.*, 2004, **48**, 134.

## Perfekte Fotos mit Platin

Fotos im elektronischen Speicherformat, die wir emailen, herauf-
und herunterladen, oder vollautomatisch ausdrucken, haben die Sil-
berhalogenid-Chemie der Dunkelkammer schon beinahe verdrängt.
Vor 90 Jahren verschwand bereits – aus anderen Gründen – eine andere photographische Technik, der Platindruck. Ein solches Werk erzielte kürzlich auf einer Auktion einen Rekordpreis und brachte so
die fast vergessene Methode wieder in Erinnerung.

Die sogenannte Platinotypie wurde 1873 von William Willis entwickelt, der 1879 die Firma Platinotype Company gründete und 1881 das
erste Platin-Fotopapier auf den Markt brachte. Gegen Ende des 19.
Jahrhunderts war diese Methode weit verbreitet und besonders be-
liebt zur Herstellung photographischer Arbeiten von hoher Qualität
und Haltbarkeit. Platin-Papiere waren im Fachhandel erhältlich und
zunächst nur geringfügig teurer als vergleichbare Silber-Papiere.

Das Platinverfahren beruht auf der Photochemie von Eisen-III-Ver-
bindungen, welche im Licht zu Eisen(II) reduziert werden, welches
dann Platin(II) zu metallischem Platin reduziert. Diese Reaktion ist
weniger lichtempfindlich als die der Silberhalogenide. Die Technik
erfordert deshalb Negative, die genauso groß sind wie die fertigen Fotos, und ist somit unpraktischer für Massenproduktion und Ama-
teurphotographen. Andererseits weisen die fertigen Drucke oft klare-
ren Kontrast auf und haben sich über die Jahrzehnte hinweg als halt-
barer erwiesen. Der Niedergang der Platinotypie wurde eingeläutet,
als Platin im ersten Weltkrieg als kriegswichtiger Rohstoff eingestuft
wurde. Willis konnte zwar kurzfristig auf analoge Verfahren mit Pal-

ladium ausweichen, doch seine Drucktechnik wurde in ein Nischendasein zurückgedrängt und seine Firma musste 1937 schließen.

Zu den bekanntesten Anwendern dieser Methode gehörte der amerikanische Künstler Edward Steichen (1879–1973), dessen Bild »The Pond – Moonlight« vor kurzem bei einer Auktion bei Sotheby's in New York den höchsten Preis erzielte, der je für eine Photographie gezahlt wurde: 2,928 Millionen US-Dollar. Mike Ware, ein pensionierter Chemiker und Experte für »alternative« photographische Verfahren auf der Grundlage von Platin und anderen seltenen Metallen, analysierte die Gründe für diesen überraschenden Rekord und kam zu dem Schluss, dass die weitere Bearbeitung, welche der Künstler dem Platindruck angedeihen ließ, zu dessen Wertschätzung beigetragen hat.

Steichen hat nämlich nicht ganz einfach einen schwarz-weißen Abzug von seinem Negativ gemacht, sonder dem Platin-Druck nachträglich mit der sogenannten Bichromat-Technik Farbe verliehen. Dabei wird eine Lösung von Gummiarabikum, einem farbigen Pigment, und einem Dichromat-Salz auf das Schwarzweißbild aufgetragen, und dieses wird wieder durch ein Negativ oder eine andere Schablone belichtet. Dort, wo Licht hinfällt, begünstigt dieses die Reduktion des Dichromats zu Chrom (III), welches hinwiederum die Makromoleküle des Gummiarabikums quervernetzt und dieses damit verfestigt. Auf diese Weise wird in den belichteten Bereichen das Pigment immobilisiert und an die Unterlage gebunden, während es im unbelichteten Teil des Werks einfach weggespült werden kann. Dieser Färbeprozess kann mehrmals und mit verschiedenen Farben ausgeführt werden. Da er gewisse manuelle Kunstfertigkeit erfordert, verleiht er dem Platin-Druck nicht nur Farbe, sondern auch Individualität, und verwandelt so den photographischen Abzug in ein wertvolles Kunstwerk.

(2006)

**Literaturhinweise**

www.mikeware.co.uk
M. Ware, *Platinum Metals Rev.*, 2005, **49**, 190.
M. Ware, *Platinum Metals Rev.*, 2006, **50**, 78.

## Enthalten meine alten Fotos Platin?

Wenn Sie Fotos aus der Zeit um 1900 auf dem Speicher finden, können Sie nach den Ratschlägen von Mike Ware folgendermaßen feststellen, ob diese Platin enthalten:

1) Die Oberfläche sollte vollständig matt sein, ohne eine Spur des Glanzes, der Silber-Fotos auszeichnet.

2) Wenn die Fotos außerdem absolut neutral grau/schwarz gefärbt sind enthalten sie wahrscheinlich Platin (obwohl manche Platinotypien auch absichtlich in Sepiatönen eingefärbt wurden).

3) Das Bild sollte perfekt erhalten sein, ohne verblichene Stellen (allerdings können gelbliche Flecken von Eisen(III)-Überresten auftreten).

4) Wenn all diese Kriterien erfüllt sind kann man in einer dunklen Ecke des Fotos (aber am besten nicht des wertvollsten Fotos aus der Sammlung) einen winzigen Tropfen von 6%iger Wasserstoffperoxid-Lösung aufbringen. Feinverteiltes Platin katalysiert die Zersetzung von $H_2O_2$ zu Wasser und Sauerstoff. Wenn also der Tropfen weiß wird und zu schäumen beginnt, enthält das Foto Platin. Wenn man die Flüssigkeit anschließend weg tupft, sollte sie keine Spur hinterlassen.

# Nervenzellen mit Nanodraht verkabelt

Die fortschreitende Verschmelzung zwischen Biologie und Elektronik kommt in meinen Artikeln immer wieder vor. Doch von allen Arbeiten, die mir in diesem Gebiet begegnet sind, ist die im Folgenden diskutierte die coolste. Hier haben zum ersten Mal die elektronischen Schaltteile etwa dieselbe Größe wie die Nervenzellen, mit denen sie kommunizieren. So sieht die Bio-Elektronik der Zukunft aus.

Seit einigen Jahren ist es möglich, lebende Nervenzellen mit elektronischen Kontakten zu verbinden. Auf diese Weise könnten Mensch und Computer im Prinzip direkt kommunizieren, ohne Tastatur und Bildschirm. Doch der endgültigen Verschmelzung von Mensch und Maschine steht bisher noch der Umstand im Weg, dass die elektronischen Anschlüsse relativ grobschlächtig sind im Vergleich mit den natürlichen Verbindungen von Nervenzellen, den Synapsen.

Dem konnte Charles Lieber von der Harvard-Universität nun mit Hilfe der in seinem Labor entwickelten Elektronik von Nanodrähten abhelfen. Hierbei handelt es sich um Drähte aus Metall oder Halbleitermaterialien, die nur wenige Nanometer dick sind, aber lang genug, um als elektronische Komponenten und Verbindungskabel eingesetzt zu werden. Liebers Arbeitsgruppe konnte in den letzten Jahren eindrucksvoll unter Beweis stellen, dass solche Nanodrähte als Transistoren eingesetzt werden können, wobei sie den Platzbedarf herkömmlicher Mikroelektronik um Größenordnungen unterbieten, und sich in vergleichbarem Maßstab bewegen wie die Graphit-Nanoröhren.

Um lebende Nervenzellen mit dieser Nanoelektronik zu verbinden, verwendeten Lieber und seine Mitarbeiter Transistoren aus Silizium-

Nanodrähten, die sie bereits vor einigen Jahren entwickelt hatten. Von diesen nano-elektronischen Bauteilen erzeugten sie gleich Dutzende auf einmal, jeweils in regelmäßigen Mustern auf einem Mikrochip angeordnet. Um allerdings auf demselben Chip auch Nervenzellen züchten und mit den Transistoren in Kontakt bringen zu können, mussten die Forscher zwei wichtige Vorkehrungen treffen.

Erstens mussten sie, da die Kultivierung der Nervenzellen tage- oder gar wochenlange Inkubation in wässrigem Medium bei 37 °C erfordert, die Nanodrähte vor Korrosion schützen, indem sie insbesondere die Stellen, wo Metall und Halbleiter aufeinandertreffen, mit Silizium-Nitrid beschichteten. Auf diese Weise konnten sie erreichen, dass die Elektronik unter Zellkultur-Bedingungen mindestens zehn Tage überlebte.

Zweitens mussten die Forscher dann noch den Nervenzellen den Weg zeigen. Zu diesem Zweck brachten sie Muster aus Polylysin auf die Chips auf, und zwar jeweils ein Quadrat von etwa 30 Mikrometern Seitenlänge, auf dem die Zelle doch bitte Platz nehmen möge, sowie sehr viel dünnere Linien, entlang derer, so hoffte man, sich die Axonen der Nervenzelle ausbreiten würden.

Nach diesen Vorbereitungen gestaltete sich das Experiment folgendermaßen: Die Forscher gaben den in wässrigem Medium suspendierten Neuronen eine Stunde Zeit, sich auf dem Chip niederzulassen, wuschen dann alle losen Zellen ab, und inkubierten den Chip dann mehrere Tage lang, um die Zellen zu animieren, ihre Axonen und Dendriten in Richtung der Transistoren auszubreiten.

Erstaunlicherweise taten die Zellen auch brav was man von ihnen erwartete. In allen Experimenten beobachteten die Forscher, dass etwa 80 % der Transistoren erfolgreich mit den Neuronen in Kontakt treten konnten. Den Erfolg der Operation kann man natürlich mit einfachen elektrischen Impulsen und Messungen leicht überprüfen.

In einem besonders spektakulären Beispiel bauten die Forscher dem Axon eine Straße, die an nicht weniger als 50 Transistoren vorbeiführte (siehe Bild 22). Auch in diesem Experiment gelang bei mehr als 80 % der Fälle, nämlich genau bei 43 der 50 Transistoren die Kontaktaufnahme. Erlaubten die bisher verfügbaren elektronischen Kontakte die Kommunikation mit jeweils einer bestimmten Nervenzelle, so ermöglichen nun die Nanodraht-Transistoren die Kontaktaufnahme mit jeweils einem bestimmten Zellfortsatz (Dendrit oder Axon), und im Falle der Axonen sogar an nahezu beliebig vielen Stellen.

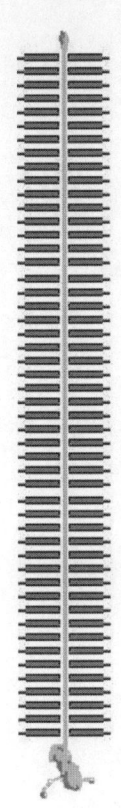

**Bild 22** Der Axon-Fortsatz einer einzelnen Nervenzelle (unten) hat seinen Weg durch eine Doppelreihe von 50 Transistoren aus Nanodraht gefunden. Die Weiterleitung eines Nervensignals entlang des Axons kann nun mit Hilfe der Transistoren in Echtzeit aufgezeichnet werden. (Schematische Zeichnung auf der Grundlage von mikroskopischen Aufnahmen der Versuchsanordnung.)

Damit ergeben sich völlig neue Möglichkeiten der Kommunikation in beiden Richtungen. In dem Experiment mit den 43 Kontakten auf demselben Axon konnten die Harvarder Forscher zum Beispiel die zeitliche Ausbreitung eines Nervenimpulses entlang des Axons mit höchster Präzision verfolgen. Umgekehrt konnten sie auch Nervenzellen präzise manipulieren, indem sie bestimmte Spannungsänderungen an bestimmten Orten applizierten. Zum Beispiel konnten sie auf diese Weise ermitteln, wie groß eine elektrische Störung sein muss, damit sie den Signaltransport entlang des Axons unterbindet.

Noch handelt es sich lediglich um Experimente in der Petrischale. Doch angesichts der Eleganz, Größenkompatibilität und hohen Erfolgsrate, mit der hier Nervenzellen und Nanoelektronik im wahrsten Sinne des Wortes »zusammenwachsen« ist es gut vorstellbar, dass man schon in wenigen Jahren schadhafte Nervenverbindungen, etwa bei Lähmung oder Erblindung, mit Hilfe von Nanodrähten wieder

verknüpfen wird. Die Verschmelzung von Biologie und Elektronik steht vor der Tür.
(2006)

**Literaturhinweise**

Y. Huang, C.M. Lieber, *Pure Appl. Chem.*, 2004, **76**, 2051.
F. Patolsky et al., *Science*, 2006, **313**, 1100.
C. Borchard-Tuch, M. Groß: *Was Biotronik alles kann.*, Wiley-VCH, Weinheim, 2002.

# Aptamer-Sensoren

Kevin Plaxco ist ein »alter« Freund und Kollege aus der Oxforder Postdoc-Zeit, und jetzt einer der coolsten Profs in Kalifornien. Vor einigen Jahren (2003–06) hat er mit seiner Arbeitsgruppe in Santa Barbara neuartige Biosensoren entwickelt, die auf Ideen aus dem Gebiet der Proteinfaltung beruhen. Ich habe einige Artikel über diese Arbeiten verfasst, dieser hier ist ein umfassender Überblick:

Der ideale Sensor wäre ein idiotensicheres Gerät im Bleistiftformat, das sich ohne Zusatz von Reagenzien jederzeit und überall einsetzen ließe, mit »schmutzigen« Proben fertig würde, und leicht abzulesen wäre. Durch Kombination von DNA und Elektrochemie sind einige Forscher diesem Ideal bereits sehr nahe gekommen.

Biosensoren gibt es viele, in verschiedensten Bauarten. Man kann diverse Erkennungsmechanismen, etwa chemische Bindung, Antikörper-Erkennung, Wirt-Gast-Chemie, mit verschiedenen Signaltechnologien (z. B. Fluoreszenz, sichtbare Farbstoffe, elektronische Signale) kombinieren, und auf diese Weise Sensoren für viele verschiedene Arten von Aufgaben entwickeln.

Im Idealfall sollte ein solcher Sensor ebenso leicht zu benutzen sein wie die gängigen Schwangerschaftstests. Man taucht das Gerät in die zu analysierende Flüssigkeit ein und liest die gesuchte Antwort ab. In der Praxis ist allerdings der Schwangerschaftstest praktisch der einzige Biosensor geblieben, der diesem Ideal entspricht und weite Verbreitung gefunden hat. In klinischen, forensischen und umweltanalytischen Anwendungsbereichen gäbe es den Bedarf für Sensoren, die z. B. Krebsmarker im Blut, Kokain in einer gezielt maskierten Stoffmischung, oder Schadstoffe im Grundwasser vor Ort und ohne lange Probenvorbereitung aufspüren können.

Kevin Plaxco hatte bereits einige Erfahrung in der Faltungsforschung gesammelt, als er sich an der Universität von Kalifornien in Santa Barbara niederließ und dort seine eigene Forschungsgruppe aufbaute. Er wollte mit der Faltung der Biomoleküle etwas Nützliches anfangen, und so kam er auf die Idee, auf dieser Grundlage Sensoren zu entwickeln.

Das erste Produkt dieser Bemühungen war ein Gen-Sensor. Die immobilisierte Sensor-DNA ist im Ausgangszustand – aufgrund ihrer zu sich selbst komplementären Basensequenz – zu einer Haarnadel gefaltet. Erst wenn die zu erkennende DNA in der untersuchten Probe gefunden wird, streckt sich die DNA aus und bindet die Zielsequenz statt ihrer eigenen.

An dem freien Ende der DNA findet sich ein Ferrocen-Molekül, das als elektrochemischer Bote dient. Solange die DNA als Haarnadel gefaltet ist, bleibt das Ferrocen zwangsläufig in der Nähe der Goldoberfläche, an die das andere Ende der DNA gebunden ist, wodurch das elektrochemische Signal unterdrückt ist. Ein Signal kommt erst zustande, wenn die Zielsequenz erkannt wird, die DNA sich ausstreckt, und den Ferrocen-Marker von der Oberfläche entfernt.

Im Gegensatz zu vielen optischen und Fluoreszenz-Sensoren lässt sich der elektronische DNA-Sensor (E-DNA) leicht miniaturisieren und erfüllt bereits das Kriterium der Tragbarkeit. Er ist hochspezifisch und erkennt bereits Abweichungen in einer einzelnen Base. Vor kurzem konnte Plaxcos Gruppe zeigen, dass E-DNA auch in komplexen Mischungen wie etwa Blut, Lebensmitteln, und Bodenproben funktioniert.

Die bemerkenswerten Fähigkeiten der Erbsubstanz beschränken sich allerdings nicht auf die Erkennung komplementärer Nucleinsäure-Sequenzen. Bereits seit den 1990er Jahren haben Forscher die – dank moderner Molekularbiologie – leichte Handhabbarkeit und Vervielfältigbarkeit der DNA dazu benutzt, aus großen Populationen von Zufallssequenzen Moleküle mit erwünschten Bindungseigenschaften herauszufischen, sogenannte DNA-Aptamere. Solche Aptamere fanden zunächst Anwendungen in einigen Bereichen, wo sie die größeren und unhandlicheren Antikörper ersetzen konnten.

In diesen Anwendungen werden die Aptamere allerdings lediglich als unveränderliche Bindeglieder verwendet, deren einzige Funktion im Erkennen des Zielmoleküls besteht. Ein Konformationswechsel der DNA (wie er für die Funktion der E-DNA erforderlich ist) ist nicht vorgesehen.

Plaxco und seine Mitarbeiter hingegen machten sich daran, das Konzept der E-DNA auf Aptamere auszuweiten. Im Prinzip sollte man auf diesem Wege elektrochemische Sensoren für jedes beliebige Zielmolekül herstellen können, für das sich ein Aptamer finden lässt. Dies gelang den Kaliforniern zunächst mit dem Blutgerinnungsenzym Thrombin, gegen das bereits ein hochspezifisches DNA-Aptamer vorlag (siehe Bild 23). Der elektronische Aptamer-Sensor kann dieses Protein direkt im Blutserum bis zu einer Nachweisgrenze von 20 nanomolar aufspüren.

Allerdings hat dieser Sensor, ebenso wie die erste Version des E-DNA-Sensors, noch einen kleinen Schönheitsfehler. Er ist nämlich so konstruiert, dass die Bindung des Zielmoleküls ein vorher existierendes elektrochemisches Signal unterdrückt (siehe Bild 23 (b)). Er zeigt also eine »negative« Reaktion. Für die Empfindlichkeit und die Fehlersicherheit eines Geräts wäre es hingegen wünschenswert, dass die molekulare Erkennung ein »positives« Signal auslöst.

Die Konstruktion eines solchen positiven Aptamer-Sensors gelang zuerst der Arbeitsgruppe von Ciara O'Sullivan an der Universität Rovira i Virgili in Tarragona (Spanien). Diese Forscher entwickelten ebenfalls einen Thrombin-Sensor und erhielten – aufgrund subtiler Unterschiede im Aufbau des DNA-Konstrukts – gleich beim ersten Anlauf einen Sensor, der positiv reagiert. Plaxcos Arbeitsgruppe hingegen musste zusätzlich Arbeit investieren, um sowohl den Thrombin- als auch den E-DNA-Sensor auf eine positive Reaktion umzupolen (siehe Bild 23 (a)). Durch diese Modifikation verbesserte sich zum Beispiel die Empfindlichkeit des Thrombinsensors um eine ganze Größenordnung.

In einem ersten Schritt in Richtung auf Anwendungen außerhalb von biochemischen und klinischen Labors entwickelte Plaxcos Gruppe einen Sensor für Kokain, der die Droge auch im Blutserum, und sogar in Gegenwart gängiger Maskierungsstoffe nachweisen kann, die oft mit Kokain vermischt werden, um dieses vor der Entdeckung durch herkömmliche Nachweisverfahren zu schützen.

Dieser Sensor erweist sich als um mehrere Größenordnungen empfindlicher als der bei der Drogenfahndung übliche Scott-Test. Wie benutzerfreundlich der Aptamer-Sensor ist, kann man schon daran erkennen, dass zwei SchülerInnen der örtlichen High School

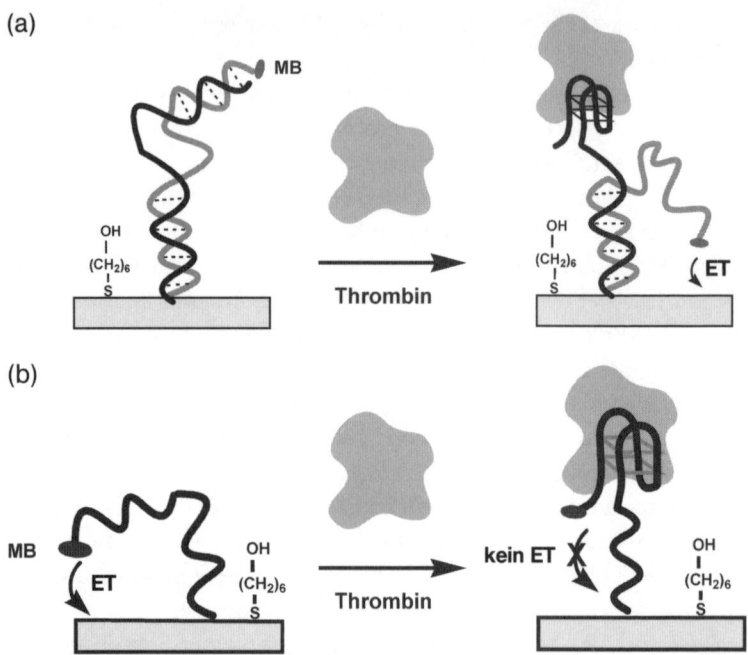

(a)

(b)

**Bild 23** Funktionsweise von Aptamer-Sensoren. Ein Aptamer ist ein DNA-Einzelstrang, der ein Zielmolekül (hier Thrombin) auf hochgradig spezifische Weise binden kann, indem er sich in eine bestimmte Konformation faltet. Zur Herstellung eines elektrochemischen Aptamer-Sensors wird diese DNA mit einem Ende an einer Goldelektrode befestigt, während das andere Ende eine elektrochemisch aktive Verbindung, wie etwa Methylenblau (MB) trägt. In der ursprünglichen, negativen (*Signal-Off*) Reaktionsweise der Sensoren (b) befindet sich das markierte Ende der DNA im ligandenfreien Zustand in der Nähe der Goldelektrode, es ist also ein elektrochemisches Signal vorhanden(ET, Elektronentransfer), das dann durch Bindung des Liganden unterdrückt wird. In der neueren Bauweise mit positiver (*Signal-On*) Reaktion (a) ist hingegen die ligandenfreie DNA so ausgestreckt, dass kein Signal zustande kommt. Die Bindung des Liganden erzwingt eine Umordnung dieser Struktur und ermöglicht damit den zu messenden Elektronentransfer (ET).

während eines Praktikums ihren eigenen Kokain-Sensor herstellten und damit zu den Daten beitrugen, auf denen die Publikation beruht.

In einer weiteren anwendungsorientierten Arbeit entwickelte die Gruppe aus Santa Barbara einen Aptamer-Sensor für den Krebsmarker PDGF (*Platelet-Derived Growth Factor*), welche die für die Krebsdiagnose relevanten Konzentrationen im picomolaren Bereich direkt im Serum nachweisen kann.

Im direkten Vergleich mit Aptamersensoren, die auf optischer oder Fluoreszenz-Basis funktionieren, erwies sich der elektronische Sensor als ebenbürtig in der Empfindlichkeit und deutlich überlegen in der Selektivität bei Verwendung von authentischen, unbehandelten Blutproben.

Die Erfahrungen mit den ersten elektronischen Biosensoren auf der Grundlage von DNA-Aptameren haben gezeigt, dass diese Bauweise dem eingangs erwähnten Ideal eines Sensors, den man lediglich in die Blut-, Grundwasser-, oder sonstige Probe eintauchen und dann ablesen muss, schon sehr nahe kommt. Für manche Anwendungen wird man allerdings zusätzliche Messungen oder Kontrollen einbauen müssen, um auszuschließen, dass andere Faktoren die Umordnung der DNA-Stränge beeinflussen. O'Sullivan räumt zum Beispiel selbstkritisch ein, dass ihr Thrombin-Sensor ebenso empfindlich auf Variationen der Kaliumionen-Konzentration reagiert, wie auf die der Thrombin-Konzentration. Dennoch sind die Aptamer-Sensoren in vielen Bereichen den konkurrierenden Modellen so deutlich überlegen, dass sie sich vermutlich in etlichen Anwendungsbereichen durchsetzen werden.

(2006)

**Literaturhinweise**

C. Fan et al., *Proc. Natl. Acad. Sci. USA*, 2003, **100**, 9134.
A. A. Lubin et al., *Analytical Chem.*, 2006, **78**, 5671.
Y. Xiao et al. *Angew. Chem. Int. Ed.*, 2005, **44**, 5456.
A.-E. Radi et al., *J. Am. Chem. Soc.*, 2006, **128**, 117.
Y. Xiao et al., *J. Am. Chem. Soc.*, 2005, **127**, 17990.
Y. Xiao et al. *Proc. Natl. Acad. Sci. USA*, 2006, **103**, 16677.
B.R. Baker et al., *J. Am. Chem. Soc.*, 2006, **128**, 3138.
R.Y. Lai et al., *Analytical Chem.*, 2007, **79**, 229.

# Die Maus, die in die Kälte ging

Von den Sinneswahrnehmungen des Menschen ist die Sehkraft schon seit Jahrzehnten außerordentlich gut erforscht. Viel weniger wissen wir hingegen über das Tast-, Geschmacks- Geruchs-, und Temperaturempfinden. Die Erforschung der Kältewahrnehmung kam erst dann richtig in Schwung, als ein cleverer Mensch auf die Idee kam, nach einem Rezeptor für das coole und kühlende Molekül Menthol zu suchen ...

Erst vor zehn Jahren wurde der erste molekulare Temperatursensor entdeckt, nämlich der Vanilloid-Rezeptor VR1. Die Arbeitsgruppe von David Julius an der Universität von Kalifornien in San Francisco bediente sich dabei einer gewagten Vermutung. Die Forscher suchten nach Rezeptoren für den aktiven Bestandteil der Chili-Schoten, Capsaicin, in der Hoffnung, dass das »Brennen«, welches man beim Genuss von Chili verspürt, tatsächlich mit der Temperaturempfindung verwandt sei.

Diese Annahme erwies sich als goldrichtig und ihre analoge Anwendung auf der anderen Seite der Temperaturskala führte fünf Jahre später zu einem weiteren Treffer. Die Suche nach Membranrezeptoren für Kühle vermittelnde Moleküle wie Menthol führte Julius zu dem ersten biologischen Kältesensor, einem Membranprotein namens TRPM8 (*Transient Receptor Potential Melastatin 8*, auch CMR1 für *Cold and Menthol Receptor 1*).

Die Forscher konnten damals im Laborversuch zeigen, dass TRPM8 nicht nur durch Menthol, sondern auch durch Temperaturen unter 26 Grad Celsius angeregt wird, Calcium-Ionen in die Zelle eindringen zu lassen, ein Signal, das dann – vermutlich – im lebenden Organismus zu einem Nervenreiz und letztendlich zu einer Wahrnehmung von Kälte führt. Seitdem sind allerdings weitere Kandidaten für diese Funktion aufgetaucht, darunter ein mutmaßlicher Sensor für extreme Kälte.

Deshalb haben Julius' Arbeitsgruppe, sowie unabhängig davon zwei weitere Teams, jetzt Untersuchungen an sogenannten *Knockout*-Mäusen vorgelegt, in denen das Gen für TRPM8 so stark verstümmelt ist, dass das Membranprotein nicht mehr funktioniert.

Alle drei Teams fanden übereinstimmend heraus, dass in Abwesenheit des Membranproteins die normalen Reaktionen auf mäßige Kälte weitgehend entfallen. In Zellkulturen der betreffenden Nervenzellen bleiben die Kälte-Reaktionen aus, obwohl die Hitzereaktionen noch normal funktionieren.

Die *Knockout*-Mäuse erwiesen sich als vollständig normal – bis auf ihre Temperaturpräferenz. Während normale Mäuse einen 30 Grad Celsius warmen Untergrund gegenüber einem kälteren Bereich bevorzugen, selbst wenn der letztere immerhin 20 oder 25 Grad Celsius aufweist, waren die *Knockout*-Mäuse gegenüber diesem Temperaturunterschied völlig unempfindlich und hielten sich in beiden Bereichen mit gleicher Häufigkeit auf. Erst als der kältere Bereich auf 15 oder 10 Grad Celsius abgekühlt wurde, entwickelten die Versuchstiere eine leichte bzw. stärkere Präferenz für den wärmeren Untergrund. Erst bei 5 Grad näherte sich ihre Aversion gegen den kälteren Boden dem Verhalten der normalen Tiere an.

Die Verhaltensstudien zeigen somit – im Einklang mit molekularen und zellbiologischen Untersuchungen – dass es auf dem biologischen Thermometer der Maus (das vermutlich unserem eigenen sehr ähnlich ist) zwei Arten von Kälte gibt: Die leicht unangenehme Kühle, für die TRPM8 als Sensor dient, sowie die bedrohliche Kälte bei Temperaturen um den Gefrierpunkt, für die andere molekulare Antennen zuständig sind.

Viel bleibt allerdings noch zu erforschen. Noch sind nicht alle Elemente unseres biologischen Thermometers identifiziert, und es ist unklar, was sich in den Übergangsbereichen abspielt, wenn z. B. unangenehme Kühle in bedrohliche Kälte übergeht. Die *Knockout*-Mäuse bieten außerdem, wie ein begleitender Kommentar in *Nature* anmerkte, die bisher noch nicht genutzte Chance, den Einfluss der Kältesensoren auf die Regulierung der Körpertemperatur zu untersuchen. Die Maus, die wie ein menschlicher Polarforscher mutig in die Kälte geht, steht erst am Anfang ihrer Erkundungen.

(2007)

**Literaturhinweise**

D. D. McKemy et al., *Nature*, 2002, **416**, 52.
A. M. Peier et al., *Cell*, 2002, **108**, 705.
D. M. Bautista et al., *Nature*, 2007, **448**, 204.
A. Dhaka et al., *Neuron*, 2007, **54**, 371.
R. W. Colburn et al., *Neuron*, 2007, **54**, 379.

# Satz vom Igel zähmt widerborstige Nanopartikel

Nanopartikel sind winzige Materiekörnchen, die nur wenige Millionstel Millimeter messen. Viele von ihnen sind so rund und symmetrisch, dass es Forschern schwerfällt, sie in wohldefinierte Strukturen mit einer Richtungspräferenz einzubinden. Ein mathematischer Satz über das Kämmen von Igeln half der Forschung aus diesem Dilemma.

Der Satz vom Igel besagt, dass man die Borsten eines aufgerollten Igels nicht glattkämmen kann, ohne auf mindestens eine kahle Stelle zu treffen. Dieser Satz ermöglicht es selbst biologisch unbedarften Mathematikern, einen Igel von einem borstigen Fahrradschlauch zu unterscheiden. Beim Torus (geometrisches Gebilde, das mit einem Schwimmring oder Donut verglichen werden kann) ginge das Glattkämmen nämlich problemlos.

In der Meteorologie erlaubt derselbe Satz die Vorhersage, dass es auf unserem windigen Planeten zu jeder Zeit irgendwo einen Wirbelsturm geben muss. Im Friseursalon ist sein Nutzen offensichtlich. Aber kann diese Erkenntnis auch in der Chemie nutzbar gemacht werden? Tatsächlich gelang es jetzt Chemikern am Massachusetts Institute of Technology (MIT), die Wirbelbildung auf stacheligen Nano-Kugeln für ihre Zwecke zu nutzen.

Francesco Stellacci und seine Mitarbeiter am MIT suchten nach einer Methode, um Gold-Nanopartikel, mit einem »Richtungssinn« auszustatten, den diese normalerweise nicht besitzen. Zu diesem Zweck verwandelten sie die Partikel in nanometergroße Igel, indem sie die kugeligen Teilchen mit einer molekularen Monoschicht von Thio-Alkoholen bedeckten.

Auf einer ebenen Goldoberfläche, das weiß man schon lange, stehen die Thiol-Moleküle ordentlich in Reih und Glied, eins neben dem anderen, Millionen in perfekter Ordnung. Doch was machen sie auf einer Kugel, wo der Satz vom Igel eine einheitliche Oberflächenbedeckung sozusagen verbietet? Stellaccis Gruppe probierte es aus und stellte mittels der Rastertunnelmikroskopie fest, dass die Moleküle sich in parallelen Ringen anordnen. Das sieht dann so ähnlich aus wie ein Globus, dessen Breitengrade jeweils mit einem Kranz von Stacheln markiert sind.

Entlang des Äquators unseres miniaturisierten Globus ist diese Anordnung noch regelmäßig und ähnelt sogar der parallelen Ausrichtung in der Ebene. Jedes Molekül hat Nachbarn, die zwar ein wenig zur Seite geneigt sind, aber noch näherungsweise als parallel bezeichnet werden könnten. Das ändert sich jedoch radikal, wenn man zu den Polen kommt. Hier offenbaren sich die vom Igelsatz vorhergesagten »Singularitäten« dergestalt, dass jeweils ein Molekül einsam und allein in Verlängerung der Achse unseres Globus angeordnet ist und praktisch keine Stabilisierung durch parallel orientierte Nachbarmoleküle erfährt.

Deswegen sind diese freistehenden molekularen Stacheln sehr viel leichter durch andere Moleküle zu ersetzen als diejenigen, die entlang der Breitengrade organisiert sind. Das nutzten die Forscher aus, um an den beiden Polen der Nanopartikel reaktivere Moleküle anzubringen. Sie ersetzten die kurzkettigen Thio-Alkohole durch längerkettige Versionen, die am anderen Ende eine Carbonsäurefunktion trugen.

Die Nanopartikel waren somit zu linearen Dicarbonsäure-Bausteinen geworden. Um diese Verwandlung chemisch zu beweisen und ihr Anwendungspotential zu demonstrieren, setzten die Forscher diese Teilchen in einer Variante eines klassischen Schul-Experiments ein, nämlich der Herstellung von Nylon. Umsetzung mit einem Diamin an der Phasengrenze zwischen Wasser und Toluol führte tatsächlich zu langkettigen Polymeren auf Grundlage der vormals richtungslosen Nanopartikel.

Stellacci und seine Mitarbeiter hoffen nun, dass diese neuartigen Polymere es erleichtern werden, die Grundannahmen der Polymerforschung auch experimentell zu belegen. Ferner könnten die nanometergroßen Perlenketten als neue Werkstoffe mit bisher ungeahnten Materialeigenschaften und Anwendungsmöglichkeiten aufwarten.

(2007)

**Literaturhinweise**

De Vries, G. A. et al., *Science*, 2007, **315**, 358.

# Ein chemischer Spiegel für den Mond?

Ionische Flüssigkeiten begegneten mir zum ersten Mal bei einer Katalyse-Tagung im Jahr 2004, und ich war beeindruckt von ihrer Nützlichkeit. Dass man schon bald ernsthaft in Erwägung ziehen würde, sie zum Mond zu schießen, hätte ich nicht gedacht.

Die Oberfläche einer gleichmäßig rotierenden Flüssigkeit nimmt die Form eines Paraboloids an. Mit einer schön spiegelnden Flüssigkeit wie Quecksilber kann man deshalb sehr große Spiegel für astronomische Teleskope bauen. Nun würden die Kosmologen aber am liebsten ein solches Teleskop auf dem Mond stationieren. Mit Hilfe der Chemie wird selbst das bald möglich.

Um Einblicke in die am weitesten entfernten und damit ältesten Strukturen des Universums zu erhalten, benutzen Forscher gegenwärtig das Hubble-Weltraumteleskop und das Spitzer-Infrarotteleskop. Um allerdings noch besser und weiter in Raum und Zeit vordringen zu können, wäre ein um ein Vielfaches größeres Weltraumteleskop wünschenswert. Ein perfekter Standort wäre die von der Erde abgewandte Seite des Mondes, und eine attraktive Technologie wäre die eines rotierenden Flüssigkeitsspiegels.

Doch halt, auf dem Mond gibt es keinen Atmosphärendruck, da würde jede Flüssigkeit sofort verdampfen und auf Nimmerwiedersehen im Weltraum verschwinden. Zum Glück gibt es aber die sogenannten ionischen Flüssigkeiten, die in den letzten Jahren verstärkt als umweltfreundliche Lösungsmittel ins Gespräch gekommen sind, weil sie nämlich keinen nennenswerten Dampfdruck haben. Ionische Flüssigkeiten sind im Prinzip Salze, die bei Raumtemperatur und oft sogar bei tieferen Temperaturen noch flüssig bleiben. Zahlreiche organische Anionen und Kationen, die zur Bildung solcher

Flüssigkeiten geeignet sind, hat die Forschung schon identifiziert, sodass es inzwischen Hunderttausende von Kombinationsmöglichkeiten gibt.

Ermanno Borra von der Universität Laval in Kanada hat zusammen mit Kollegen in Kanada und den USA jetzt aus einer solchen ionischen Flüssigkeit ein System entwickelt, das sich für flüssige Spiegel eignet und mit zusätzlicher Optimierung auch auf dem Mond zum Einsatz kommen könnte.

Nach vergeblichen Versuchen mit Silikonöl und Polymeren wählten die Forscher eine bereits kommerziell erhältliche hydrophile ionische Flüssigkeit, nämlich 3-Methylimidazolium-ethylsulfat. Sie beschichteten diese Flüssigkeit mit Silber und erhielten einen Spiegel, der schon nah an die erwünschten optischen Eigenschaften herankam. Ein zusätzlicher Trick, nämlich das Aufbringen einer Chrom-Schicht vor der abschließenden Veredelung mit Silber, machte den Spiegel perfekt. Nun, noch nicht ganz perfekt, aber doch so gut, dass der Rest eine Sache der Feinabstimmung der Produktionsbedingungen ist.

Ganz startbereit für die Mondreise ist das System dann immer noch nicht. Die gewählte ionische Flüssigkeit gefriert bei 175 K; für den Einsatz auf dem Mond sollte der Gefrierpunkt aber unter 130 K liegen. Angesichts der Zahl der Kombinationsmöglichkeiten bereits bekannter Anionen und Kationen, die rund eine Million beträgt, sind Borra und seine Mitarbeiter allerdings optimistisch, dass die perfekte Flüssigkeit für einen Spiegel auf dem Mond bald gefunden wird.

Dann bleibt nur noch das kleine Problem, das Flüssigteleskop auf den Mond zu transportieren und dort aufzubauen...

(2007)

**Literaturhinweise**

E. F. Borra et al., *Nature*, 2007, **447**, 979.

# Die spinnen, die Spinnen!

Eines meiner Lieblingsbeispiele dafür, dass menschliche Inge-
nieure mit den Leistungen der Natur noch lange nicht mithalten
können, ist die Spinnenseide. Dieses Thema habe ich seit jenem
Tag in den 1990ern verfolgt, als drei Zoologen mit rauschenden
Vollbärten bei mir im Labor auftauchten und unser CD-Spektro-
meter zur Untersuchung der Seidenproteine verwenden wollten.
Nachstehend mein jüngster Beitrag aus diesem Gebiet, der im
Juni 2008 in *Chemie in unserer Zeit* erschien.

Bereits seit einem Jahrzehnt kann man die Hauptbestandteile der
Spinnenseide gentechnisch aus anderen Organismen gewinnen,
doch die erhoffte Massenproduktion des Wundermaterials ist ausge-
blieben, da man den Weg vom Protein zum Spinnenfaden noch nicht
vollständig durchschaut. Neue Hoffnung bringt jetzt der Einsatz von
Rheologie und Mikrofluidik.

Spinnenseide hat erstaunliche Materialeigenschaften, mit denen
kein von Menschen erzeugter Werkstoff mithalten kann. Bei glei-
chem Gewicht ist ein Spinnenfaden stärker als Stahl und Kevlar. Die
Nutzung dieses Stoffes scheitert allerdings daran, dass Spinnen ag-
gressives Territorialverhalten zeigen und somit zur Massentierhal-
tung nicht geeignet sind. Andererseits sind auch alle Versuche, künstliche Spinnenseide im Labor zu erzeugen, bislang fehlgeschlagen.

Warum dem Menschen das Spinnen nicht so recht gelingen will,
konnte der in Oxford tätige Spinnenforscher Fritz Vollrath im vergangenen Jahr mit Hilfe der Rheologie, also der Messung des Fließ-
verhaltens des Seidenrohstoffs aufklären. Vollrath und seine Mitarbeiter fanden heraus, dass die Eigenschaften des im Labor rekonsti-
tuierten Rohstoffs sich nicht nur graduell, sondern prinzipiell von

dem direkt aus lebenden Spinnen gewonnenen Material unterscheiden. Vollrath setzt deshalb seine Hoffnungen nicht mehr auf Reagenzglas-Imitate, sondern auf eine biologische Lösung, nämlich die Übertragung von Spinnen-Genen auf leicht handhabbare Insekten, wie etwa die Seidenraupe.

Davon ließen sich aber die Arbeitsgruppen von Andreas Bausch und von Thomas Scheibel an der TU München nicht abschrecken. Sie konstruierten ein Mikrofluidik-System, um die in der Spinne vorliegenden Produktionsbedingungen möglichst detailliert im Laborversuch nachahmen zu können.

Die Forscher produzierten zwei verschiedene Proteine der Gartenkreuzspinne, *Araneus diadematus*, in rekombinanten Bakterien: eADF3 und eADF4 (für engineered *A. diadematus* fibroin). Mit den Lösungen dieser Proteine versuchten sie dann, die Seidenproduktion der Spinne so gut wie möglich nachzuahmen. Dazu ließen sie die Lösungen durch feine Kapillargefäße strömen und setzten insbesondere drei variable Funktionen ein: Die Verengung des Stroms (die bei der Spinne vermutlich zur Ausbildung langgestreckter β-Faltblatt-Strukturen beiträgt), die Mischung mit Kaliumphosphatlösungen variabler Konzentration, und die Veränderung des pH-Werts.

Wie knifflig der Prozess ist, zeigten die ersten Experimente mit dem Protein eADF4: Im Untersuchungskanal des Mikrofluidik-Chips tauchten lediglich harte Proteinkügelchen auf, von Spinnenfäden keine Spur. Mehr Glück hatten die Forscher dann mit dem Fibroin Nr. 3: In diesem Fall konnten sie ein Rezept – bestehend aus genau festgelegten Fließgeschwindigkeiten und Mischungsbedingungen – entwickeln, das zuverlässig zur Ausbildung von Fasern führt. Aus Mischungen beider Proteine konnten die Münchner dann ebenfalls Fasern gewinnen.

Genauere Untersuchung der Fasern zeigte, dass sie hochgradig elastisch und, genauso wie der Spinnenfaden, reich an β-Faltblatt-Strukturen sind. Die Vorgehensweise bei ihrer Erzeugung unterscheidet sich jedoch von der natürlichen Produktion des Spinnenfadens insofern, als in den Spinnkanälen der Tiere extrem hohe Proteinkonzentrationen vorliegen, die man bisher im Laborversuch nicht nachahmen kann, ohne unkontrollierte Ausfällung (Aggregation) des gesamten Proteinmaterials zu riskieren.

Die Teams von Scheibel und Bausch haben nun gezeigt, dass es auch mit verdünnteren Lösungen geht, wenn man nur die Fließeigenschaften des Rohmaterials, die sich mit einem Rheometer messen lassen, und die chemischen Rahmenbedingungen optimiert. Bisher hat das System allerdings nur mikroskopisch kleine Fasern geliefert, deren genaue Charakterisierung auch noch nicht abgeschlossen ist. Bis zur anwendungsreifen künstlichen Spinnenseide, dem Ziel, das den Wissenschaftlern schon seit einem Jahrzehnt vorschwebt, das sich aber bisher als Fata Morgana erwiesen hat, bleibt noch vieles zu optimieren.

(2008)

### Literaturhinweise

F. Vollrath, D. P. Knight, *Nature*, 2001, **410**, 541.
C. Holland et al., *Polymer*, 2007, **48**, 3388.
S. Rammensee et al., *Proc. Natl. Acad. Sci. USA*, 2008, **105**, 6590.
U. K. Slotta et al., *Angew. Chem.*, 2008, **120**, 4668.

# Selbstheilendes Gummi

Wenn man einen zerrissenen Antriebsriemen oder einen durchlöcherten Fahrradschlauch einfach durch Zusammenpressen reparieren könnte, das wäre doch cool.

Vor 170 Jahren erfand Charles Goodyear (1800–1860) die Vulkanisation des Kautschuk zur Herstellung von Gummi. Er ging rein empirisch vor, probierte verschiedene Arten der Bearbeitung aus, und fand so heraus, dass man durch Erhitzen von Kautschuk mit Schwefel das sehr haltbare und dehnbare Material erhält, aus dem heute noch Autoreifen und Gummiringe hergestellt werden. Doch lässt sich dieses erprobte Rezept mit den Mitteln der modernen Wissenschaft verbessern?

Materialforscher im Labor für weiche Materie und Chemie, einem gemeinsamen Projekt von CNRS und ESPCI (Ecole Supérieure de Physique et Chimie Industrielles) in Paris, haben den Werkstoff Gummi nicht verbessert, sondern ganz neu erfunden, und ihm dabei zusätzliche Vorzüge verliehen.

Herkömmliches Gummi besteht aus langen Kettenmolekülen, welche bei dem von Goodyear erfundenen Vulkanisationsprozess durch kovalente chemische Bindungen miteinander quervernetzt werden. Ludwik Leibler und seine Mitarbeiter setzten diesem traditionellen Gummi einen neuartigen Werkstoff entgegen, der ebenfalls aus langen, quervernetzten Ketten besteht, bei dem aber sowohl die Bindungen zwischen Kettengliedern als auch die Querverbindungen leicht aufzulösen und umzuordnen sind. Es handelt sich nämlich nicht um kovalente chemische Bindungen, sondern um Wasserstoffbrückenbindungen.

Zum Aufbau der angestrebten molekularen Netzwerke gingen die Pariser Forscher von Carbonsäuren mit zwei oder drei Säuregruppen (–COOH) aus, um lineare bzw. Verzweigungsbausteine aufzubauen. An die Säuregruppen knüpften sie mittels einer Kondensationsreaktion – also genauso wie z. B. auch Aminosäuren zu Proteinketten aufgereiht werden – stickstoffhaltige organische Moleküle an, die sich von Harnstoff oder Imidazol ableiten. Diese Moleküle enthalten sowohl Donorgruppen, die ein Wasserstoffatom für eine Wasserstoffbrückenbindung zur Verfügung stellen können (z. B. –OH, $(NH_2)$, als auch Akzeptoren, die mit einem solchen Wasserstoffatom wechselwirken können (z. B. =O).

Bei allen verwendeten Substanzen handelt es sich um gängige, kostengünstige, und leicht handhabbare Chemikalien, die bereits jetzt im industriellen Maßstab hergestellt und eingesetzt werden.

Im ersten Anlauf erhielten Leiblers Mitarbeiter einen spröden, glasartigen Kunststoff, der erst bei Temperaturen um 90 Grad Celsius gummiartige Eigenschaften aufwies. Um den neuen Werkstoff auch bei niedrigeren Temperaturen dehnbar zu machen, »verdünnten« sie ihn mit geringen Mengen des Lösungsmittels Dodekan (ein Kohlenwasserstoff mit 12 Kohlenstoffatomen).

Diese nachgebesserte Substanz, welche die Forscher bisher einfach »Material B« nennen, erwies sich nun als ebenso dehnbar und elastisch wie herkömmliches Gummi. Es hat jedoch gegenüber dem vertrauten Werkstoff einen entscheidenden Vorteil. Wenn man ein Gummiband aus Material B durchschneidet oder zerreißt, kann man die beiden Bruchstücke anschließend wieder miteinander verbinden, indem man Bruch- oder Schnittflächen einfach bei Raumtemperatur einige Minuten aneinander presst. Der Bruch verheilt, ohne eine Schwachstelle zu hinterlassen, und das Material kann an derselben Stelle beliebig oft zertrennt und wieder zusammengefügt werden, ohne dass diese Behandlung Spuren hinterlässt.

Dass Geheimnis dieser bemerkenswerten Selbstheilkraft liegt in den Wasserstoffbrückenbindungen, jenen schwachen aber zahlreichen Wechselwirkungen, die zum Beispiel auch die DNA-Doppelhelix und die β-Faltblätter der Proteine zusammenhalten. Beim Zerschneiden von Material B werden Wasserstoffbrücken aufgetrennt, doch die ehemaligen Bindungspartner bleiben kurzfristig (für einige Stunden) bindungsbereit und finden wieder zusammen, wenn die Fragmente zusammengepresst werden. Erst im Verlauf von Tagen geht die Bindungsfähigkeit der Schnittstelle verloren, da sich die allein gelassenen Moleküle innerhalb des Fragments neu arrangieren und neue Wasserstoffbrücken ausbilden.

Anwendungen – und ein eingängiger Name – für Material B werden nicht lange auf sich warten lassen. Vom selbstflickenden Fahrradschlauch bis hin zu korrosionsfesten Lacken und medizinischen Prothesen lassen sich eine Vielzahl von Anwendungsmöglichkeiten ersinnen. Da die Ausgangsmaterialien leicht erhältlich und preisgünstig sind, sollten dem Siegeszug des Supergummis keine wesentlichen Hindernisse im Wege stehen.

(2008)

**Literaturhinweise**

P. Cordier et al., *Nature*, 2008, **451**, 977.

# Nachwort:
## Die nächsten fünfzehn Jahre

Beim Durchsehen der Artikel, die ich in den vergangenen 15 Jahren geschrieben habe, fiel mir auf, wie kurzlebig manche meiner optimistischen Prognosen waren. Vor lauter Begeisterung über eine neue Entdeckung oder Erfindung kommt man leicht in Versuchung, die Entwicklung in die Zukunft zu extrapolieren. Meine Standard-Prophezeiung lautete in etwa: Nun, da die grundlegenden Fragen geklärt sind, sollten praktische Anwendungen innerhalb von fünf bis zehn Jahren möglich werden.

Doch wurden die Anwendungen wirklich realisiert? In manchen Fällen erwies sich mein Enthusiasmus als gerechtfertigt. Das grünfluoreszierende Protein GFP wurde sogar innerhalb von Monaten (nicht Jahren) ein unabdingbares Laborwerkzeug und trug im Jahr 2008 den Forschern Osamu Shimomura, Martin Chalfie und Roger Tsien den Nobelpreis für Chemie ein. In anderen Fällen war mein Ausblick zu optimistisch, da sich schon bald nach dem berichteten Durchbruch unerwartete Hindernisse einstellten. Gentherapie ist heute noch eine Zukunftstechnologie, wie sie es bereits in den 1990er Jahren war. Bacteriorhodopsin und andere Biomoleküle wurden damals als aussichtsreiche Alternativen zum Silizium-Chip gepriesen, doch dessen ungebremster Siegeszug ließ diese Konkurrenten schon bald alt aussehen. Vor zehn Jahren hoffte man, dass man durch Bekämpfung der Amyloidbildung im Gehirn die Alzheimer-Krankheit zumindest aufhalten könnte, doch die ersten klinischen Tests brachten enttäuschende Ergebnisse.

Prophezeiungen haben die unangenehme Angewohnheit, dem glücklosen Propheten auf den Kopf zu fallen. Meine optimistischen Extrapolationen sind hoffentlich nicht ganz so peinlich wie die oft schadenfroh zitierten Negativ-Prognosen, etwa dass Flugzeuge niemals fliegen würden, und dass es für PCs keinen Markt geben würde.

Dennoch muss auch ich mich von Zeit zu Zeit daran erinnern, dass ich die Zukunft nicht voraussagen kann.

Trotz alledem kann ich der Versuchung nicht widerstehen, ein wenig darüber zu spekulieren, welche Geschichten ich vielleicht aufnehmen könnte, wenn ich in 15 Jahren wieder eine solche Sammlung zusammenstellen würde. Falls es im Jahr 2024 überhaupt noch Bücher gibt. Deren Untergang ist eine der Vorhersagen, die ich über die Jahre immer wieder gelesen habe, ohne dass sie bisher eingetreten wäre.

Die gegenwärtigen globalen Probleme, von Übervölkerung bis zum Klimawandel, werden sich bis dahin nicht aufgelöst haben, doch wir werden hoffentlich zumindest Wege zu konstruktiven Lösungen gefunden haben. (Da hat mein notorischer Optimismus schon wieder zugeschlagen, realistisch gesehen können wir froh sein, wenn wir bis dahin die Lage nicht verschlimmert haben!) Die neuesten Entdeckungen und hypermodernen Technologien, über die ich so oft schreibe, werden zum Schicksal der Menschheit vermutlich weniger beitragen als die robusteren, alltagstauglichen Technologien, welche jener Mehrheit der Erdbevölkerung helfen, deren Leben noch immer von Hunger, Infektionskrankheiten, und Kriegen geprägt ist.

Impfstoffe, die auch für die ärmsten Länder erschwinglich sind, Medikamente, die man auch in den Tropen ohne Kühlschrank aufbewahren kann, und Computer, welche die Informationsrevolution nach Afrika tragen können – diese und ähnliche Dinge werden vermutlich in den nächsten 15 Jahren den Lauf der Welt mehr beeinflussen als ein Computerchip der übernächsten Generation, der es Ihrem PC ermöglicht, noch schneller abzustürzen, oder ein Medikament, das die Lebenserwartung der Reichen von 87 auf 88 Jahre anhebt. In anderen Worten, das Schicksal der Welt wird nicht davon abhängen, wie schnell die Avantgarde der Forschung voranstürmt, sondern eher davon, wie gut die Nachhut Schritt halten kann.

Doch wenn wir uns den Luxus erlauben, Wissenschaft als geistig stimulierende und Spaß machende Beschäftigung zu betrachten, dann ist natürlich der Spaß vor allem bei der Avantgarde zu finden. Ohne mir einzubilden, dass sie die Welt verbessern werden, stelle ich hier einige Erfindungen und Entdeckungen vor, die ich gerne in die nächste Sammlung aufnehmen würde:

*Einen alltagstauglichen Quantencomputer.* Schluss mit den Gedankenexperimenten und Katzenquälereien. Die Normalverbraucherin wird erst glauben, dass Quantenmechanik wirklich existiert, wenn ein Quantencomputer auf ihrem Schreibtisch steht und ihre Arbeit erledigt, während sie sich mit Virtual-Reality-Spielen amüsiert.

*Reparatur von Nervenverbindungen.* In vielen Fällen ist es geradezu haarsträubend, dass jemand seine Glieder nicht bewegen kann, oder nicht sehen oder hören kann, weil es eine winzige Lücke in der zugehörigen Nervenleitung gibt. Wir können elektrische Kabel reparieren und elektronische Schaltelemente mit Nerven verbinden. Nervenreparatur sollte im Jahr 2024 bereits eine Routineoperation sein.

*Ersatzteile für einfache Organe.* Egal ob das Ersatzteil aus künstlichen Werkstoffen ist oder aus Stammzellen gezüchtet wird, den Unterschied wird man kaum noch wahrnehmen. Bei Organen mit einer relativ einfachen und gut erforschten Funktion wie dem Herzen und den Nieren, deren Funktionen bereits heute mit Leichtigkeit von Maschinen außerhalb des Körpers übernommen werden können, gibt es keinen Grund, warum sie nicht von einer Maschine (biologisch, elektronisch, oder irgendwo dazwischen) innerhalb des Körpers übernommen werden können. Die Leberfunktion zu ersetzen dauert womöglich etwas länger, und das Ersatzhirn würde zu endlosen philosophischen Problemen und Identitätskrisen führen, also lassen wir diese Option erst einmal beiseite.

*Spannende neue Werkstoffe.* Egal ob Spinnenseide aus der Fabrik oder Kohlenstoff-Nanoröhren, ich wünsche mir neue Materialien die neue Anwendungen ermöglichen, wie etwa einen Aufzug in den Weltraum oder künstliche Organe.

*Ein besseres Verständnis unseres Universums.* Allein aus Neugier würde ich gerne wissen, woraus jene 95 % des Universums bestehen, von denen wir im Moment keinen blassen Schimmer haben. Nebenbei würden wir auch herausfinden, wie die Zukunft des Universums aussehen wird. Diese betrifft uns zwar nicht direkt, da sich signifikante Veränderungen erst einstellen werden, wenn die Lebenszeit unseres Planeten längst abgelaufen ist. Ich finde es aber einfach schrecklich peinlich für die Menschheit, dass wir unser Zuhause nicht verstehen.

Natürlich ist es denkbar, dass keine oder nur wenige dieser Wünsche in Erfüllung gehen, doch wenn nicht diese, dann kommen andere Neuigkeiten, die verrückt, sexy, oder cool sind, und von denen ich hoffentlich in den kommenden Jahren berichten kann.

# Register

**a**

Addadi, Lia  185–189
Adleman, Leonard  53–54
*Aequorea victoria*  109–112, 206
AFM  190–194
Aizenberg, Joanna  189
Akoulitchev, Alexandre  58–60
Altern  88–90
Amplicon  48
Angelman-Syndrom  106
Antibiotikum  93
Antikörper  24–28, 142–149, 186–187
Aptamer  226, 245–249
Archäen  12–17, 100
Arzoumanian, Zaven  69–71
Auge  74–76
Autismus  107
Autokatalyse  110–111, 207, 209–211
Autosom  47–49
Axon  242–243

**b**

Bakterium  32–34, 38–44, 56
Bärtierchen  3–7
Barton, Jackie  52–53
Belder, Detlev  233–235
Benner, Steven  55–56
Bernal, John Desmond  74
Bernstein, Emily  196
Bevölkerungsgenetik  166–168
Bioelektronik  241–244
Bioethik  138–141
Biolumineszenz  39–40, 109–112, 124–126, 207–208
Biomineralisation  187–189, 229–232
Biosensor  245–249
Birkbeck College  74–76
Boland, Thomas  61–62

Bonobo  155, 161
Bor  40
Borra, Ermanno  257
Boten-RNA  57–60
Buchholz, Frank  200
Buchner, Johannes  19
Buratkowski, Stephen  58
Burrows, Francis  22–23

**c**

Cadmiumsulfid  181
Calvin-Zyklus  67, 92
Cao, Roberto  144–145
Capsaicin  250
Casterman, Cecile  25
Catenan  30
Cech, Tom  13
Celsus  9
Certes, A.  3
Chaperon  18–23
Charvin, G.  219
Chiralität  185–189, 233–235
Chmielewski, Jean  210–211
Chromophor  95, 110–112, 206–207
Chromosom  45–49, 157;
    siehe auch: Autosom, X-Chromosom, Y-Chromosom
Ciona intestinalis  76
cool, Definition  173
Cooper, Alan  94–96
Croquette, Vincent  217–221
crossing over  47–49
Cumarsäure.  43
Curculin  118–119

**d**

Dawkins, Richard  18–19
Deech, Ruth  139

Dekker, Cees 220
Deuterium 89
Deutsch, David 214
Diatomee, siehe Kieselalge
dicer 196–198
dip-pen nanolithography, siehe DPN
DNA
  aus Fossilien 77–82
  Computer 53–54
  Leitfähigkeit 52–53
  Nanotechnologie 50–55
  Sensor 245–249
  Übertragung 100
  verzwirbelt 217–221
  Würfel 50–52
DPN 190–194
Drosophila 20–21, 122
Druck 3–6
Dr Who 6
DsRed 207–208
DVD 115

e
Earthwatch 69–71
E-DNA 246
EF-Tu 56
Einzelnucleotid-Polymorphismus, siehe
  SNP
Eisnukleationsprotein 175–178
Embryonalentwicklung 103–104 158
Endonuclease 15–17
Enzym 27
Erwinia carotovora 39
Escherichia coli 33
Evolution 18–22, 38, 45–49, 55–56,
  74–76, 105–106, 150–154, 155–161
Exon 13–17
Exonuclease 58–60
Extein 13–17

f
Fernsehen 130–132
Ferrocen 246
Fettsäure 34, 43
Feynman, Richard 190–192
Firman, Keith 220
Frenken, Leon 28
Froböse, Gabriele and Rolf 162
Froschhaut 32–34, 153
Frostschutz-Protein 175–179, 187

g
Gardner, Martin 29
Gehirn 104–107, 125, 129
Gen
  geschlechtsbestimmend 47
  Geschmacksrezeptor 121–123
  Geruchsrezeptor 153
  Markierung 102–108
  Pheromonrezeptor 154
Genom
  Helicobacter pylori 11
  Homo sapiens 45–49, 77–82
  Mitochondrien 79–80
  Neandertaler 77–82
  Schimpanse 49, 80–82, 155–161
  Schnabeltier 150–154
  Sequenziermethoden 79
  Tiefseemikroben 92
  Weinrebe 169–171
Genomische Prägung 102–108
Gensensor 246–249
Gen-Stummschalter 195–201
Geschlechtschromosomen 45–49, 107,
  152, 166–167
Geschmack 116–119, 120–123
GFP 95, 109–112, 206–208
Ghadiri, M. Reza 209–211
Gicht 187
Giese, Bernd 227
Glühwürmchen 124–126
Glutamin-Synthetase 75–76
Goethe, Johann Wolfgang von 102, 105
Gold 133–136
Goodman, Morris 156–157
Grogan, Dennis 100
Groth-Algorithmus 69–71
grün fluoreszierendes Protein, siehe
  GFP
Gummi 261–263
Gustducin 117, 121

h
Haber, Fritz 133–137
Halbleiter 180–184
Halpern, Paul 132
Hamers, Raymond 25
Hämoglobin 64–66
Harwood, Caroline 43
Hashmi, Zain 140
Hefe, see Saccharomyces cerevisiae

Helicase 219
*Helicobacter pylori* 8–11, 91–93
Hering 177
HFEA 138–141
HiB-Impfung 143–144
Hitzeschock 19
HIV 16
Holmberg, Jason 69–71
Hughson, Frederic 40
Huxley, Thomas 155
Hydrogel 54–55
Hyperthermophile 100

*i*

Igel 253–255
Immerwahr, Clara 134
Immunglobulin, siehe Antikörper
Indel 157
Intein 12–17
Intron 13–17
Ionische Flüssigkeit 256–257
Isotop 89–90
Isotopeneffekt 89–90

*j*

Jacobson-Organ 127–129
Jaenicke, Johannes 133–136
Jaenicke, Rainer 133
Joachimiak, Andrzej 40–41
Johnson, John 30
Jones, Jonathan 213
Jones, Steve 45
Juanes 167–168
Julius, David 250–252

*k*

Kalorimetrie 36–37
Kälte-Anpassung 175–79
Kälteschock-Protein 175–79
Kälte-Wahrnehmung 250–252
Kamel-Antikörper 24–28
Kapillar-Elektrophorese 233–235
Kästner, Erich 158
Katalyse 233–235
Kayyem, Jon Faiz 52–53
Keverne, Barry 104–105
Kieselalge 229–232
Klitoris 128
Knoten 29–31
Kollagen 35–37

Kolumbien 166–168
Krebs-Therapie 22–23
Krebs-Zyklus 97, 92
Kristall 185–189
Kristalline 76
Kröger, Nils 229–232
Kuba 142–149

*l*

lab on a chip 233–235
Lander, Eric 157
Lateinamerika 166–168
Leibler, Ludwik 261
Leikin, S. 36–37
Lengsin 75–76
Lesegerät 202–205
Liebe 99–100, 105–106, 162–165
Lieber, Charles 241–244
Lindquist, Susan 20–22
Linguistik 72–73
Lippenlesen 113–115
Lipton, richard 54
Luciferase 110, 125
Luciferin, 125

*m*

MacDonald, John 113
Magengeschwür 8–11
Mao, Chengde 227
Marazziti, Donatella 164
Mars 7
Marshall, Barry J., 9–11
Martín, Carlos 145
Matagne, André 24
McGurk effect 113–115
McGurk, Harry 113
Meade, Thomas 52–53
Meerwasser 133–135
Menthol 250–252
*Methanococcus jannaschii* 12
Mikrochip-Elektrophorese 233–234
Minger, Stephen 140
Miraculin 118–119
Mirkin, Chad 190–194, 231–232
Molekülpinzetten 217–221
Mond 256–257
Monellin 116–118
MRSA 92–93, 101
Mutante 20–21
Muyldermans, Serge 26–28

**n**

Nanodraht 241–244
Nanofluidik 233–235
Nanopartikel 180–184, 253–255
Nanoplotter 190–194
Nanotechnologie 50–55, 190–194, 241–244
Neandertaler 10, 77–87
Nervenzellen 241–244
*Nitratiruptor* 92–93
Noren, Christopher 15
Norman, Brad 69–71
Nucleation 186–187
Nuñez, Alberto 149
Nylon 254

**o**

Organtransplantation 5–6
Orlova, Elena 74–76
O'Sullivan, Ciara 247

**p**

Pääbo, Svante 78–82, 86–87, 161
Page, David 46
Palindrom 48
Papier, elektronisches 202–205
Pasteur, Louis 185–189
PCR 50
Peptid 32–34, 153, 209–212,
Perler, Francine B. 14
Pheromon 39, 127–129, 154, 162
Photographie 238–240
Pinot noir 169–171
Plasmid 93, 100
Platin 236–240
Platinotypie-Prozess 238–240
Plaxco, Kevin 245–290
Polymerase-Kettenreaktion, siehe PCR
Prader-Willi-Syndrom 106
Prostatakrebs 222–225
Proteasom 31
Protein
  Augenlinse 74–76
  geschmacksverändernd 116–119
  Frostschutz 175–179, 187–188
  Hitzeschock 19–23, 178
  intrinsisch ungefaltet 35
  Kälteschock 175–179
  Milch 151–152
  selbstspleißend 12–17

Stabilität 35–37, 56
süß schmeckend 116–119
toxisch 152–153
urzeitlich 55–56
verknotet 29–31
Proudfoot, nick 58–60
Pseudogen 45–49

**q**

Q-Teilchen 180–184
Quantenbus 215–216
Quantencomputer 213–216
Quantenpunkt 182–184
Qubit 213–216
Quorum sensing 38–44

**r**

Rasterkraftmikroskopie, siehe AFM
Reagensglasbefruchtung 138
Reetz, Manfred 233–234
Regnard, Paul 3
Resveratrol 170
Retortenbaby 139
Rezeptor 120–123, 153–154, 250–252
*Rhincodon typus*, siehe Walhai
*Rhodopseudomonas palustris* 43
Ribozym 13, 58
*Riftia pachyptila*, siehe Röhrenwurm
RNA
  Abbau 195–201
  Interferenz 195–201
  Intron 13–17
  Synthese 57–60
Röhrenwurm 64–68, 91–93
Rothberg, Jonathan 79
Rubel 236–238
Rubin, Edward 81–82
Rubisco 67
Ruiz-Linares, Andrés 166–169

**s**

*Saccharomyces cerevisiae* 13, 58
*Salmonella typhimurium* 44
Satz vom Igel 253–255
Scheibel, Thomas 259
Schellfisch 177
Schimpanse 49, 80–82, 155–161
Schittek, Birgit 33
Schlumpf 94–96
Schnabeltier 150–154

Schultz, Peter 15
Schwangerschaftstest 245
Schweder, Thomas 66–68
Schweiß 33–34
Seeman, Nadrian 50–52, 226
Seki, Kunihiro 4–6
Sensor 245–249
Sex 97, 99–100, 124–126, 138
Shai, Yechiel 34
Shapiro, Ehud 222–226
Shchepinov, Mikhail 89–90
Silaffin 229–232
Silikat 229–232
Simmel, Friedrich 226–227
Simpsons, Fernsehserie 130–32
SNP 81–82, 157
Soutchek, Jürgen 199–200
Spinnenseide 258–260
SQID 237
Stammzelle 138–141
Steichen, Edward 239
Stellacci, Francesco 253–255
Stevens, Tom H. 13–14
Stickstoffmonoxid 125–126
Sulfolobus acidocaldarius 100
Surani, Azim 103–104
Süßstoff 116–119
Symbiose 39
Synchronfassung 113–115

t

Taylor, William 29–30
Temperaturempfinden 250–252
Terpen 170
Thaumatin 117
Thrombin 226, 247
Tiefsee 64–68, 91–93
Tinte, elektronische 202–205
Tintenstrahldrucker 61–63
Tönnchen 4–6
Topologie 29–31
Torpedo-Mechanismus 58–60
Toyoshima, Masato 4–6
Transkription 20, 57–60
Trehalose 5–6
Trimmer, Barry 125
Trophosom 64–68
Tsien, Roger 111, 207–208
Tuschl, Thomas 196–197

u

Ubiquitin 31
Umami 120
Ursprung des Lebens 211

v

Venter, Craig 11, 49, 79
Verez-Bencomo, Vicente 143–144
Vibrio fischeri 39
Villalonga, Reynaldo 142, 145
Virus 30, 198
VNO 127–129
Vollrath, Fritz 258
Vomeronasales Organ, siehe VNO
Vornlocher, Hans-Peter 199

w

Walhai 69–71
Ware, Mike 239–240
Warren, J. Robin 8–11
Waterston, Robert 157
Watson, James 49, 87
Wein 169–171
Weinrebe 169–171
Weinsäure 185–189
Weller, Horst 180–184
Whitesides, George 203–204
Wilberforce, Samuel 155
Willis, William 238
Wilson, Richard 157
Winterflunder 176
Wirbel 253–255
Wistow, Graeme 74–76
Wühlmaus 163
Wyns, Lode 26

x

X-Chromosom 45–49, 107, 152, 167
Xenopus laevis 32–34, 186
X-Inaktivierung 45

y

Y-Chromosom 45–49, 107, 152, 166–167
Youvan, Douglas 111

z

Z-Chromosom 152
Zucker 116–119
Zuker, Charles 121–3
Zyklon 253–255